注塑机操作与调校

实用教程（第2版）

张伟军　郑建林　严锦葵　胡　刚　编著

化学工业出版社

·北京·

内容简介

　　《注塑机操作与调校实用教程（第2版）》内容涵盖了注塑机的基本构造和工作原理，安全操作规程和安全装置的使用，操作面板的操作和参数设置，注塑工艺技术（包括材料选择、工艺参数调整），产品缺陷处理，日常维护保养和故障排除，以及注塑机操作工和维修工的技能要求。本书还包含了职业证书考核鉴定试题及答案。

　　通过学习本书，读者可以获得注塑机操作与调校的实用技能，提高注塑成型产品的质量和产量，确保注塑机正常运行和延长其使用寿命。本书适合作为注塑机操作和维修培训教材，也可供塑料制品加工相关技术人员、技术工人参考。

图书在版编目（CIP）数据

注塑机操作与调校实用教程 / 张伟军等编著.
2版. -- 北京 : 化学工业出版社, 2024. 12. -- ISBN
978-7-122-35983-4

Ⅰ. TQ320.5

中国国家版本馆CIP数据核字第2024YU1764号

责任编辑：李玉晖　　　　　　　装帧设计：张　辉
责任校对：宋　玮

出版发行：化学工业出版社
　　　　　（北京市东城区青年湖南街13号　邮政编码100011）
印　　装：大厂回族自治县聚鑫印刷有限责任公司
710mm×1000mm　1/16　印张18　字数276千字
2025年7月北京第2版第1次印刷

购书咨询：010-64518888　　　　售后服务：010-64518899
网　　址：http://www.cip.com.cn
凡购买本书，如有缺损质量问题，本社销售中心负责调换。

定　　价：88.00元　　　　　　　　版权所有　违者必究

前言

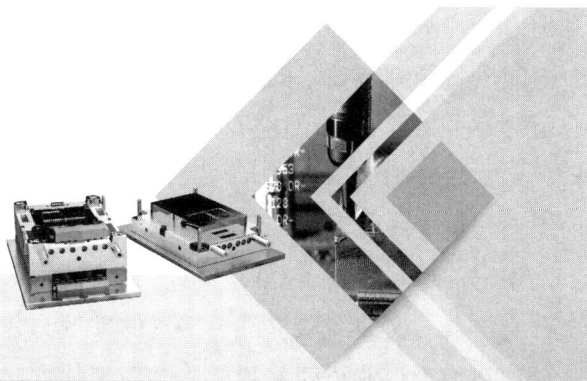

在塑料加工行业中，注塑机作为核心设备，其操作与调校技术的专业性和规范性直接影响着产品质量、生产效率和设备寿命。《注塑机操作与调校实用教程（第2版）》正是为满足行业对专业技术人才的需求而编写的一本实用工具书。本书结合行业实践经验与技术发展趋势，系统梳理了注塑机操作与调校的全流程知识，旨在为从业者提供从基础理论到实践操作的全方位指导。

随着塑料工业的快速发展，注塑成型技术广泛应用于电子、汽车、医疗器械等多个领域。企业对注塑机操作人员和维修人员的技能要求日益提高，不仅需要掌握设备的基本操作，更需具备工艺参数优化、故障诊断及设备维护等综合能力。本书在前版基础上全面升级，融入最新机型操作案例与行业标准，致力于打造一本"理论与实践并重、技术案例结合"的实用教程，帮助读者快速掌握核心技能，解决实际工作中的技术难题。

本书引入大量实际操作案例与调试步骤。例如，在介绍不同机型（如震雄、力劲、海天等）的操作面板时，详细标注各按键功能与参数设置流程；在工艺调校章节，结合具体机型，分步讲解射胶量、锁模力、温度等参数的调整方法；在故障处理部分，剖析故障原因并提供针对性解决方案，帮助读者通过案例学习快速掌握问题排查与解决技巧。

全书贯穿安全操作理念，在各章节强调安全装置的检查与使用规范，如锁模安全掣、急停按钮的操作要点等。同时，结合最新行业标准，详细介绍液压油更换周期、电气系统维护要求等内容，引导读者建立规范化的操作与维护习惯，降低设备故障风险，确保生产安全与产品质量稳定。

随着智能制造技术的普及，本书特别增加电动注塑机操作与伺服机械手应用等章节，介绍电动注塑机的模具安装、参数设置及伺服机械手的机械结构、参数设置与调试方法，帮助读者适应行业技术升级趋势，掌握新型设备的操作与维护技能。

本书的编写得到了行业专家、企业技术人员的大力支持与指导，他们结合自身丰富的实践经验提供了宝贵的案例与建议，在此致以诚挚感谢。

塑料加工行业正朝着智能化、精密化方向快速发展，注塑机技术也在不断迭代更新。希望本书能成为读者职业发展的良师益友，助力大家在注塑领域不断精进。由于编者水平有限，书中难免存在疏漏之处，恳请广大读者批评指正，以便未来进一步完善。

编著者

目录

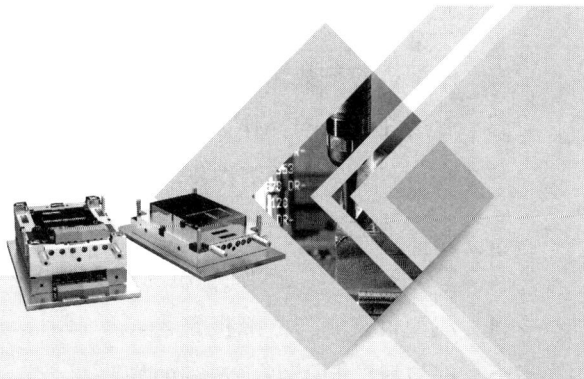

第 1 章

注塑机操作基础

　　注塑机是一种效率高、精度高、可靠性高、适用面广的塑料成型机器，以其操作方便、维修简便等优点而被轻工、化工、电子、仪表等行业普遍地采用。由于注塑机集机械、液压、电子、电气技术于一体，具有综合技术的普遍性和代表性，注塑机操作技术、调校技术和维修技术也是一门实用性很强的技术。

　　注塑成型产品产量和质量的提高，与正确操作注塑机、掌握操作技术有直接关系。对于注塑操作工，正确操作注塑机，调校注塑机性能参数，为注塑成型产品产量和质量提供保证。对于注塑机维修员，掌握注塑机注塑成型的操作和调校技术及维护和保养技术更具有重要意义。注塑机的维护和保养技术是降低故障率、提高生产率的重要保证。正确地操作和调校，及时地维护和保养，既可以提高注塑成型产品的质量和产量，确保注塑机的注塑精度，又可以减少注塑机的零配件损坏，确保注塑机正常运行，还可以延长注塑机的使用寿命，提高投资效益。

1.1　注塑机组成与工作原理

注塑机主要由四部分组成：机械部分、液压部分、电子电气部分及其他辅助部分。注塑机种类繁多，品牌不一，功能各异，但基本工作原理是相同的。图 1-1 所示为注塑机注塑成型循环动作，注塑机的各部分围绕循环动作进行协调工作，机械传动、液压驱动、电路驱动、电子程序控制都遵循成型循环动作。电子程序控制、电气控制、机械传动、液压驱动关系密切，互相牵制，互相制约，对注塑成型产品和质量有很大的影响。注塑机控制程序如图 1-2 所示。

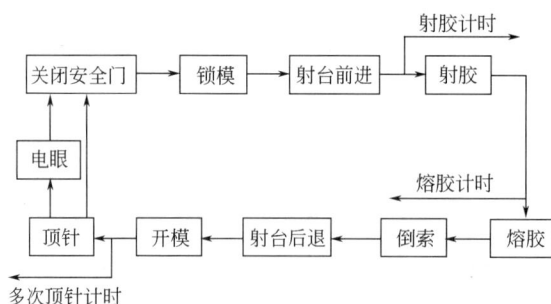

图 1-1　注塑机注塑成型循环动作图

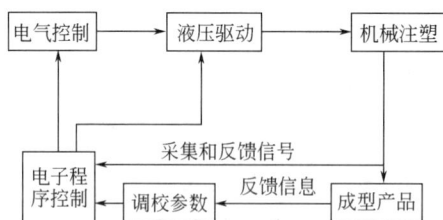

图 1-2　注塑机控制程序

1.1.1　注塑机的组成

注塑机由机械部分、液压部分、电子电气部分及其他辅助部分等组成。图 1-3 是注塑机的外形。

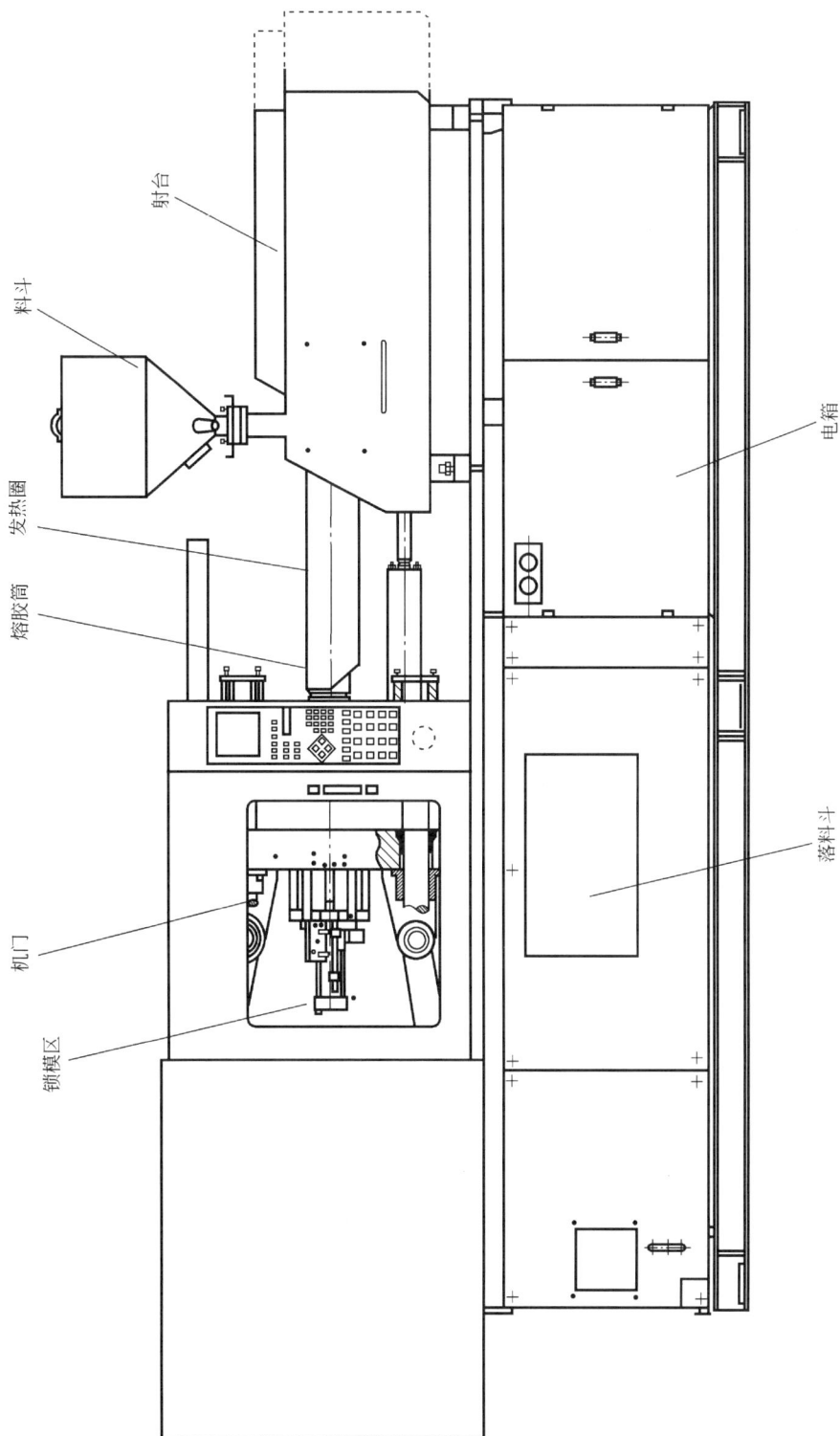

图 1-3　注塑机外形

1.1.1.1　机械部分

　　注塑机的机械部分主要由锁模部分、射胶部分和其他辅助部分组成。

　　锁模部分也称作合模装置,锁模部分的主要作用是保证成型模具可靠地闭合、开启和取出注塑制品的部件。图 1-4 是注塑机锁模部分。其中,①销轴(大铰边),②下夹板(下支板),③锁模油缸(锁模唧筒、移模油缸、合模油缸),④拉杆螺母压板(哥林柱螺母压板),⑤调模螺母(调模迫母),⑥后固定模板(尾板、后模板),⑦后连杆(中钩铰),⑧上夹板(上支板),⑨前连杆(长铰),⑩移动模板(二模板),⑪拉杆(哥林柱、拉柱),⑫机械安全锁限位尺,⑬固定模板(头模板),⑭拉杆护筒,⑮顶出杆(顶针),⑯移动模板滑脚(二板滑脚),⑰顶出杆(顶针)油缸,⑱小销轴(小铰边),⑲小连杆(小铰),⑳十字头(顶角),㉑光学解码器(脉冲编码器),㉒调模马达。

　　锁模部分主要由上述的锁模机构、调模机构、顶出装置以及安全保护装置组成。锁模部分性能的好坏,直接关系到成型制品的质量和数量。所以,锁模装置要有足够的合模力,以保证成型模具在注射时不致由于模腔压力的作用而胀开,产生溢料,影响制品的质量。锁模装置在启动闭合过程中,还要有一个较理想的变速过程。在锁模时,先快速后慢速;在开模时先慢速后快速,最后再慢速。通过变速过程,防止模具的撞击,实现注塑制品的平稳顶出,提高生产效率。锁模装置的动模板还应有足够大的面积,模板行程和模板间的开距,以适应不同外形尺寸制品的成型要求。锁模部分还设有顶出制品装置、安全保护装置,以保证成型模塑产品的取出和操作人员的安全。

　　射胶部分也称射台部分或注射装置。射胶部分的作用是对加到注射装置中的塑料进行预塑、计量,并将熔融胶料注射到模具型腔中,实现对模腔中熔料进一步保持压力,进行补缩和增加制品致密度,直接影响着注塑制品的成型质量。图 1-5 是注塑机射台部分,具体如下。

　　① 射台高度调节螺钉。

　　② 射台移动支架(导杆支座)。

　　③ 射台移动导杆。

　　④ 液压马达(熔胶液压马达)。

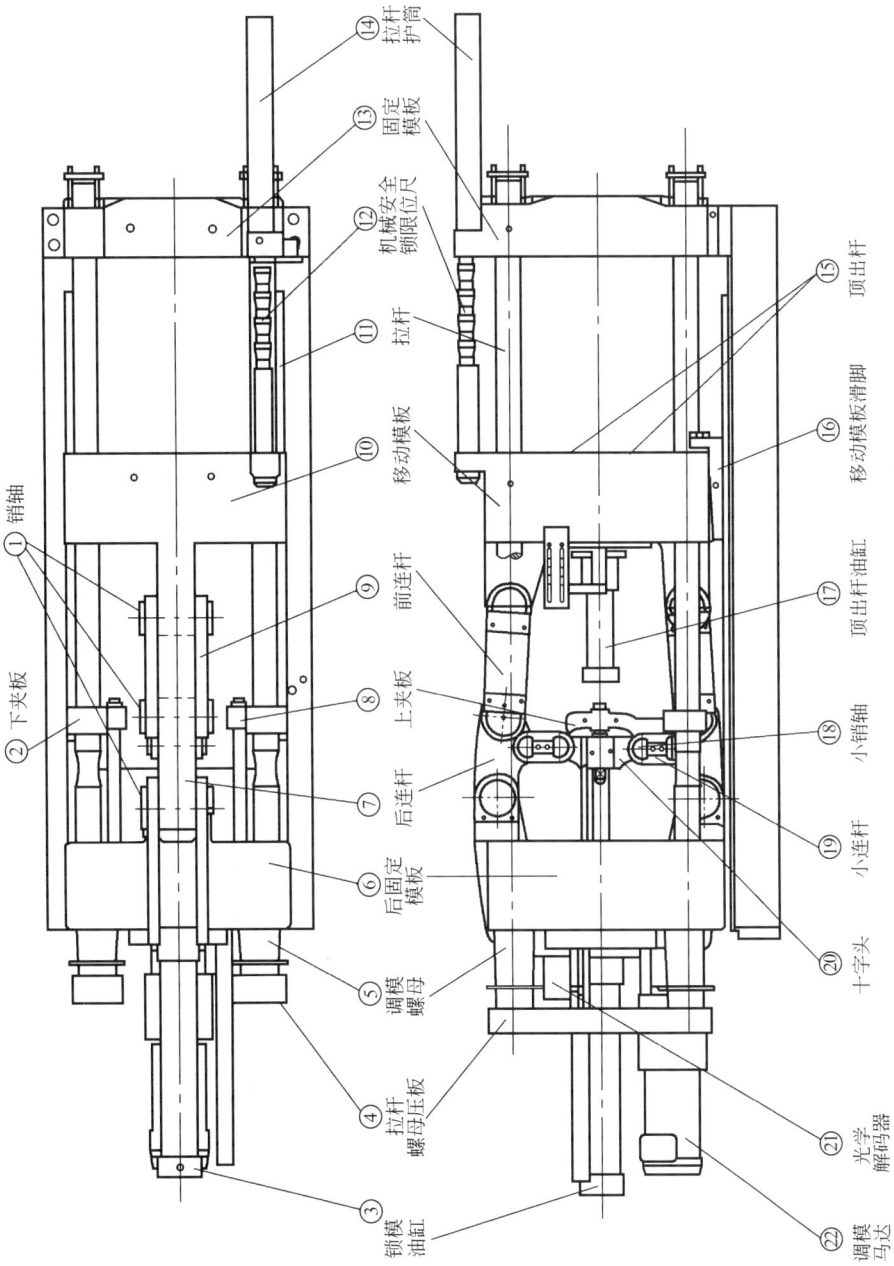

① 销轴
② 下夹板
③ 锁模油缸
④ 拉杆螺母压板
⑤ 调模螺母
⑥ 后固定模板
⑦ 后连杆
⑧ 上夹板
⑨ 前连杆
⑩ 移动模板
⑪ 拉杆
⑫ 机械安全锁限位尺
⑬ 固定模板
⑭ 拉杆护筒
⑮ 顶出杆
⑯ 移动模板滑脚
⑰ 顶出杆油缸
⑱ 小销轴
⑲ 小连杆
⑳ 十字头
㉑ 光学解码器
㉒ 调模马达

图 1-4 锁模部分

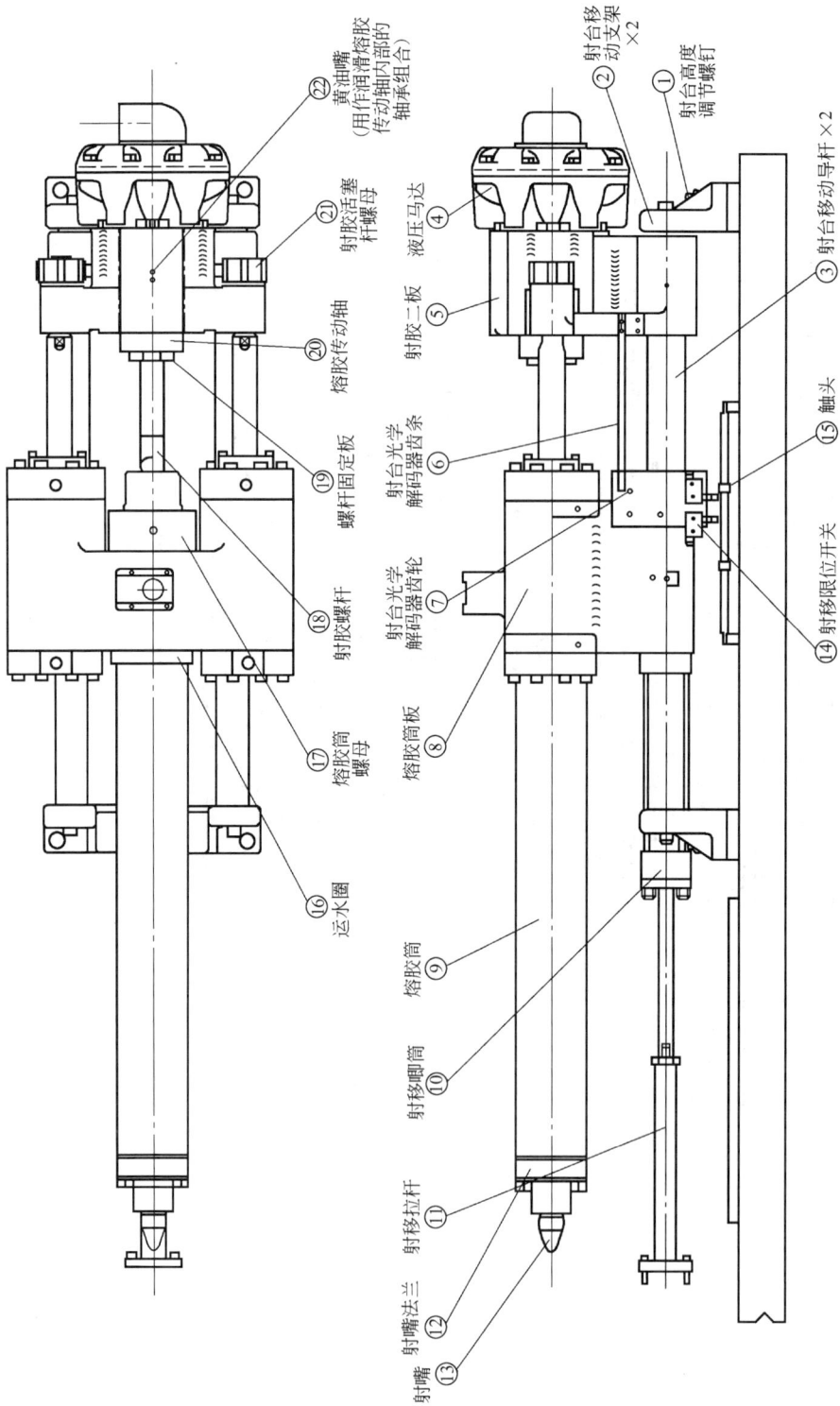

图 1-5　射台部分

- ㉒ 黄油嘴（用作润滑熔胶传动轴内部的轴承组合）
- ㉑ 射胶活塞杆螺母
- ⑳ 熔胶传动轴
- ⑲ 螺杆固定板
- ⑱ 射胶螺杆
- ⑰ 熔胶筒螺母
- ⑯ 运水圈
- ④ 液压马达
- ⑤ 射胶二板
- ⑥ 射台光学解码器齿条
- ⑦ 射台光学解码器齿轮
- ⑧ 熔胶筒板
- ⑨ 熔胶筒
- ⑩ 射移唧筒
- ⑪ 射移拉杆
- ⑫ 射嘴法兰
- ⑬ 射嘴
- ① 射台高度调节螺钉
- ② 射台移动支架×2
- ③ 射台移动导杆×2
- ⑮ 轴头
- ⑭ 射移限位开关

⑤ 射胶二板（推力座）。

⑥ 射台光学解码器齿条。

⑦ 射台光学解码器齿轮。

⑧ 熔胶筒板（缸体座）。

⑨ 熔胶筒（机筒、料筒）。

⑩ 射移油缸（射移唧筒）。

⑪ 射移拉杆。

⑫ 射嘴法兰。

⑬ 射嘴。

⑭ 射移限位开关。

⑮ 触头（定位触块）。

⑯ 运水圈（冷水圈）。

⑰ 熔胶筒螺母（固定螺母）。

⑱ 射胶螺杆。

⑲ 螺杆固定板（半圆环）。

⑳ 熔胶传动轴。

㉑ 射胶活塞杆螺母。

㉒ 黄油嘴（黄油杯、注油杯）。

射胶部分主要由上述的塑化部件、注射油缸、射移油缸、定量加料装置等组成。塑化部件是射胶部分的核心部件，包括射嘴、射嘴法兰、熔胶筒、射胶螺杆等。射胶螺杆具有输送胶料，作轴向往复运动，将熔融胶料注射进入模腔的功能。注塑成型就是利用射胶螺杆旋转的剪切力和熔胶筒外部加热对熔胶筒内的胶料进行塑化，还可调整螺杆转速和螺杆背压来改善塑化质量。

其他辅助部分主要有注塑机架、注塑机安全门和防护罩等部件，用来支撑注塑机锁模、射胶部分工作，保护操作人员安全及作为防护措施。

1.1.1.2 液压部分

注塑机液压部分主要由油泵、油缸、各种液压阀门、油箱、冷却器、滤油器、油管及接头、蓄能器等组成。图 1-6 是注塑机液压部分示意，图中主要部分是变量泵、射胶油路板和锁模油路板，粗实线表示油路软管，连接开

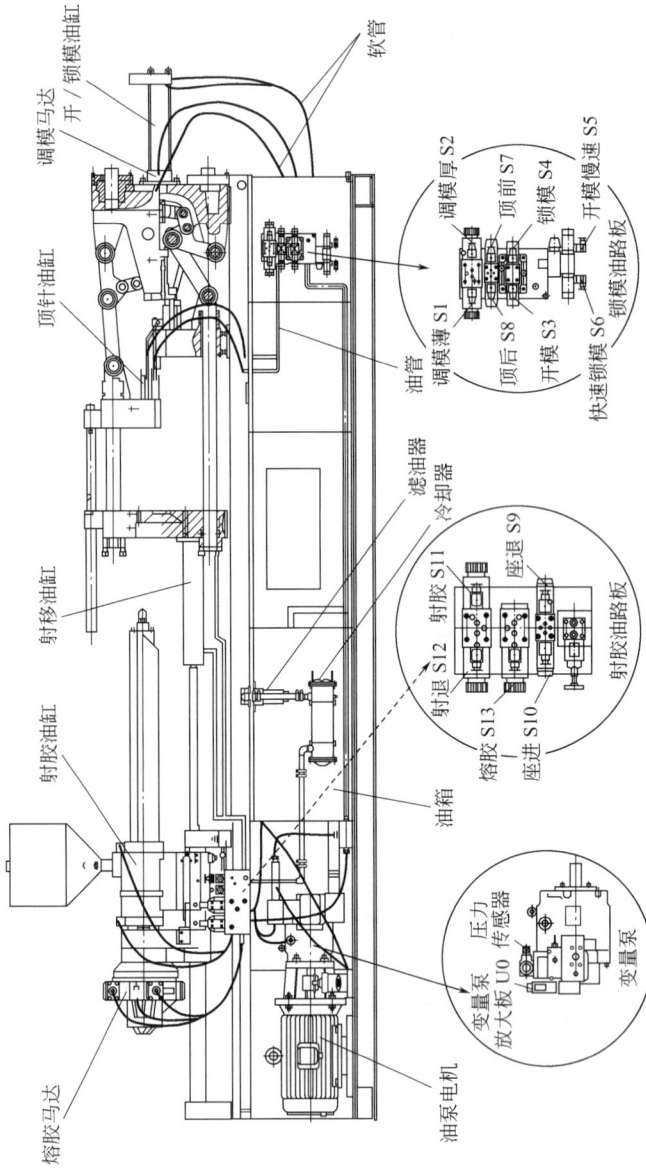

图 1-6　注塑机液压部分示意

软管

调模马达

开/锁模油缸

顶针油缸

射移油缸

射胶油缸

熔胶马达

油泵电机

油管

油管薄
调模薄

滤油器
冷却器

油箱

变量泵
放大板 U0
压力
传感器
变量泵

调厚 S2
调模 S1
顶后 S8
开模 S3
顶前 S7
锁模 S4
开模慢速 S5
锁模油路板
快速锁模 S6

射胶 S11
座退 S9
射退 S12
熔胶 S13
座进 S10
射胶油路板

模锁模油缸、顶针油缸、射台移动油缸、射胶油缸、熔胶马达和调模马达等。液压部分主要作用是油泵产生油压供给各个电磁阀体及油路产生工作压力及流量，由流量阀、压力阀驱动执行元件，均受电气控制而动作，配合机械部分来完成注塑成型工作。有的注塑机采用变量泵，装有变量泵放大器、压力传感器的精密闭环流量及压力监控器，可使整机动作重复性能稳定、精度高、耗能小。采用油路板进行管路集中控制，减少配管，再配合应用先进油阀、高级密封元件，给防止渗油和泄漏提供了可靠的保证。液压系统具有压力和流量的液压油是由液压油泵提供的，液压油泵是将电动机输入的机械能转换成液压能的装置。液压部分的执行元件是液压油缸和液压马达。系统的四个液压油缸是将液压能转换为油缸活塞直线运动的装置，液压能提供驱动活塞运动所需的能量。系统的两个液压马达是将液压能转换为旋转运动的装置，液压能提供驱动活塞或转子转动所需的能量。液压系统中各种液压阀门是控制元件，它按照注塑工艺要求，将液压能以一定的方向、压力和流量送往执行元件或机构，以满足执行元件或机构所需要的压力、速度和运动方向等。

　　液压部分装置，如油箱是用来储存并供给液压系统的工作油液，有散热、分离油中空气和沉淀油液中的杂质等作用；滤油器是液压装置中重要的部件，它可以保持液压油的清洁、清除油液中的杂质，减少或预防液压系统中的各种故障；冷却器是为了解决液压系统中的液压流体在进行能量转换和传输过程中的发热状况，它可使液压油和冷却水通过冷却器进行热交换来散发热量，使得高温液压油温度下降，符合温度要求；蓄能器是用来储存和释放液体压力能的装置，它可以作为辅助动力源协助油泵一起工作，还可缓冲油泵的脉冲或油路中冲击压力等作用；油路中油管及管接头用于回油路、供油路及泄油路和连接油管、液压元件、组合油路板之间的连接。

1.1.1.3　电子电气部分

　　注塑机电子电气部分主要由控制电箱、控制面板、操作面板等组成。电气部分主要作用是驱动油泵电机以供给液压部分动力；供给电加热电源并自动控制注塑温度；供给调模电机电源，调整校核注塑机定模位置；供给电子部分，驱动和控制等各部分的工作电源。电气部分的操作面板、控制面板还可与电子部分共用，其操作开关、控制开关和限位开关等，既可发出指令驱动注塑机动作，又可通过各开关将其状态进行反锁，提供输出信号和采集信号，使系统进行动作控制和时序控制。电子部分主要由程序控制系统和操作面板组成。程序控制系统装在控制电箱内，程序控制主要由程序控制电路或程控器或微机控制系统以及输入/输出电路、功率驱动电路等构成。其作用是对注塑机进行动作顺序、时间次序控制，进行注塑参数、注塑机故障等报警和显示，进行注塑机动作状态监视和人机对话。图 1-7 是注塑机控制系统的操作面板，可以通过操作面板操作实现上述注塑机注塑成型工作。

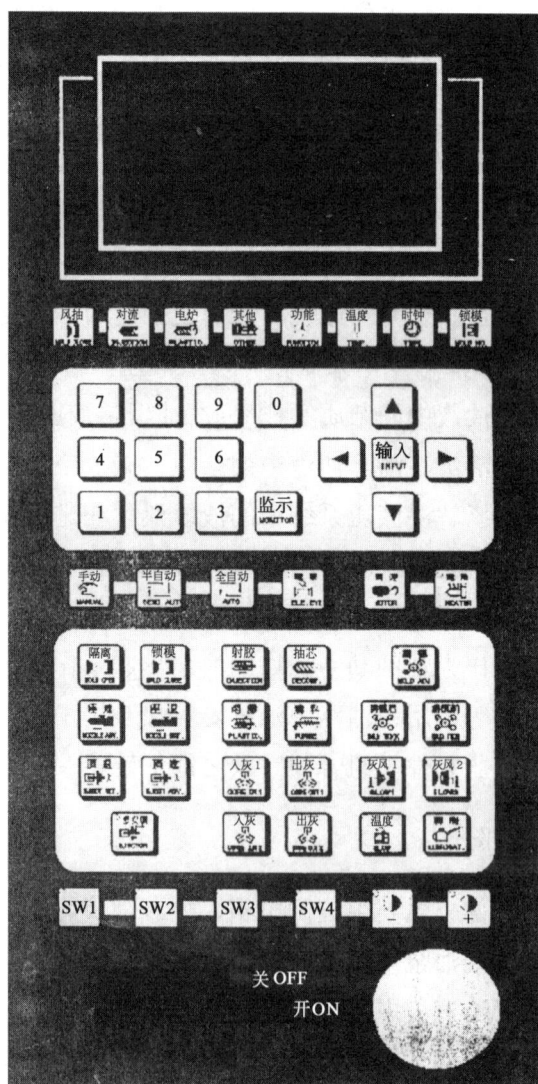

图 1-7　操作面板示意

　　注塑机操作面板和控制面板可提供操作开关和控制开关。注塑机各机械部位可提供行程限位开关、接近开关、光学解码器及电子尺等。操作开关有手动、半自动、全自动选择开关及锁模开模，射胶熔胶，射台前后，顶针一次，顶针多次，调模薄和调模厚等选择开关。

　　控制开关包括电源开关、急停按钮开关、油泵启动停止按键开关、电加热按键开关、电眼循环时间选择按键开关，吹风选择开关、差动锁模选择开关等，还有计数器、时间继电器、温度控制器的拨码预置开关等。

　　限位开关主要是前后安全门限位开关，注塑机机械部位的限位开关或接近开关。如锁模终止、开模终止、射台前终止、射台后终止、熔胶终止、抽胶终止、顶针前终止、顶针后终止、调模前终止、调模后终止等限位开关，还有快速转慢速低压锁模、慢速低压转高压锁模、开模慢速转快速、开模快速转慢速、一级转二级射胶、二级转三级射胶、射胶终止、熔胶转抽胶等限位开关。近几年注塑机广泛地采用了光学解码器和电子尺来进行精密注射，可使注塑机各机械位置精确到 0.1mm 范围。配合工业电脑进行程序控制和实时监控，进一步提高了注塑机自动化水平。

　　注塑机辅助部分主要由冷却水路、润滑油路和安全装置、上料器、干燥器、模温装置等组成。冷却水路为注塑机冷却器提供冷却水，常用冷却塔装置或自来水循环方式；润滑油路有人手润滑机构和自动润滑装置等；安全装置常用电气安全装置、机械安全装置和液压安全装置来保护人身和机器设备的安全；上料器、干燥器及模温装置为注塑成型操作提供方便快捷的服务。也可根据不同产品、不同胶料、不同模具加工，提供可选择性的辅助装置。

1.1.2　注塑机的工作原理

　　图 1-8 所示为注塑机工作流程。注塑机液压系统工作顺序见表 1-1。工作流程是注塑机注塑成型的循环动作次序和时间顺序必须遵守的工艺流程，电路设计要遵循工艺流程。电子电路设计要围绕工艺流程，液压驱动、机械传动执行工艺流程，注塑机各部分协同一致来完成工艺流程。注塑机各部分功能如下。

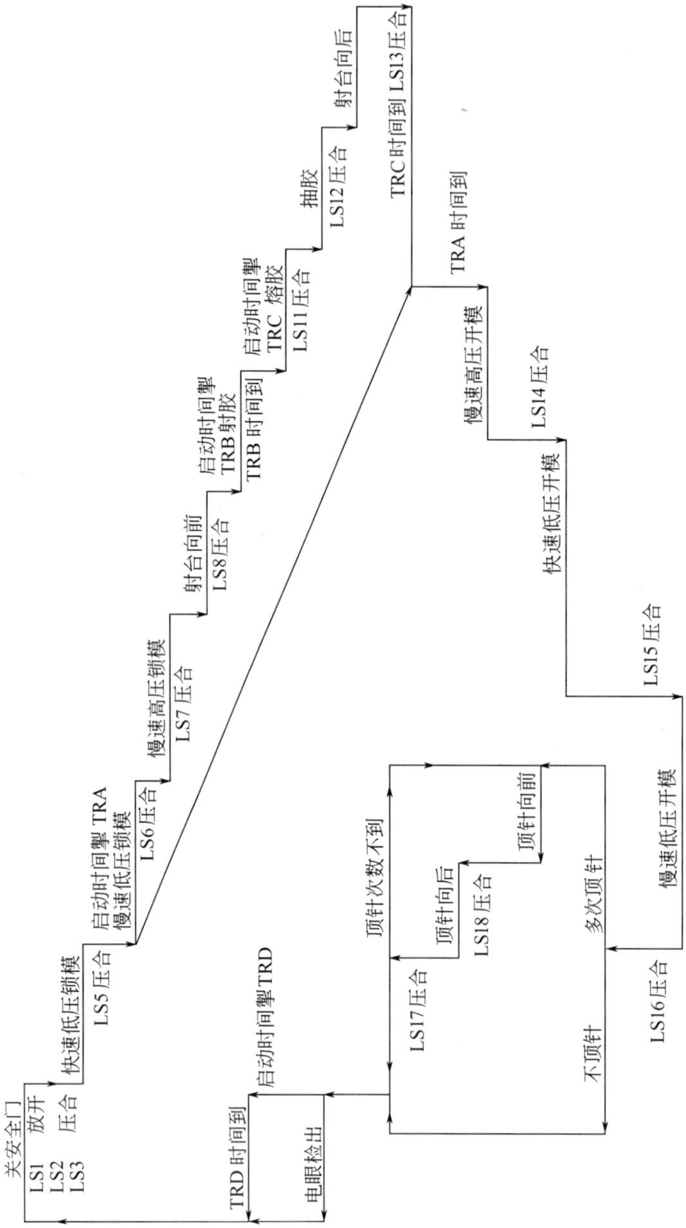
关安全门
LS1 放开
LS2 压合
LS3
快速低压锁模
LS5 压合
启动时间掣 TRA
慢速低压锁模
LS6 压合
慢速高压锁模
LS7 压合
射台向前
LS8 压合
启动时间掣
TRB 射胶
TRB 时间到
启动时间掣
TRC 熔胶
LS11 压合
抽胶
LS12 压合
射台向后
TRC 时间到 LS13 压合
TRA 时间到
慢速高压开模
LS14 压合
快速低压开模
LS15 压合
慢速低压开模
LS16 压合
多次顶针
不顶针
顶针向前
顶针向后
LS18 压合
顶针次数不到
LS17 压合
启动时间掣 TRD
电眼检出
TRD 时间到

图 1-8　注塑机工作流程

表 1-1 注塑机液压系统工作顺序

序号	动 作	电 磁 阀 线 圈													
		H1	H2	V1	V3	V4	V5	V6	V7	V8	V9	V10	V11	V12	V13
1	快速低压锁模	*	*	*											
2	慢速低压锁模	*	*	*	*										
3	慢速高压锁模	*	*	*											
4	射台向前	*	*				*								
5	一级射胶	*	*				*	*							
6	二级射胶	*	*				*	*							
7	三级射胶	*	*				*	*							
8	熔胶	*	*						*						
9	抽胶	*	*							*					
10	射台向后	*	*												*
11	慢速高压开模	*	*			*									
12	快速低压开模	*	*			*									
13	慢速低压开模	*	*			*									
14	顶针向前	*	*								*				
15	顶针向后	*	*									*			
16	调整模向前	*	*										*		
17	调整模向后	*	*											*	

注：*表示电磁阀线圈受电。

电气电路：为注塑机各部分提供电源，提供油泵电机电源以供给液压部分动力源；提供调模电机电源以供给调校注塑机的调模定位；提供电加热电源以供给注塑温度控制；提供交、直流电源以供给系统控制工作电源和其他各部需用的工作电源。

电子电路：为注塑机提供程序控制、时序控制电路，包括具有程序、时序控制功能的电路和 PC 机程控器、单板机微机控制器；提供输入/输出接口电路和功率驱动电路，使得注塑机按程序、按时序输入或输出信号指令去控制或驱动执行元器件动作，以完成工艺流程。

液压驱动：由油泵产生油压，提供给比例压力阀和比例流量阀、油路及液压方向控制阀，以产生液压工作压力和流量，再由电气电子电路控制的各种电磁阀线圈的吸合或释放去驱动各种液压方向阀动作，以驱动机械动作。液压部分按照液压系统工作顺序表进行。控制的程序、动作的时序是严格按照工艺流程进行的。

机械传动：通过油缸上方向控制阀的电磁阀线圈受电压、油路传导驱动油缸活塞动作，推动机械部件按工艺流程进行各种机械动作。机械部分油缸有锁模与开模、射台前后移动、射胶与抽胶、多次顶针（顶针前后）四个油缸，受控于方向控制阀，液压马达使螺杆转动，产生射胶压力和速度，进行注塑成型。锁模与开模液压方向控制阀驱动模板的开启闭合进行注塑成型。顶针前后方向控制阀顶出注塑件，射台前后方向控制阀推动射台前后移动。射胶与抽胶液压方向控制阀配合油电机进行注塑。先射胶，再熔胶，后抽胶，以满足注塑工艺流程要求。机械动作受各油缸活塞驱动。各油缸动作受各液压方向控制阀控制，各液压方向控制阀受各阀上的电磁阀线包控制，电磁阀线圈又受电气电子电路控制，而电气电子电路又要遵循工艺流程，在程序控制、时间顺序上完成动作循环。注塑机在整个动作循环周次中，可以采用手动模式进行注塑成型，而注塑机为了增加注塑产量，减少操作人员，减轻操作人员的劳动强度，设计了半自动和全自动模式。常采用的半自动模式是靠开启/关闭安全门来进行循环动作开始和取出注塑产品，循环动作一周次，取出一件注塑产品，周而复始地进行。全自动模式是靠电眼来检测注塑产品的落下，落下一次，标志注塑机注塑成型动作周期完成一次，再继续进行下一个注塑成型动作周期，自动进行注塑动作。全自动模式还可靠设置全循环时间来进行注塑，全循环时间设置是在顶针后退终止进行计时，全循环时间到时，再进行下一个循环动作周期。周而复始地进行全自动注塑。

注塑机工作流程图即注塑工艺的流程，又是注塑成型的动作程序，也是时序上的先后顺序。注塑机各部分机械、液压、电子、电气按工艺流程、动作程序和先后顺序协同一致进行注塑成型操作，各部分互相配合、相互制约，按程序、时序有条不紊地进行工作是注塑机正常的工作状态。通过表 1-2 所列程序分析可了解注塑机各部分的动作状况和工作状况。

表 1-2   注塑机工程程序分析

动　作	时　序	电气控制	液压驱动	机械动作
关安全门 ↓	循环开始		比例压力阀开 比例流量阀开	关闭前后安全门
快速低压锁模 ↓		LS1、LS2、LS3 压合，电磁阀包 V1 受电	锁模/开模液压阀 H4 推动油缸低压锁模动作	锁模/开模油缸推动模板快速低压锁模

续表

动 作	时 序	电气控制	液压驱动	机械动作
慢速低压锁模 ↓	启动低压锁模 时间	LS5 压合,电磁阀包 V3、V1 受电	低压锁模控制阀 H10 动作,H4 保持	锁模/开模油缸减 速推动模板低压锁模
慢速高压锁模 ↓	继电器	LS6 压合,电磁阀包 V1 受电	锁模/开模液压阀 H4 继续推动油缸高 压锁模动作	锁模/开模油缸慢 速推动模板高压锁模
射台向前 ↓		LS7 压合,锁模终 止,电磁阀包 V5 受电	射台移动控制阀 H7 推动射移油缸射 台向前动作	射台移动油缸推动 注塑机射台向前移动
射胶 ↓	启动射胶时间 继电器	LS8 压合,射台前 移终止,电磁阀包 V6 受电,V5 继续受电	熔胶/射胶控制阀 H9 推动射胶油缸射 胶动作	熔胶/射胶控制阀 推动油电机转动带动 螺杆前进,逐级射胶 (三级射胶)
熔胶 ↓	启动熔胶时间 继电器	TRB 计时到射胶终 止,电磁阀包 V7 受电	熔胶/射胶控制阀 H9 推回油电机熔胶 动作	熔胶/射胶控制阀 熔胶动作,螺杆不断 旋转和后退
抽胶(倒索) ↓		LS11 压合,熔胶终 止,电磁阀包 V8 受电	抽胶控制阀 H8 推 动油缸抽胶动作	抽胶控制阀抽胶动 作,螺杆在落料熔化产 生的压力下继续后退
射台向后 ↓		LS12 压合,抽胶终 止,电磁阀包 V13 受电	射台移动控制阀 H7 推动射移油缸射 台向后动作	注塑机射台被射台 移动油缸推动向后移动
慢速高压开模 ↓		LS13 压合,射台后 移终止,TRA 计时时 间到,TRC 计时时间 到,电磁阀包 V4 受电	锁模/开模液压阀 H4 推动锁模油缸动作	锁模油缸推动模板 进行慢速高压开模动作
快速低压开模 ↓		LS14 压合,快速低 压开模,电磁阀包 V4 继续受电	锁模/开模液压阀 H4 推动锁模油缸快 速低压开模动作	锁模油缸推动模板 进行快速低压开模动作
慢速低压开模 ↓		LS15 压合,慢速低 压开模,电磁阀包 V4 继续受电	锁模/开模液压阀 H4 继续推动锁模油 缸慢速低压开模动作	锁模油缸推动模板 进行慢速低压开模动作
顶针向前 ↓	选择多次顶针	LS16 压合,开模终 止,电磁阀包 V9 受电	顶针液压控制阀 H6 推动顶针油缸顶针向 前动作	顶针油缸推动液压 顶针向前动作
顶针向后 ↓		LS18 压合,顶前终 止,电磁阀包 V10 受电	顶针液压控制阀 H6 推动顶针油缸顶针向 后动作	顶针油缸推动液压 顶针向后动作
电眼检出 ↓		LS17 压合,顶后终 止,电眼的光电管接 收产品落下信号,全 自动进行另一循环	等待下一循环	等待下一循环
时间周期循环	启动周期循环 时间继电器	LS17 压合,顶后终 止,启动周期循环时 间掣,计时到循环再 开始		

1.2 注塑机的安全操作规程与安全装置

为了充分发挥注塑机的注塑功能，保证操作人员的安全，维护机器的正常运行，工厂规定了较具体的安全操作规程和操作机器前的安全技术要求。从制度上建立的安全操作规程，督促操作人员必须严格遵守安全操作规程，依照安全操作规程工作，并且在操作之前落实安全技术责任，对注塑机所有安全装置进行检查、维护和保养，使得注塑机注塑成型、安全生产在制度上、技术上得到保证。

1.2.1 注塑机的安全操作规程

注塑机的安全操作规程对于注塑机操作人员、维修人员均适用。对操作人员的安全培训，主要就是理解、掌握、遵守安全操作规程，预防意外事故发生，提高工作效率，保证安全操作及生产。具体规程如下。

① 机器操作时，禁止将身体的任何一部分或任何物品放在机器活动的部位上，不允许在机器与机器之间放置杂物。

② 禁止移开防护罩或安全装置而操作机器，禁止在机台上面或者后面取放注塑件。

③ 不得擅自改装安全装置和电路，改变可能会引起事故或损坏机器；不准机器带病运行，如行程开关失灵、安全门挡块松脱等情况下继续操作机器或用不正常维修，如用胶纸、布条绑扎行程开关方法操作机器。

④ 机器操作时，不要打开前后安全门；不允许两人同时操作一台机器；不准在机台出现故障且正在维修的过程中操作机器；不准将头伸到模腔内取件。

⑤ 切实执行操作规程，按照铭牌或警告牌的规定操作；检修电路时，必须先切断电源；更换零件、上模具时必须停掉油泵；更换加热圈接线不当或修理不当导致漏电时，应立即切断电源，请维修电工修理。

⑥ 检查接地线可靠地连接在 E 端，接地线按规定可靠连接并加牢固。

⑦ 机器内液压油为易燃品，切勿将火焰靠近机器，检修任何漏油故障前，必须将油泵电机完全停止再进行。

⑧ 严禁温度未达到设定值时进行射胶、熔胶操作；严禁用高速、高压清除料筒原料，并将射嘴移开模具表面，以防溅出物烧伤。

⑨ 每天开机之前都需要检查安全装置（包括电气、液压和机械安全设备），每天必须安排检验、维护和保养。

1.2.2 注塑机的安全装置

注塑机的安全装置，在设计、制造过程中较为全面。安全装置有安全门装置、电气安全装置、液压安全装置、机械安全装置、模具保护装置和保护罩等，具体如下。

（1）安全门装置 主要由四个行程开关组成，分别装设在注塑机的前后安全门及筒门上方，常应用的是三只限位行程开关，前安全门限位开关 LS1 和 LS3，后安全门限位开关 LS2 和 LS4。有的机器在设计上有机械安全锁限位开关，前后安全门和限位开关配合操作可进行电气安全装置的调校和判断。图 1-9 所示为安全保护装置。

（2）电气安全装置 主要由急停按钮和操作选择开关等组成。急停按钮开关用来控制主电路和控制电器。通过急停按钮开关的开与关来判断电源的开与关；操作选择开关配合前后安全门限位开关来检验电气安全装置是否安全可靠。

（3）液压安全装置 主要由液压锁模安全掣控制。在机械锁模过程中，当按下或压合液压锁模安全掣时，将会使液压油放回油箱，机器锁模动作会立即停止。注塑机常采用机械式液压控制安全阀和后安全门进行安全防护，油压安全装置如图 1-9（c）所示。

（4）机械安全装置 由机械保险座、安全棒、安全挡块组成机械安全锁 [见图 1-9（a）]，在锁模模板的头板与二板之间设置。当安全门没有合上时，机械锁的安全挡块落下，使二模板不能合上，以确保电气安全装置失灵时机械安全装置起作用，保证操作人员的操作安全。

（5）模具保护和保护罩　　由时间控制来对锁模动作时间进行监视，如果锁模合不上，机器就会报警，并且还会自动开模并给出相应的信号指示。保护罩是为了保证安全而在机器上设计的安全保护装置，以防止在保护罩内进行活动等。图 1-9（b）所示为前后安全门及保护罩。

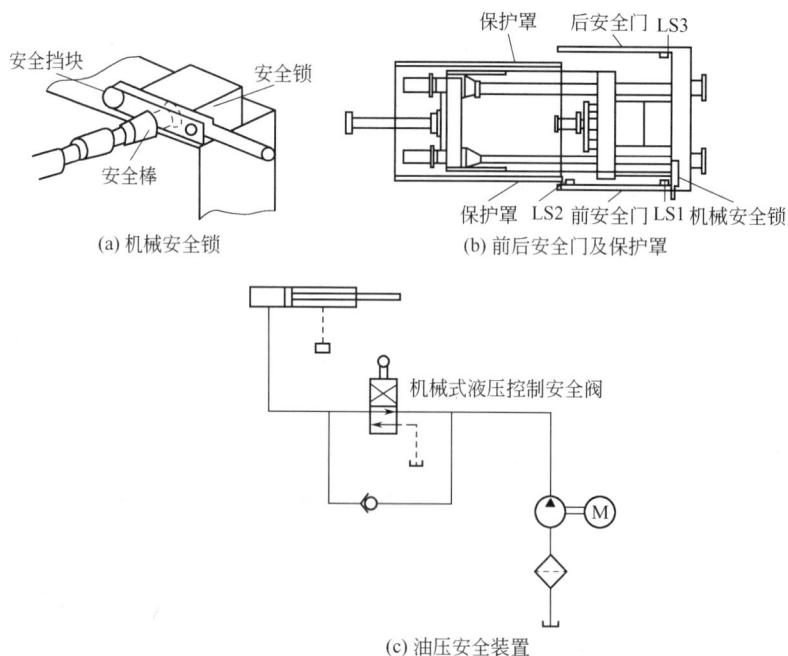

(a) 机械安全锁

(b) 前后安全门及保护罩

(c) 油压安全装置

图 1-9   安全保护装置

1.3   注塑机操作前的准备

注塑机操作前的准备工作是每个注塑机操作人员必须掌握的内容之一。注塑机操作人员包括注塑机维修员、注塑员、注塑操作工，他们都要操作机器进行工作。注塑机维修员要对注塑机进行维护、保养和修理，要对机器进行调校和操作；注塑员也要对注塑机进行调校，根据注塑产品的规格，调整合适的注塑参数，通过操作和调校机器，生产出合格的注塑产品；注塑操作工主要使用注塑机进行注塑产品生产。要掌握和操作机器，保质保量，安全生产出优质注塑产品。所以对于注塑机操作前的准备工作，都要各尽职责，他们都是注塑机安全操作规程的执行者，又是注塑机安全技术的落实者，必须认真落实，严格执行。

注塑机操作人员上岗前要经过严格培训。在培训期间，要熟悉所操作机器的性能特点，熟悉具体机型的操作方法，结合安全操作规程教育，熟练掌握操作机器的基本技能。在操作注塑机前，要求做到以下几方面。

① 进入工作岗位必须把工作服、工作帽、工作鞋、手套等劳动保护用品穿戴整齐、完备。

② 检查所用原材料、配料是否合格，加料前检查料斗或原料中有无杂质及异物。

③ 检查模具及固定螺栓和安全门行程开关、机械安全装置等有无松动，是否可靠，并检查所用工具是否齐全。

④ 检查机器设备有无漏电、漏油、漏水等现象，保持润滑良好。

⑤ 按照注塑员调校要求，精心操作机器。

1.4 注塑机准备和调试程序

1.4.1 注塑机准备程序

图 1-10 是注塑机准备程序。程序执行的步骤和过程涉及注塑机维修员和注塑员的职责范围。注塑机维修员自注塑机交付给车间或部门使用开始，就要对机器正常运行负责，要对机器进行仔细检查、保养、维修并进行调整校核处理。注塑员要根据注塑产品成型的技术要求，进行注塑材料的准备处理和进行机器注塑过程的各种动作参数的调整，以保证机器的正常注塑。

注塑机维修员从程序步骤中油喉接头开始操作，检查油喉的喉箍和接头是否连接牢固，顺时针旋转螺钉，重新上紧；检查机械部分如拉杆、固定模板（头板和尾板）、油缸体、机架等清洁情况；检查可移动机件的润滑油加油情况，如移动模板（二板）、机铰、油缸活塞杆、射台底座等需润滑部分，

```
              ┌──────────┐
              │  准备工作  │
              └──────────┘
                   │
              ◇ 油喉接头 ◇ ────────→ │ 重新上紧油管油喉接头的螺钉 │
                   │
              ◇ 清洁机器 ◇ ────────→ │ 清理机器机械部分并清洁干净 │
                   │
              ◇ 机件润滑 ◇ ────────→ │ 对移动机件注入润滑油进行润滑 │
                   │
              ◇ 加液压油 ◇ ────────→ │ 加入合适的液压油,使油量充足 │
                   │
              ◇ 电机转向 ◇ ────────→ │ 调试电机转动方向,改正电路接线 │
                   │
              ◇ 油泵运行 ◇ ────────→ │ 清洗油泵,保证油泵运行无不良噪声 │
                   │
              ◇ 油压力 ◇ ────────→ │ 检查油喉、油阀,调整适当压力 │
                   │
              ◇ 安装模具 ◇ ────────→ │ 按安装要求进行模具安装和调整 │
                   │
              ◇ 料斗加料 ◇ ────────→ │ 按注塑产品规格要求选用胶料 │
                   │
              ◇ 电热加热 ◇ ────────→ │ 检查控制线路,调整所需温度值 │
                   │
              ◇ 安全装置 ◇ ────────→ │ 检查和调整安全装置 │
                   │
              ◇ 模板位置 ◇ ────────→ │ 调整模板位置适合要求 │
                   │
              ◇ 锁模压力 ◇ ────────→ │ 调整油压力,速度不超过最大值 │
                   │
              ┌──────────┐
              │  完成准备  │
              └──────────┘
```

图 1-10　注塑机准备程序

用手动泵加油和用润滑脂加油润滑；检查油箱的液压油注入是否充分，观察油标尺的标度以及适合标准的液压油，注入时，要经过油过滤器，以防止杂质进入造成污染或堵塞；检查电机的转向,若转向不对可以调整电路的接线；检查油泵的运行情况，使用前先清洗油泵，工作时启动油泵，听油泵声音是否正常、有无不良的噪声产生；调节油阀，检查油压是否可达到规定的压力范围，检查油路的管路及油喉，是否有漏油等其他问题；调节比例电磁阀如压力及流量电磁阀,将比例电磁阀的压力调节螺钉及流量调节螺钉进行调节，再进行比例放大板的调节，使压力和流量按比例进行控制，设置最高压力145kgf/cm^2（1kgf/cm^2≈0.1MPa）所对应的控制电压，通过对比例放大板的控制来输出控制电压。

注塑员从程序步骤中安装模具开始操作，注塑员按照安装模具的要求，对模具进行安装。安装模具后则可以进行调模工作，调整模具的厚薄，使模具适当地合拢，以达到注塑工艺的需要，防止产品的质量事故或质量缺陷；按照注塑产品规格要求，选用合适的胶料，尤其有些产品需要原料配比、混合或加热温度等，需要进行试注塑产品，将料斗加满胶料，以供试机或开机生产之用；开启电热开关，检查控制电路是否正常，如面板上信号指示灯、温控器上加热信号指示灯等，预置各区温度参数，根据注塑产品及材料预置具体的温度和各区的温度;检查安全装置，按照上述安全装置进行检查;检查和调整模板位置、限位开关位置，调整各个动作的压力、速度参数值，预置各个动作参数值并进行校核，调整射嘴与模具的配合、锁模压力、冷却时间、顶针次数、循环周期时间等各种参数，以保证注塑成型正常进行为原则。

1.4.2 注塑机调试程序

图 1-11 是注塑机调试步骤。从第一步骤开始，就是由注塑员进行操作，从手动试机到全自动注塑，具体步骤如下。

（1）手动操作

① 将机器操作箱或操作面板上选择开关拨至手动位置，关闭安全门，选择锁模操作。

② 再选择射胶动作，螺杆会向前推进，把料筒内熔化的胶料注入工模内，同时也由预定的射胶时间计时。

③ 选择熔胶动作，螺杆便开始转动落料，由于落料时料筒内胶料压力将增大，把螺杆慢

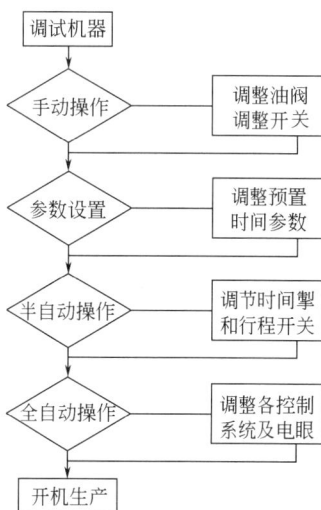

图 1-11 注塑机调试步骤程序

慢向后推动，直到限位开关被闭合，则落料动作完成，螺杆倒索动作也开始，直到限位开关被压合为止，倒索动作完成。

④ 待产品在工模内冷却到预定时间，打开安全门，选择开模选择开关。

⑤ 检查产品是否从工模中脱落，有些产品必须用顶针才可使产品顶出脱落。

重复上述①～⑤动作，查看产品是否符合质量，检查每个动作的压力、速度调节是否合适，综合参数与产品的实际情况，合理调整参数或其他条件，注出合格产品来。

（2）参数设置

① 射胶时间参数要根据注塑机的注塑射胶量和注塑成型产品的具体规格型号来选择。常见的射胶时间控制就是由时间继电器或时间掣来控制，设定射胶时间，保证射胶压力、速度和射胶量。

② 冷却时间或保压时间参数是根据注塑机注塑成型产品的具体形状、规格、质量等来设置适当的参数。常见的冷却时间或保压时间是由时间继电器或时间掣来控制，设定冷却时间或保压时间使注塑产品成型。

③ 低压锁模时间参数和顶针时间参数是根据注塑机的具体动作设置的时间参数。低压锁模时间是由慢速低压到慢速高压锁模，再由射胶、熔胶和倒索完成后直至开模的时间。它要求完成从锁模到倒索整个过程后再进行开模；顶针时间有的机型采用顶针次数，有的采用时间来控制，常见的均采用时间继电器或时间掣来设定参数。

④ 循环周期时间参数是注塑机的循环动作控制时间，通过注塑成型顶出产品后开始计时，在全自动操作时，计时到则进行下一个循环动作，常用时间继电器（或时间掣）来设置时间参数。

（3）半自动操作　经过数次手动操作后，可以进行半自动操作，其步骤如下。

① 调定射胶、保压（冷却）时间，根据手动操作的时间设定值进行操作和设定时间。

② 将选择开关拨到半自动开关位置。

③ 关闭安全门，由机器的锁模、射胶、熔胶、倒索到开模、顶针等一系列动作过程可自动进行操作。

④ 打开安全门，取出注塑成型的产品，然后把安全门关妥，注塑机便重新开始上述动作。

（4）全自动操作　在半自动操作的基础上，可以通过电眼或循环周期时间来控制注塑机进行全自动操作，电眼可以代替半自动操作时安全门的关闭动作，具体步骤如下。

① 调定射胶、冷却、锁模及循环时间。

② 选择开关调到全自动开关位置。

③ 关上安全门，注塑机便可以按上述的半自动操作进行，当注塑产品通过顶针顶出落下时，通过电眼的监测进行动作，当产品落下遮住电眼的光线瞬间，取样信号传出落料信号，注塑机进行新的注塑操作。若无产品遮光，注塑机便停止动作，并发出警报或信号指示提醒操作人员，如顶针或电眼故障、料斗无料、冷却时间设置太短等都可停机报警。如果一切正常，注塑机则重复进行上述动作，进行全自动操作。没有电眼的可以设定循环周期时间，注塑完成、顶针退回后，由循环周期时间来控制锁模动作，进行下一个循环，也可达到全自动操作的目的。

复习思考题

1. 注塑机主要由哪几部分组成？
2. 注塑机主要工作流程是什么？
3. 简述注塑机常见的安全装置。
4. 简述注塑机安全操作规程。
5. 简述注塑机操作的几种形式。
6. 画出注塑机射胶装置的示意图。
7. 画出注塑机锁模部分的示意图。
8. 简述液压系统组成的主要部件。

第2章

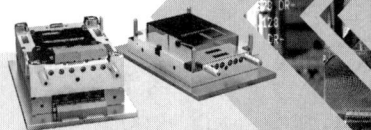

注塑机的操作技术

注塑机的操作技术主要包括注塑机操作面板使用和注塑机机器操作。虽然注塑机机型各异，操作面板布局不一，机器操作步骤、调校次序也不尽相同，但注塑机操作技术是相通的，机器的动作程序是一致的，都是围绕注塑成型工艺，协调各部分装置动作，加工出成型制品。本章要求熟悉操作面板的使用和操作机器的方法，在注塑成型过程中熟练地调整、校正、预置、修改各动作参数，以保证注塑成型产品的质量要求，并通过监测和故障警报来对机器状态进行适时控制。

2.1 注塑机的操作面板

2.1.1 震雄注塑机的操作面板

震雄注塑机的操作面板示意如图 2-1 所示。操作面板包括显示屏幕、温度控制区按键、成型条件控制区按键、成型条件数字输入区、游标按键、手动动作操作区按键及电源开关等。各控制区和操作区的按键功能介绍如下。

（1）温度控制区　温度控制区共有 5 个按键，具体如图 2-2 所示。温度控制按键从 N 到 4，也表示温度从射嘴加温 N 区到第 4 加热区。按键操作负责温度在显示屏幕上显示，可以进行温度参数资料的设定、变更、修改等项功能。

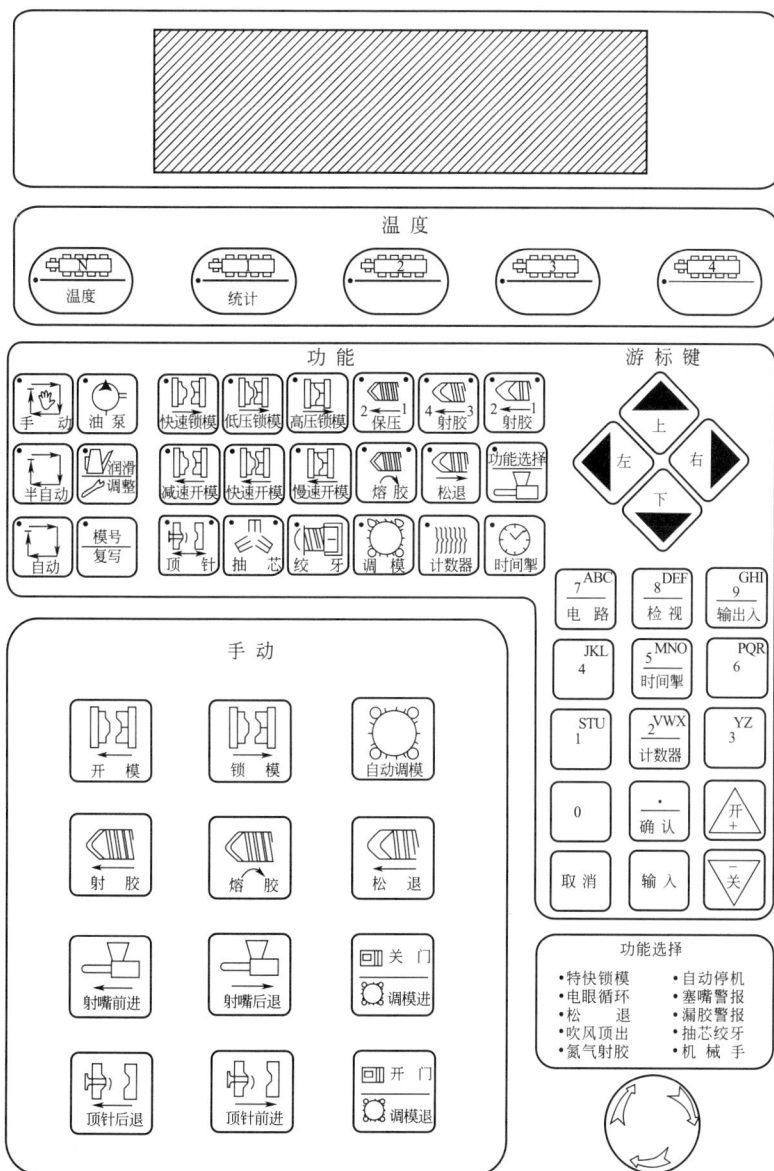

图 2-1　操作面板示意

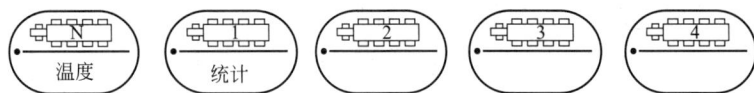

图 2-2　温度控制区按键示意

（2）成型条件控制区　成型条件控制区共有 24 个按键，具体如图 2-3 所示。成型条件控制区按键是用注塑机专用象形符号和汉字来表示各个动作的具体操作。

图 2-3　成型条件控制区示意

手动按键：手动操作模式按键，按下此键电脑系统工作在手动模式，按键上 LED 指示灯亮，表示系统工作在手动模式。

半自动按键：半自动操作模式按键，按下此键电脑系统工作在半自动模式，按键上 LED 指示灯亮，表示系统工作在半自动模式。

全自动按键：全自动操作模式按键，按下此键电脑系统工作在全自动模式，按键上 LED 指示灯亮，表示系统工作在全自动状态。

油泵启动按键：按下启动油泵电机操作。

润滑按键：润滑参数设定画面。

模号/复写按键：模号注解画面和模号复写及选择画面。

快速锁模按键：锁模动作设定画面。

低压锁模按键：锁模动作设定画面。

高压锁模按键：锁模动作设定画面。

射胶一按键：射胶动作参数设定画面。

射胶二按键：射胶动作参数设定画面。

保压按键：射胶动作参数设定画面。

减速开模按键：开模动作参数设定画面。

快速开模按键：开模动作参数设定画面。

慢速开模按键：开模动作参数设定画面。

熔胶按键：熔胶动作参数设定画面。

松退按键：松退动作参数设定画面。

功能选择按键：功能选择参数设定画面。

顶针按键：顶针动作参数设定画面。

抽芯按键：抽芯动作参数设定画面。

绞牙按键：绞牙动作参数设定画面。

调模按键：模厚及锁模力参数设定画面。

计数器按键：成型模数参数设定画面。

时间掣按键：时间参数设定画面。

（3）成型条件数字输入区　成型条件数字输入区共有 15 个按键，具体如图 2-4 所示。成型条件数字输入区按键是 0～9 数字键和英文字母及汉字组成的复合功能按键，具体如下。

数字 0 或空白文字键。

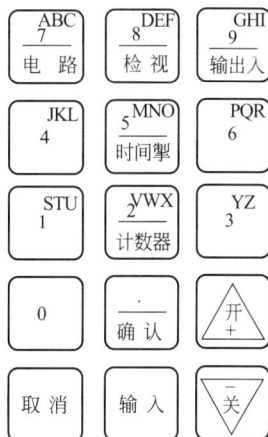

图 2-4　成型条件数字输入区

STU 1　数字 1 或英文 S、T、U 键。

VWX 2 计数器　数字 2 或英文 V、W、X 或计数器按键。

YZ 3　数字 3 或英文 Y、Z 键。

JKL 4　数字 4 或英文 J、K、L 键。

5 MNO 时间掣　数字 5 或英文 M、N、O 键或时间掣按键。

PQR 6　数字 6 或英文 P、Q、R 键。

7 ABC 电路　数字 7 或英文 A、B、C 键或电路按键。

DEF 8 检视　数字 8 或英文 D、E、F 键或检视按键。

GHI 9 输出入　数字 9 或英文 G、H、I 键或输出入按键。

· 确认　确认键：数据资料输入后，出现"？"号，则需按确认键进行确认。

输入　输入键：数据资料参数的输入按此键有效。

取消　取消键：按此键取消所输入的数值参数。

开+　功能选择键开：选择开关开启。

关-　功能选择键关：选择开关关闭。

（4）游标按键　游标按键有 4 个，具体如图 2-5 所示。

上　游标上移动键。

下　游标下移动键。

左　游标左移动键。

右　游标右移动键。

（5）手动动作操作区　手动动作操作区共有 12 个按键，具体如图 2-6 所示。手动动作操作区按键用注塑机专用象形符号和汉字来表示各个动作操作，具体如下。

图 2-5　游标键示意

图 2-6　手动动作操作区示意

 开模按键：用于手动开模动作操作。

 锁模按键：用于手动锁模动作操作。

 射胶按键：用于手动射胶动作操作。

 熔胶按键：用于手动熔胶动作操作。

 射嘴前进按键：用于手动射嘴前进动作的操作。

 射嘴后退按键：用于手动射嘴后退动作的操作。

 顶针后退按键：用于顶针后退动作操作。

 顶针前进按键：用于顶针前进动作操作。

 松退按键：用于手动松退动作操作。

自动调模按键：用于自动调整模具厚度的操作。

调模进按键：用于手动调模进动作操作。

调模退按键：用于手动调模退动作操作。

（6）电源开关　操作面板上电源开关 是红色急停按钮开关，用来开启或断开电脑系统工作电源，提供电源频率为 50/60Hz，提供电压幅值在 AC 220V±20%范围内均可使用。

2.1.2　力劲注塑机的操作面板

力劲注塑机的操作面板示意如图 2-7 所示。操作面板包括显示屏幕、功能按键、移动键、数字按键、手动操作按键。

（1）操作面板按键功能

功能按键 F1～F5：当画面转换的信息显示在屏幕底端时，可选择相对的功能键，按下功能键后，屏幕则转换到另一画面。

KEY 层键:转换 F1～F5 功能键的各种画面信息并且显示在屏幕底端。

MENU 菜单键：显示操作面板的按键介绍及程序的版本、日期及时间。

PREVIOUS 前页键：显示前一次的操作画面。

NEXT 下页键：显示下一页的操作画面。

PRINT 打印键：打印目前显示的画面。

HELP 求助键：显示目前显示页面的求助画面，如果目前已显示求助画面，则再按此键即显示原先的设定画面。

AL RESET 警报停止输出键：当任何警报产生时，可按下此键停止警报器及

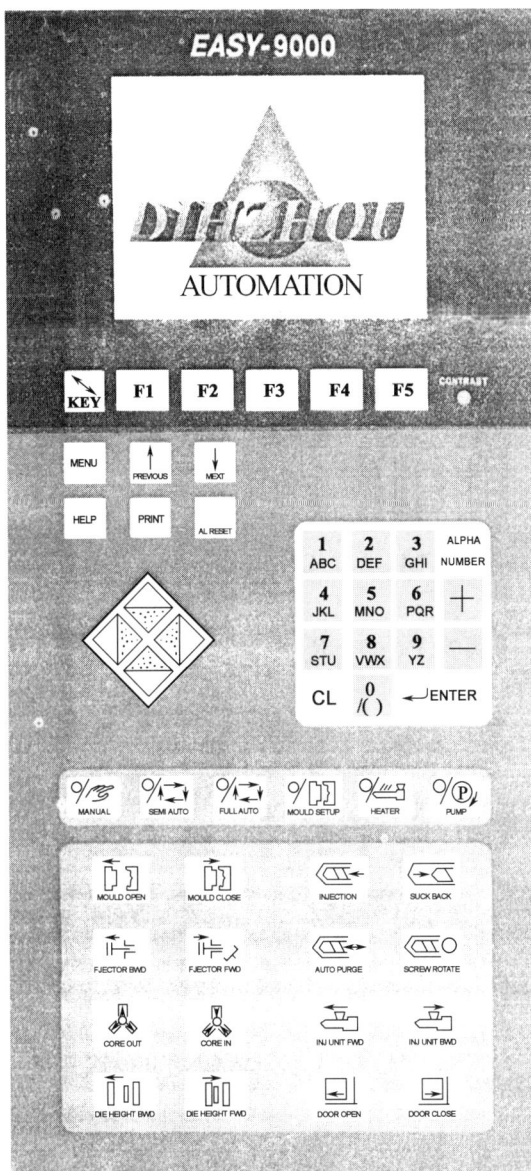

图 2-7 力劲注塑机操作面板示意

旋转灯输出并启动警报再侦测时间，待时间到达，如果警报仍没有排除，则再一次输出警报。

（2）移动键 移动键示意如图 2-8 所示。移动键的功能是移动光标的位置，按一下此键，移动一个位置。若一直按着此键，则光标每 0.5s 移动一个位置。如果先前已有输入设定值，并且还没有按输入键，则按移动光标键可自动输入设定值后才开始移动光标。

（3）数字按键

图 2-8　移动键示意

| 0 /( ) | 数字 0 或（）键。 |

| 1 ABC | 数字 1 或英文 A、B、C 键。 |

| 2 DEF | 数字 2 或英文 D、E、F 键。 |

| 3 GHI | 数字 3 或英文 G、H、I 键。 |

| 4 JKL | 数字 4 或英文 J、K、L 键。 |

| 5 MNO | 数字 5 或英文 M、N、O 键。 |

| 6 PQR | 数字 6 或英文 P、Q、R 键。 |

| 7 STU | 数字 7 或英文 S、T、U 键。 |

| 8 VWX | 数字 8 或英文 V、W、X 键。 |

| 9 YZ | 数字 9 或英文 Y、Z 键。 |

| ALPHA NUMBER | ALPHA/NUMBER 键：转换键盘数字模式或英文模式按键。 |

加键（+）：用于数字模式为数值加 1，用于英文模式则为转换英文字母及特殊字符。

减键（−）：用于数字模式为数值减 1，用于英文模式则为转换英文字母及特殊字符。

清除键（CL）：当输入任何错误的数值时，可按此键恢复先前的数值。

输入键（ENTER）：输入数值、改变功能及执行等功能。

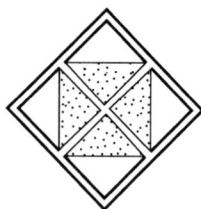

（4）手动操作按键

手动模式按键：手动模式状态可操作手动按键执行手动功能，按下此键时信号灯 LED 亮，调模按键不包括在内。

调模模式按键：调模模式状态可操作调模按键设定，并且开关模及射座进退都慢速动作，按下此键时 LED 信号灯亮。

半自动模式按键：按下此键时，LED 信号灯亮，并且机器动作处于半自动模式状态。

全自动模式按键：当按下此键时，LED 信号灯亮，并且机器动作处于全自动模式状态。

电热开关按键：用于控制温度加温的开关。

油压电机开关按键：用于控制油压电机的启动和停止。

锁（关）模按键：当按下此键后，进行锁（关）模动作。

开模按键：当按下此键后，进行开模动作。

脱模前进按键：当按下此键脱模前进。

脱模后退按键：当按下此键脱模后退。

中子入键：当按下此键后，进行中子入动作。

中子出键：当按下此键后，进行中子出动作。

调模前进键：当按下此键后，进行调模前进动作。

调模后退键：当按下此键后，进行调模后退动作。

风门关键：当按下此键后进行风门关动作。

DOOR OPEN	风门开键：当按下此键后进行风门开动作。
 INJECTION	射出键：当按下此键后进行射胶动作。
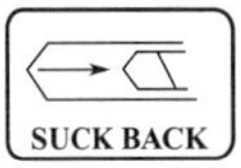 SUCK BACK	射退键：当按下此键后进行射退动作。
 SCREW ROTATE	储料键：当按下此键后进行储料动作。
 AUTO PURGE	自动清料键：当按下此键后进行自动清料动作。
 INJ UNIT FWD	射座前进键：当按下此键后进行射座前进动作。
 INJ UNIT BWD	射座后退键：当按下此键后进行射座后退动作。

2.2 注塑机的参数预置

注塑机在做好准备工作和检查工作后，可以进行开机操作，进行参数预置。首先打开电源总开关，按下电源启动开关，电源启动后，电脑系统会自动扫描和测试，并显示出注塑机生产厂家、机型、机号、程式和出厂日期参数来，经过 3s 后屏幕画面会自动切换到运行画面（见图 2-9）。

（1）运行及温度参数设定

① 手动运行时，屏幕上将显示图 2-9 所示参数。

② 自动运行时，屏幕上将显示图 2-10 所示画面，参数表示如下。

AA	BBmm	CCmm	DD	EE	
FF%	GG	HH	II	JJ	KK
KK	??	??	??	??	??

图 2-9 运行画面示意

AA	BBmm	CCmm	DD	EE
充填时间	LL 秒	射胶		MM 秒
熔胶时间	NN 秒	冷却		OO 秒
已成型数	PP 次	周期		QQ 秒

图 2-10 自动运行时屏幕显示画面示意

？？：表示电脑量测资料显示。

AA：表示现在使用中的模号显示。

BB：表示现在锁模模板的位置显示。

CC：表示现在射胶的位置显示。

DD：表示动作时的速度显示。

EE：表示动作时的压力显示。

FF：表示射嘴加温比例值的设定。

GG：表示第一段温度参数设定（或第一温区）。

HH：表示第二段温度参数设定（或第二温区）。

II：表示第三段温度参数设定（或第三温区）。

JJ：表示第四段温度参数设定（或第四温区）。

KK：温度模式开关设定，使用成型条件数字输入键中的 ⎡升⎤、⎡关⎤ 两个键选择和选用开、关、保温三种模式设定。

LL：表示射胶时充填时间显示。

MM：表示射胶时间参数设定。

NN：表示熔胶时间参数显示。

OO：表示冷却时间参数设定。

PP：表示已成型数字显示。

QQ：表示自动周期时间显示。

③ 在自动状态时，可在此画面上更改射出、冷却时间或周期时间，利用游标按键将游标移到射胶或冷却时间的位置上，以数字输入键输入要更改的时间参数，再按下输入键即完成修改。

④ 如果要修改温度参数的设定值，在上面的画面状态下，依照要修改的段数，按下温度控制按钮，则游标显示在画面上，具体步骤如下。

a. 按下温度控制键 ⎡N温度⎤，则游标显示在画面上，其参数是温度 N 区的参数值。

b. 按下游标键 ◆ 选择温度各段设定项，再按下输入数值，最后按下"输入"键，完成温度参数的设定。

（2）温度偏差警报设定　按下 ⎡升⎤、⎡温度⎤ 按键，屏幕上将显示温度偏差警报参数设定画面（见图 2-11）。

使用游标键，选择温度各段偏差警报设定项，按下输入数值，最后再按下"输入"键，完成参数设定。

温度设限	T1	T2	T3	T4	T5
KK 温度上限	+ AA	+ BB	+ CC	+ DD	+ LL
温度下限	− EE	− FF	− GG	− HH	− MM
保温时设定	− II %	射嘴周期		JJ	S

图 2-11 温度偏差警报参数设定画面

其中参数表示如下。

AA：表示第一段温度偏高警报设定值。

BB：表示第二段温度偏高警报参数设定值。

CC：表示第三段温度偏高警报参数设定值。

DD：表示第四段温度偏高警报参数设定值。

EE：表示第一段温度偏低警报参数设定值。

FF：表示第二段温度偏低警报参数设定值。

GG：表示第三段温度偏低警报参数设定值。

HH：表示第四段温度偏低警报参数设定值。

II：表示保温动作时，设定温度降低百分比的设定。

JJ：表示射嘴温度周期时间设定。

LL：表示第五段温度偏高警报参数设定值。

MM：表示第五段温度偏低警报参数设定值。

KK：表示温度控制模式选择，使用 📖、🗙 键可选择开、关、保温三种模式。

（3）锁模参数设定 按下"快速锁模"、"低压锁模"或"高压锁模"键，屏幕上将显示锁模参数设定画面（见图 2-12）。使用游标键，选择锁模参数设定项，按下输入数值，最后按下"输入"键完成参数设定，其中参数表示如下。

锁模设定	速度	压力		位置
快速锁模	AA%	BB%	至	CC mm
低压锁模	DD%	EE%	至	FF p
高压锁模	GG%	HH%	至	II p

图 2-12 锁模参数设定画面

AA：表示快速锁模速度参数设定。

BB：表示快速锁模压力参数设定。

CC：表示快速锁模动作终止位置参数设定。

DD：表示低压锁模速度参数设定。

EE：表示低压锁模压力参数设定。

FF：表示低压锁模动作终止位置参数设定。

GG：表示高压锁模速度参数设定。

HH：表示高压锁模压力参数设定。

II：表示高压锁模动作终止位置参数设定。

高压锁模终止位置点的设置方法如下。

① 用手动操作，锁模开到模具闭合位置，此时机铰还没有完全伸直。

② 同时按住手动锁模和确认键，即可自动设定高压锁模位置点，锁模流程如下。

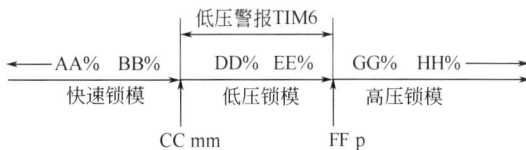

（4）开模参数设定　按下"慢速开模"、"快速开模"或"减速开模"按键，屏幕上将显示出开模参数设定画面（见图 2-13）。

开模设定	速度	压力		位置
慢速开模	AA%	BB%	至	CC p
快速开模	DD%	EE%	至	FF mm
减速开模	GG%	HH%	至	II mm

图 2-13　开模参数设定画面

使用游标键，选择开模参数的设定项，按下输入数值，最后再按"输入"键，完成开模参数的设定，其中参数表示如下。

AA：表示慢速开模速度参数设定。

BB：表示慢速开模压力参数设定。

CC：表示慢速开模动作终止位置参数设定。

DD：表示快速开模速度参数设定。

EE：表示快速开模压力参数设定。

FF：表示快速开模终止位置参数设定。

GG：表示减速开模速度参数设定。

HH：表示减速开模压力参数设定。

II：表示减速开模终止位置参数设定。

开模动作流程如下。

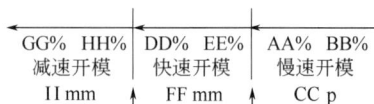

```
←  GG% HH% │ DD% EE% │ AA% BB%
   减速开模  │ 快速开模 │ 慢速开模
   II mm    ↑  FF mm  ↑  CC p
```

（5）顶针参数设定　按下"顶针"按键，屏幕上将显示顶针参数设定画面（见图 2-14）。使用游标键，选择顶针参数设定项，按下输入数值，最后按下"输入"键完成顶针参数设定，其中参数表示如下。

顶针设定	速度	压力
顶针前进	AA%	BB%
顶针后退	CC%	DD%
次数: EE 次	振动: FF 次	停: GG 秒

图 2-14　顶针参数设定画面

AA：表示顶针前进速度参数设定。

BB：表示顶针前进压力参数设定。

CC：表示顶针后退速度参数设定。

DD：表示顶针后退压力参数设定。

EE：表示顶针次数设定。

FF：表示顶针振动次数设定，需配合多次顶针模式下使用。

GG：表示顶针停顿时间参数设定，需要配合顶针停顿模式下使用。

顶针的操作模式可以在功能选择设定画面内选择下面三种模式。

1：不动作。

2：多次顶针。

3：顶针停顿。

（6）抽芯参数设定　按下"抽芯"按键，屏幕上将显示抽芯参数设定画面（见图 2-15）。按"抽芯"按键，可在画面上交替显示图 2-15 和图 2-16 所示画面。按下游标键，选择抽芯参数设定项，按下输入数值，最后再按下"输入"键，完成抽芯参数的设定。其中参数表示如下。

AA：表示进芯速度参数设定。

抽进芯	速度	压力	时间
进芯	AA%	BB%	CC
抽芯	DD%	EE%	FF
抽进芯行程以		GG 设定	

图 2-15 抽芯参数设定画面（一）

抽进芯		
进芯位置	HH	II mm
抽芯位置	JJ	KK mm

图 2-16 抽芯参数设定画面（二）

BB：表示进芯压力参数设定。

CC：表示抽进芯行程选择时间掣设定时才有显示，其为进芯动作时间设定。

DD：表示抽芯速度参数设定。

EE：表示抽芯压力参数设定。

FF：表示抽进芯行程选择时间掣设定时才有显示，其为抽芯动作时间设定。

GG：表示抽进芯行程使用模式，使用按键开、关，选择下列两种模式：限位掣设定、抽进芯动作使用限位器来终止动作；时间掣设定、抽进芯动作使用时间掣来终止动作。

HH：表示进芯动作选择，使用按键开或关，选择下列四种模式：锁模前；锁模后；锁模中途；不进芯。

II：选择锁模中途进芯时才有显示，为锁模中途进芯动作位置参数。

JJ：表示退芯动作选择，使用按键开、关，选择下列四种模式：开模前；开模后；开模中途；不退芯。

KK：选择开模中途退芯时才有显示，为开模中途抽芯动作位置参数。

（7）绞牙参数设定　按下"绞牙"按键，屏幕上将显示绞牙参数设定画面（见图 2-17 和图 2-18）。按下游标键，选择绞牙参数设定项。按下输入数值，最后按下"输入"键，完成绞牙参数的设定，其中参数表示如下。

绞牙设定	快速	慢速	压力	时间
进牙	AA%	BB%	CC%	DD 秒
退牙	EE%	FF%	GG%	HH 秒
绞牙回馈以	II 设定			

图 2-17 绞牙参数设定画面（一）

绞牙设定			
绞牙前进位置：	JJ	KK mm	
绞牙后退位置：	LL	MM mm	
进慢速 NN 秒		退慢速 OO 秒	

图 2-18 绞牙参数设定画面（二）

AA：表示进牙动作快速速度参数设定。

BB：表示进牙动作慢速速度参数设定。

CC：表示进牙动作压力参数设定。

DD：表示进牙动作终止时间参数或次数设定。

EE：表示退牙动作快速速度参数设定。

FF：表示退牙动作慢速速度参数设定。

GG：表示退牙动作压力参数设定。

HH：表示退牙动作终止时间参数或次数设定。

II：表示绞牙行程使用模式，使用按键 [开]、[关]，选择下列三种模式：限位掣设定，绞牙动作使用限位器终止；时间掣设定，绞牙动作使用时间掣终止；计数器设定，绞牙动作使用计数器终止。

JJ：表示进牙动作选择，使用按键 [开]、[关]，选择下列四种模式：锁模前；锁模后；锁模中途；不进牙。

KK：选择锁模中途进牙时才有显示，为锁模中途进牙动作位置。

LL：表示退牙动作选择，使用按键 [开]、[关]，选择下列四种模式：开模前；开模后；开模中途；不退牙。

MM：选择开模中途退牙时才有显示，为开模中途退牙动作位置。

NN：进牙慢速时间参数设定。

OO：退牙慢速时间参数设定。

（8）射胶参数设定　按下"保压"按键或"射胶"按键，屏幕上将显示射胶参数设定画面（见图 2-19～图 2-21）。按下游标键，选择射胶参数的设定项，按下输入数值，最后按下"输入"键，完成射胶参数设定，其中参数表示如下。

射胶设定	速度	压力		位置
射胶一段	AA%	BB%	至	CC mm
射胶二段	DD%	EE%	至	FF mm
射胶三段	GG%	HH%	至	II mm

图 2-19　射胶参数设定画面（一）

射胶设定	速度	压力		位置
射胶四段	JJ%	KK%	至	LL mm
射胶五段	MM%	NN%	至	OO mm

图 2-20　射胶参数设定画面（二）

射胶设定	速度	压力	位置
保压一段		PP%	QQ 秒
保压二段		RR%	SS 秒

图 2-21　射胶参数设定画面（三）

AA：表示射胶一段速度参数设定。

BB：表示射胶一段压力参数设定。

CC：表示射胶一段动作终止位置参数设定。

DD：表示射胶二段速度参数设定。

EE：表示射胶二段压力参数设定。

FF：表示射胶二段动作终止位置参数设定。

GG：表示射胶三段速度参数设定。

HH：表示射胶三段压力参数设定。

II：表示射胶三段动作终止位置参数设定。

JJ：表示射胶四段速度参数设定。

KK：表示射胶四段压力参数设定。

LL：表示射胶四段溢料位置参数设定。

MM：表示射胶五段速度参数设定。

NN：表示射胶五段压力参数设定。

OO：表示射胶五段溢料位置参数设定。

PP：表示保压一段动作压力参数设定。

QQ：表示保压一段动作时间参数设定。

RR：表示保压二段动作压力参数设定。

SS：表示保压二段动作时间参数设定。

射胶流程如下。

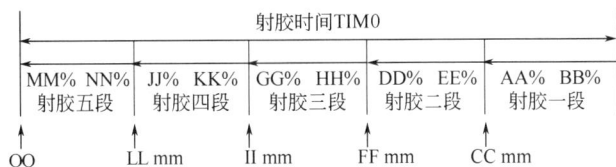

射胶时间TIM0				
MM% NN% 射胶五段	JJ% KK% 射胶四段	GG% HH% 射胶三段	DD% EE% 射胶二段	AA% BB% 射胶一段
↑ OO	↑ LL mm	↑ II mm	↑ FF mm	↑ CC mm

保压流程如下。

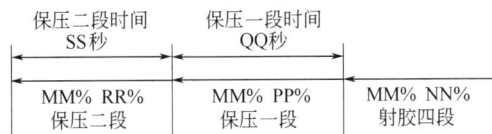

保压二段时间 SS秒	保压一段时间 QQ秒	
MM% RR% 保压二段	MM% PP% 保压一段	MM% NN% 射胶四段

（9）熔胶参数设定　按下"熔胶"或"松退"按键。屏幕上将显示熔胶参数设定画面（见图2-22和图2-23）。按下游标键，选择熔胶参数设定项，按下输入数值，最后按下"输入"键，完成熔胶参数设定。其中参数表示如下。

熔胶设定	速度	压力	背压	位置
前段熔胶	AA%	BB%	CC%	DD mm
后段熔胶	EE%	FF%	GG%	HH mm

图 2-22　熔胶参数设定画面（一）

熔胶设定	速度	压力		位置
松退	II %	JJ %	退	KK mm
延时: LL 秒		射胶终点: MM mm		

图 2-23　熔胶参数设定画面（二）

AA：表示前段熔胶速度参数设定。

BB：表示前段熔胶压力参数设定。

CC：表示前段熔胶背压力参数设定。

DD：表示前段熔胶动作终止位置参数设定。

EE：表示后段熔胶速度参数设定。

FF：表示后段熔胶压力参数设定。

GG：表示后段熔胶背压力参数设定。

HH：表示后段熔胶动作终止位置参数设定。

II：表示松退速度参数设定。

JJ：表示松退压力参数设定。

KK：表示松退动作终止位置参数设定。

LL：表示熔胶延时时间参数设定。

MM：表示射胶终点位置参数设定。

熔胶流程如下。

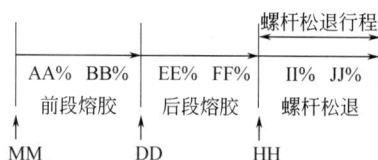

（10）模厚及锁模力参数设定　按下"调模"按键，屏幕上将显示模厚及锁模力参数设定画面（见图 2-24），其中参数表示如下。

模厚调整			
现在模厚	AA mm		
模具厚度	BB mm	自动调整	CC
锁模力	DD 吨	位置是	EE p

图 2-24　模厚及锁模力参数设定画面

AA：表示现在模板厚度显示。

BB：表示调整模具厚度设定。

CC：表示锁模力自动调整选择、使用按键⚖️、⚖️来设定开关。

DD：表示锁模力吨数设定。

EE：表示锁模力吨数计算位置显示。

模厚及锁模力调整步骤如下。

① 手动关模到终止位置，关上安全门。

② 手动调整模具厚度，按下手动"调模进"按键，模具向前调整，容模量变小；若按手动"调模退"按键，模具向后调整，容模量变大。若要停止只需再次按下按键即可。

自动调整模具厚度操作，先度量使用的模具厚度，例如430.0mm，则输入数值430.0mm于模具厚度位置上，按下"自动调模"按键，即可自动调整模具厚度，若要中途停止调模，只需再按下按键即可。

锁模力自动调整操作，使用按键⚖️，选择此功能，输入锁模力吨数，锁模力自动调整后会把锁模力位置直接输入高压启动位置上，锁模力自动调整功能便完成。

（11）射座前后参数设定　同时按下"功能选择"键和⚖️按键，屏幕上将显示射座前后参数设定画面（见图2-25）。按下游标键，选择射座参数设定项，按下输入数值，最后按下"输入"键，完成射座前后参数的设定，其中参数表示如下。

射座设定	速度	压力	时间
射座前进	AA%	BB%	
射座后退	CC%	DD%	退EE秒

图2-25　射座前后参数设定画面

AA：表示射座前进速度参数设定。

BB：表示射座前进压力参数设定。

CC：表示射座后退速度参数设定。

DD：表示射座后退压力参数设定。

EE：表示自动操作时，射座后退动作行程时间参数的设定，设定值由TIM18定值。

（12）功能选择参数设定　按下"功能选择"按键，屏幕上将显示功能选择参数设定画面（见图2-26～图2-29）。可使用游标键，选择画面的切换，按下游标键选择功能选择项，按下 □ 选择开，按下 □ 选择关，最后按下"输入"键，完成功能选择设定。顶针动作项中，使用 □、□ 选择下列三种顶针模式：不动作；多次顶出；顶针停顿。自动停机项中，使用按键 □、□，选择下列四种停机模式，可配合成型模数、生产批量及故障停机使用：关；停油泵；停电热；停油泵及电热。

功能选择			
特快锁模	开	电眼循环	开
吹风顶出	开	机械手	开
氮气射胶	开	保压警报	开

图 2-26   功能选择参数设定画面（一）

功能选择			
位置保压	开	低温警报	开
塞嘴警报	开	漏胶警报	开
辅助油泵	开	特快开模	开

图 2-27   功能选择参数设定画面（二）

功能选择			
射胶加速	开	熔胶加速	开
自动换模	开	自动换色	开
油压射嘴	开	熔前松退	开

图 2-28   功能选择参数设定画面（三）

功能选择	
顶针动作	不动作
自动停机	关

图 2-29   功能选择参数设定画面（四）

（13）润滑参数设定   按下"润滑"按键，屏幕上将显示出润滑参数设定画面（见图 2-30）。按下游标键，选择润滑参数设定项，按下输入数值，最后再按下"输入"键，完成润滑参数的设定。其中参数表示如下。

润滑设定			
每成型	AA 模	润滑油输出	BB 秒
还有	CC 模次才润滑		
润滑油警报时间	DD 秒		

图 2-30   润滑参数设定画面

AA：表示润滑油下次动作间隔，次数设定值由 CNT8 定值。

BB：表示润滑油每次给油时间，时间设定值由 TIM30 定值。

CC：表示距离下次润滑还剩多少模数显示。

DD：表示润滑油动作行程检查时间，时间设定由 TIM31 定值。

（14）成型模数参数设定   按下计数器按键，屏幕上将显示出成型模数参数设定画面（见图 2-31 和图 2-32）。按下游标键，选择成型模数设定项，按下输入数值，最后按下"输入"键，完成成型模数参数的设定。其中参数表示如下。

AA：表示成型模数参数设定（CNT0）。

成型模数设定	设定		现在
成型模数	AA		BB
生产批量	CC		DD
生产时间	EE	时	FF

图 2-31　成型模数参数设定（一）

成型模数设定	设定	现在
次品模数	GG	HH
备用	II	JJ

图 2-32　成型模数参数设定（二）

BB：表示在成型模数参数设定数量中，已经成型的模数显示。

CC：表示生产批量数设定（CNT3）。

DD：表示已经生产批量数显示。

EE：表示自动生产时间设定（CNT2）。

FF：表示实际工作时间参数显示。

GG：表示次品生产过量时，产生警报的设定（CNT1）。

HH：表示已经生产次品数量显示。

II：备用计数器参数设定（CNT9）。

JJ：表示备用计数器参数现在值的显示。

计数器现在值的重置步骤如下。

① 使用游标键将游标移到要进行重置的计数器现在值的位置上。

② 按下"输入"键，屏幕上将显示出"？"。

③ 如果确认则按下"确认"按键，如果不确认则按下"取消"键。

（15）时间参数设定　按下"时间掣"按键，屏幕上将显示时间参数设定画面（见图 2-33 和图 2-34）。按下游标键，选择时间参数设定项，按下输入数值，最后按下"输入"键，完成时间参数设定。其中参数表示如下。

时间设定			
射胶时间	AA	冷却时间	BB
周期警报	CC	中间循环	DD
二板吹风	EE	低压警报	FF

图 2-33　时间参数设定画面（一）

时间设定			
熔前松退	GG	熔胶延时	HH
备用	II		

图 2-34　时间参数设定画面（二）

AA：TIM0，表示射胶一段～四段的时间设定。

BB：TIM1，表示冷却时间参数设定。

CC：TIM5，表示周期警报时间参数设定。

DD：TIM2，表示中间循环时间参数设定。

EE：TIM7，表示二板吹风时间参数设定。

FF：TIM6，表示锁模低压警报时间参数设定。

GG：TIM4，表示头板吹风时间或熔前松退时间参数的设定。

HH：TIM3，表示熔胶延时时间参数设定。

II：TIM8，表示备用时间参数设定。

（16）时间掣参数设定　同时按下"时间掣"按键和 $\boxed{\text{开}}$ 按键，3s后，屏幕上将显示时间掣参数设定画面（见图2-35和图2-36）。按下游标键，选择时间掣参数设定项，按下输入数值，最后再按下"输入"键，完成时间掣参数的设定。其中参数表示如下。

时间设定			
电机启动	AA	开模排气	BB
限位警报	CC	关模延时	DD
开模顶出	EE	顶针延时	FF

图2-35　时间掣参数设定画面（一）

时间设定			
头板吹风	GG	抽芯延时	HH
警报间断	II	绞牙延时	JJ
警报周期	KK		

图2-36　时间掣参数设定画面（二）

AA：TIM19，表示电机 Y/Δ 启动时间掣参数的设定。

BB：TIM25，表示开模排气时间掣参数设定。

CC：TIM24，表示限位警报时间掣参数设定。

DD：TIM26，表示关模延时时间掣参数设定。

EE：TIM20，表示开模顶出时间掣参数设定。

FF：TIM27，表示顶针延时时间掣参数设定。

GG：TIM21，表示头板吹风时间掣参数设定。

HH：TIM28，表示抽芯延时时间掣参数设定。

II：TIM22，表示警报间断时间掣参数设定。

JJ：TIM29，表示绞牙延时时间掣参数设定。

KK：TIM23，表示警报周期时间掣参数设定。

（17）调整功能参数设定　同时按下 $\boxed{\text{开}}$ 按键和"调整"按键，屏幕上将显示出调整功能参数画面（见图2-37）。此时电脑面板上相关的LED指示灯会亮，表示调整功能已被启动，此时机器的速度为原先设定值（*❶）AA%。

---

❶ 此功能是为机器调整或模具调校时而设定的,只可在手动操作使用,当功能启动后,不能使用自动操作;反之,在自动操作时,此功能不能使用。

例如：机器射台，顶针速度设定值为 50%，而调整时机器限制值同为 50%；当调整时机器速度实际为 50%×50%=25%。

AA 为调整功能参数，即速度限制的百分比设定值。

设定原始值
调整机器时速度限制：AA%

图 2-37 调整功能参数画面

（18）模号注解画面 按下"模号名"按键，屏幕上将显示模号注解画面（见图 2-38 和图 2-39）。电脑内共有 50 组模号资料及模号注解，在画面中，可使用游标按键进行其他画面的切换。其中参数表示如下。

模号选择			
01	AAA	02	BBB
03	CCC	04	DDD
05	EEE	06	FFF

图 2-38 模号注解画面（一）

模号选择			
07	GGG	08	HHH
09	III	10	JJJ
11	KKK	12	LLL

图 2-39 模号注解画面（二）

AAA：表示模号编号 01 的简单注解。

BBB：表示模号编号 02 的简单注解。

……

模号编号的注解更改步骤如下（例如将 01 模号的注解 AAA 改为 TS2）。

① 将游标移到模号 AAA 的位置，由左到右键入英文字母或数字代码。

② 完成后再按"输入"键，即完成设定模号注解，即键入 TS2，完成模号名称更改。

③ 连续按数字键 7，循环显示 7→A→B→C→7；若是输入空白键，必须将数字 3 连续按 4 次，3→Y→Z→空白。

（19）模号复写及选择 同时按下🔼键和"复写"按键，屏幕上将显示模号复写及选择画面（见图 2-40）。

模号资料复写	
模号：AA	复写到模号：BB
模号选择：CC	

图 2-40 模号复写及选择画面

模号复写操作方式如下（例如将模号 005 复写到模号 010 中去）。

① 将游标移到模号 AA 位置，输入数字 5。

② 按下"输入"键，将游标移到 BB 位置，输入数字 10。

③ 再按下"输入"键，屏幕会显示出现"？"，再按"确认"键即完成复写操作。

CC 为现在使用模号编号，如果要更换模号编号，必须在手动状态下进行更换，否则无法进行更换。模号选择操作步骤如下。

① 使用游标按键将游标移到 CC 的位置上，输入要更换的模号的编号。

② 输入编号后，按下"输入"键即可完成其设定。

（20）射胶终点位置统计参数设定　同时按下 ⏁ 和"统计"按键，屏幕上将显示射胶终点位置统计参数设定画面（见图 2-41）。画面所显示的为最近 10 周期的射胶终点位置，01 的"？？？"为这次的射胶终点位置，该射胶终点位置每一周期会自动更新，操作人员可参照这些统计资料来调整射胶资料的设定。

射胶终点					
01	???	02	???	03	???
04	???	05	???	06	???
07	???	08	???	09	???

图 2-41　射胶终点位置统计参数设定画面

（21）原始位置参数设定　同时按下 ⏁ 和"高压锁模"按键，3s 后，屏幕上将显示出原始位置参数设定画面（见图 2-42 和图 2-43）。画面中 AA 为锁模位置预设参数；BB 为射胶位置预设参数。

模号	锁模	射胶	速度	压力
???	???	???	???	???
原始值设定				
预设1	AA p	BB mm		
预设2	CC p	DD mm		

图 2-42　原始位置参数设定画面（一）

模号	锁模	射胶	速度	压力
???	???	???	???	???
调模原始位置		EE mm		
调模最薄厚度		FF mm		
调模最厚厚度		GG mm		

图 2-43　原始位置参数设定画面（二）

① 解码器设定值操作方式

a. 将游标移到 AA 位置，输入需设定的锁模位置，按下"输入"键。

b. 再将游标移回 AA 位置，再按下"输入"按键，此时屏幕上会出现"？"。

c. 再按下"确认"按键，完成设定，此时的锁模位置为位置 AA 预先设定的位置。

d. 射胶操作方式同上。

其中，CC 为锁模位置重置预设设定用，DD 为射胶位置重置预设设定用。

② 调模容模厚度原始值设定操作方式

a. 将游标移到 EE 位置，输入 250.0，再按"输入"按键，屏幕上会出现"？"。

b. 按"确认"键确认后完成设定，此时调模计数器模厚现在值为 250.0mm。

其中，FF 为调模最小厚度参数设定显示；GG 为调模最大厚度参数设定显示。

③ 重置原点操作

a. 画面出现"请重置锁模原点"警告时，启动油泵，检查模具及抽芯位置后，使用手动"锁模"按键，锁模直到机铰伸直，警号消除即完成复归值，此时锁模光学解码器位置与预设 1 AA 位置预设的锁模复归值相同。

b. 画面出现"请重置射胶原点"警告时，启动油泵，待温度达到设定值，使用手动"射胶"按键，射胶到底，再同时按下"确认"键，即可完成复归值，此时射胶光学解码器位置与预设 1 BB 位置预设的射胶复归值相同。此画面原始位置设定在机器出厂的调试，如无需要，不要随意更改，以免影响稳定性。

④ 电脑突然断电后原点的自动设定操作

a. 当锁模单元或射胶单元在做动作而电脑突然断电，再操作时电脑将警告操作者重置原点，按上述重置原点的步骤，按下手动操作键，原点就可以自动重置。例如锁模原点信号丢失了，画面出现"请重置锁模原点"至警号消失。锁模原点重置的步骤如下：按手动锁模键，约 4s 至警号消失，这时，机铰伸直至零位（设定预设 1），然后按开模键，在关模的过程中，预设 2 被自动设定。

b. 为了能成功自动设定原点，需检查以下的设定值：

● 原点的速度与压力设定 R222，速度为 50%，压力为 99%；

● 自动原点重置时间 TIM20 为 4s；

● 设定预设 1 锁模位置预设 AA 与射胶位置预设 BB 等于 1，模具内若有产品，应先把产品顶出。

（22）加减速参数设定　同时按下 $\boxed{\text{开}}$ 和"射胶"按键，3s 后，屏幕上将显示加减速参数设定画面（见图 2-44 和图 2-45）。按下游标键，选择设定项，按下输入数值，再按下"输入"按键，完成加减速参数设定，其中参数表示如下。

加减速设定							
R273	S	AA	R278	P	BB	R293	B
LL							
R274	S	CC	R279	P	DD	R294	B
MM							
R275	S	EE	R280	P	FF	R295	B
NN							

图 2-44　加减速参数设定画面（一）

加减速设定							
R276	S	GG	R281	P	HH	R296	B
PP							
R277	S	II	R282	P	JJ	R297	B
QQ							
开模备用			KK	P			

图 2-45　加减速参数设定画面（二）

AA：表示为锁模速度缓冲 1 比例设定值（设定值愈大，缓冲时间愈短）。

BB：表示为锁模压力缓冲 1 比例设定值（设定值愈大，缓冲时间愈短）。

LL：表示为锁模背压缓冲 1 比例设定值（设定值愈大，缓冲时间愈短）。

CC：表示为开模速度缓冲 2 比例设定值（设定值愈大，缓冲时间愈短）。

DD：表示为开模压力缓冲 2 比例设定值（设定值愈大，缓冲时间愈短）。

MM：表示为开模背压缓冲 2 比例设定值（设定值愈大，缓冲时间愈短）。

EE：表示为备用速度缓冲 3 比例设定值（设定值愈大，缓冲时间愈短）。

FF：表示为备用压力缓冲 3 比例设定值（设定值愈大，缓冲时间愈短）。

NN：表示为备用背压缓冲 3 比例设定值（设定值愈大，缓冲时间愈短）。

GG：表示为备用速度缓冲 4 比例设定值（设定值愈大，缓冲时间愈短）。

HH：表示为备用压力缓冲 4 比例设定值（设定值愈大，缓冲时间愈短）。

PP：表示为备用背压缓冲 4 比例设定值（设定值愈大，缓冲时间愈短）。

II：表示为备用速度缓冲 5 比例设定值（设定值愈大，缓冲时间愈短）。

JJ：表示为备用压力缓冲 5 比例设定值（设定值愈大，缓冲时间愈短）。

QQ：表示为备用背压缓冲 5 比例设定值（设定值愈大，缓冲时间愈短）。

KK：表示为开模备用动作终止位置设定。

（23）备用速度及压力参数设定

① 同时按下 加 和"调模"两按键，3s 后，屏幕上将显示出备用速度及压力参数设定画面（见图 2-46～图 2-48）。可使用游标键，在其他画面间切换，按下游标键，选择备用速度及压力的设定项，按下输入数值，最后按下"输入"键，完成备用速度及压力参数的设定，其中参数表示如下。

速度压力		速度	压力
大油缸泄压	R227	AA	BB
大油缸开模	R228	CC	DD
大油缸高压	R229	EE	FF

图 2-46　备用速度及压力参数设定画面（一）

速度压力		速度	压力
大油缸低压	R230	GG	HH
油压射嘴	R214	II	JJ
氮气充压	R215	KK	LL

图 2-47　备用速度及压力参数设定画面（二）

速度压力			
油压夹模	R216	MM	NN
油压转盘	R217	OO	PP
特殊低压	R218	QQ	RR

图 2-48　备用速度及压力参数设定画面（三）

AA：表示大油缸泄压的速度参数调整。

BB：表示大油缸泄压的压力参数调整。

CC：表示大油缸开模的速度参数调整。

DD：表示大油缸开模的压力参数调整。

EE：表示大油缸高压的速度参数调整。

FF：表示大油缸高压的压力参数调整。

GG：表示大油缸低压的速度参数的调整。

HH：表示大油缸低压的压力参数的调整。

II：表示油压射嘴的速度参数的调整。

JJ：表示油压射嘴的压力参数的调整。

KK：表示氮气充压的速度参数的调整。

LL：表示氮气充压的压力参数的调整。

MM：表示油压夹模的速度参数的调整。

NN：表示油压夹模的压力参数的调整。

OO：表示油压转盘的速度参数的调整。

PP：表示油压转盘的压力参数的调整。

QQ：表示特殊低压的速度参数的调整。

RR：表示特殊低压的压力参数的调整。

② 备用速度及压力参数设定的其他画面（见图 2-49～图 2-52），由游标键作切换。其中参数表示如下。

速度压力		速度	压力
绞牙3	R219	AA	BB
调模前进	R220	CC	DD
调模后退	R221	EE	FF

图 2-49　备用速度及压力参数设定的
其他画面（一）

速度压力			
原点重置	R222	GG	HH
锁模力	R211	II	JJ
备用	R223	KK	LL

图 2-50　备用速度及压力参数设定的
其他画面（二）

速度压力		速度	压力
备用	R224	MM	NN
备用	R225	OO	PP
备用	R226	QQ	RR

图 2-51　备用速度及压力参数设定的
其他画面（三）

速度压力	比率
锁模背压	SS%
开模背压	TT%

图 2-52　备用速度及压力参数设定的
其他画面（四）

AA：表示绞牙 3 的速度参数调整。

BB：表示绞牙 3 的压力参数调整。

CC：表示调模前进的速度参数调整。

DD：表示调模前进的压力参数调整。

EE：表示调模后退的速度参数调整。

FF：表示调模后退的压力参数调整。

GG：表示原点重置的速度参数调整。

HH：表示原点重置的压力参数调整。

II：表示自动调整锁模力的低压速度参数的调整。

JJ：表示自动调整锁模力的低压压力参数的调整。

KK：表示备用 1 的速度参数调整。

LL：表示备用 1 的压力参数调整。

MM：表示备用 2 的速度参数调整。

NN：表示备用 2 的压力参数调整。

OO：表示备用 3 的速度参数调整。

PP：表示备用 3 的压力参数调整。

QQ：表示备用 4 的速度参数调整。

RR：表示备用 4 的压力参数调整。

SS：表示锁模背压比率参数。

TT：表示开模背压比率参数。

（24）程式内容检视　同时按下"电路"按键和 🔔，屏幕上将显示程式
内检视画面（见图 2-53 和图 2-54），其中参数表示如下。

检视	OUT	AA	TIM	BB	CNT	CC
0000	LD	1234	0			
0001	AND	2345	0			
0002	OR	3456	0			

图 2-53　程式内容检视画面（一）

检视	OUT	AA	TIM	BB	CNT	CC
0003	ORI	4567	0			
0004	ANI	5678	0			
0005	OUT	9999	0			

图 2-54　程式内容检视画面（二）

AA：表示要寻找的内部继电器输出的输入位置，输入找寻编号，即可显
示所处程式位置。

BB：表示要寻找的内部时间掣输出的输入位置，输入找寻编号，即可显
示所处程式位置。

CC：表示要寻找的内部计数器输出的输入位置，输入找寻编号，即可显
示所处程式的位置。

从 OUT→TIM→CNT 可使用游标键进行循环切换。其操作步骤如下（例
如要查出继电器 710 的输出位置）。

① 用游标按键移到继电器输出的输入位置。

② 输入编号 710，即可显示出 710 输出位置。

时间掣、计数器操作相同。

（25）输出入检视   同时按"检视"按键和⏁两键，屏幕上将显示输出入检视画面（见图 2-55～图 2-66），可使用游标键在画面间切换。

```
输出入检视
I00 前安全门 0      I01 后安全门0
I02 安全门限 0      I03 射嘴前限0
I04 顶针前限 0      I05 顶针后限0
```

图 2-55   输出入检视画面（一）

```
输出入检视
I06 绞牙前限 0      I07 绞牙后限0
I08 进芯      0      I09 退芯      0
I10 电眼确认 0      I11 储能终止0
```

图 2-56   输出入检视画面（二）

```
输出入检视
I12 机车联锁 0      I13 可以顶针0
I14 取出完成 0      I15 绞牙位移0
I16 调模超载 0      I17 油泵超载0
```

图 2-57   输出入检视画面（三）

```
输出入检视
I18 调模前限 0      I19 调模后限0
I20 调模位移 0      I21 润滑油位0
I22 润滑压力 0      I23 低压检出0
```

图 2-58   输出入检视画面（四）

```
输出入检视
I24 转盘锁限 0      I25 转盘开限0
I26 低压锁模 0      I27 高压锁模0
I28 锁模终止 0      I29 泄压完成0
```

图 2-59   输出入检视画面（五）

```
输出入检视
I30 锁模极限 0      I31 开模极限0
I32 锁模重置 0      I33 射胶重置0
```

图 2-60   输出入检视画面（六）

```
输出入检视
000 调模前进 0      001 调模后退0
002 锁模前进 0      003 射胶前进0
004 射胶      0      005 熔胶      0
```

图 2-61   输出入检视画面（七）

```
输出入检视
006 松退      0      007 射嘴后退0
008 开模      0      009 顶针前进0
010 顶针后退 0      011 特快      0
```

图 2-62   输出入检视画面（八）

```
输出入检视
012 进芯      0      013 退芯      0
014 绞牙前进 0      015 绞牙后退0
016 氮气充压 0      017 氮气放压0
```

图 2-63   输出入检视画面（九）

```
输出入检视
018 吹风      0      019 泄压      0
020 转盘锁紧 0      021 转盘放松0
022 高压锁模 0      023 高压开模0
```

图 2-64   输出入检视画面（十）

```
输出入检视
024 自动门开 0      025 自动门关0
026 辅助油泵 0      027 油泵启动0
028 润滑      0      029 警报      0
```

图 2-65   输出入检视画面（十一）

```
输出入检视
030 润滑放水 0      031 油泵停止0
032 已经射胶 0      033 开模终止0
```

图 2-66   输出入检视画面（十二）

（26）输出入状态检视   同时按下"输出入"按键和⏁键，屏幕上将显示出输出入状态检视画面（见图 2-67～图 2-71），此画面可检视各继电器的运行状态，如需检视其他继电器，可使用游标键作画面切换。

```
输出入状态检视   1：ON  0：OFF
0000    0000000000    0000000000
0020    0000000000    0000000000
0100    0000000000    0000000000
```

图 2-67　输出入状态检视画面（一）

```
输出入状态检视
0120    0000000000    0000000000
0200    0000000000    0000000000
0220    0000000000    0000000000
```

图 2-68　输出入状态检视画面（二）

```
输出入状态检视
0240    0000000000    0000000000
0260    0000000000    0000000000
0280    0000000000    0000000000
```

图 2-69　输出入状态检视画面（三）

```
输出入状态检视
0350    0000000000    0000000000
0400    0000000000    0000000000
0420    0000000000    0000000000
```

图 2-70　输出入状态检视画面（四）

```
输出入状态检视
0440    0000000000    0000000000
0460    0000000000    0000000000
0480    0000000000    0000000000
```

图 2-71　输出入状态检视画面（五）

（27）时间掣检视　同时按下"时间掣"按键和 ⊞ 键，屏幕上将显示时间掣检视画面（见图 2-72～图 2-82），此画面可检视各时间掣的运行状态。如需检视其他时间掣，可使用游标键作画面切换。如要更改时间掣的设定值，使用游标键，移到需要更改时间掣的设定位置上，输入数值，再按下"输入"键即完成更改设定。

时间掣检视	TIM	设定	现在
射胶时间	00	30	30
冷却时间	01	50	50
中间循环	02	5	5

图 2-72　时间掣检视画面（一）

时间掣检视	TIM	设定	现在
熔胶延时	03	5	5
熔前松退	04	1	1
周期警报	05	300	300

图 2-73　时间掣检视画面（二）

时间掣检视	TIM	设定	现在
低压警报	06	30	30
吹风顶出	07	20	20
备用	08	6	6

图 2-74　时间掣检视画面（三）

时间掣检视	TIM	设定	现在
保压一段	09	10	10
保压二段	10	10	10
顶针停顿	11	5	5

图 2-75　时间掣检视画面（四）

时间掣检视	TIM	设定	现在
进芯时间	12	20	20
抽芯时间	13	20	20
进牙时间	14	30	30

图 2-76　时间掣检视画面（五）

时间掣检视	TIM	设定	现在
退牙时间	15	20	20
进牙慢速	16	10	10
退牙慢速	17	10	10

图 2-77　时间掣检视画面（六）

时间掣检视	TIM	设定	现在
射座后退	18	5	5
电机启动	19	30	30
原点复位	20	10	10

图 2-78   时间掣检视画面（七）

时间掣检视	TIM	设定	现在
头板吹落	21	30	30
警报间断	22	100	0
警报周期	23	100	0

图 2-79   时间掣检视画面（八）

时间掣检视	TIM	设定	现在
限位警报	24	50	0
开模排气	25	1	0
关模延时	26	1	0

图 2-80   时间掣检视画面（九）

时间掣检视	TIM	设定	现在
顶针延时	27	2	0
抽芯延时	28	1	0
绞牙延时	29	6	6

图 2-81   时间掣检视画面（十）

时间掣检视	TIM	设定	现在
润滑油输出	30	30	0
润滑油警报	31	40	0
备用	32	30	0

图 2-82   时间掣检视画面（十一）

（28）计数器检视　同时按下"计数器"按键和 🔲 按键，屏幕上将显示计数器检视画面（见图 2-83～图 2-86），在此画面可检视各计数器的运行状态。如需要更改双计数器的设定值，使用游标按键，移到需要更改计数器的设定位置上，输入数值，再按"输入"按键即完成设定。

计数器检视	CNT	设定	现在
成型模数	00	5000	232
成品模数	01	100	10
生产时间	02	100	5

图 2-83   计数器检视画面（一）

计数器检视	CNT	设定	现在
生产批量	03	30	4
顶针次数	04	2	0
顶针振动	05	2	0

图 2-84   计数器检视画面（二）

计数器检视	CNT	设定	现在
进牙次数	06	50	0
退牙次数	07	50	0
润滑油成型	08	10	6

图 2-85   计数器检视画面（三）

计数器检视	CNT	设定	现在
备用	09	15	0

图 2-86   计数器检视画面（四）

（29）语言及顶针选择　同时按下"取消"按键和"快速锁模"按键，屏幕上将显示语言及顶针选择画面（见图 2-87）。

英语/中国语/顶针选择
AA　　英语
BB　　中文
:　　　顶针控制: 位置控制(CC)

图 2-87   语言及顶针选择画面

如要更改语言字幕显示，操作方式如下：要使用英文字幕显示，使用游标键移到 AA 的位置上再按键，则操作画面是以英文字幕显示；相反，欲使用中文字幕显示，使用游标键移到 BB 的位置上再按键，则操作画面是以中文字幕显示。

如需要更改顶针种类，操作方式如下：要改变顶针种类可分为位置控制和限位控制两种，如使用其中一项，使用游标键。移到 CC 的位置上，按⬆或⬇来选择位置控制（POS CONT）和限位控制（LS CONT），再按键，完成设定。

（30）注塑机操作的电源开关　注塑机操作电源开关有急停掣、启动掣和电脑内部设有的高性能稳压装置，具体如下。

① 急停掣　位于电脑操作面板上的红色按钮，按动它可以切断注塑机的控制电源，如再重新开机，必须先按箭头方向旋转来松开此按钮，才能启动控制电源。

② 启动掣　位于电脑操作面板上急停掣下方的绿色按钮，按动它可以接通本机控制部分的电源，此电源可以有效地保护电脑系统。

③ 稳压电源装置　电脑内部设有高性能的稳压电源装置，可以承受电压范围在 AC 90～265V，50Hz/60Hz 变化的电源输入。

（31）注塑机的操作　注塑机可以选择手动操作、半自动操作和全自动操作三种方式，具体操作如下。

① 手动操作方式选择　按下"手动"按键即可以进行。当电源开启时，电脑即自动处于手动状态，所以不需要再按此键，只是操作其他动作的参数设置等条件后，如需返回手动状态或复位屏幕显示时，按一下"手动"按键即可。

② 半自动操作方式选择　按下"半自动"按键，即可使机器处于半自动状态运行，此时可利用前安全门逐次开闭来确认下一个循环动作。注意后安全门要关闭，如开启时，则全自动切断油泵电机的电源。

③ 全自动操作方式选择　按下"全自动"按键，即可使机器处于全自动状态运行。机器会根据操作人员预先设定选择，可以使用再循环时间或电眼感应或机械手回位等方式来确认下一个循环动作。

注意：上述三个按键只能选择使用一种状态，选用前需将成型条件均设定完成，同时还要确认周期内各项动作，均已符合需要后再选用。如果三个按键中任何一个按键上的 LED 指示灯在闪动，表示电脑资料已被锁定，不能更改。

（32）资料锁定的操作方法　同时按下 ⌘ 键和数字 6 键，即可把电脑资料锁定。如要解除电脑资料的锁定，同时按 ⌘ 键和数字 3 按键即可。

2.3　专用注塑机的操作面板及参数预置

2.3.1　海天注塑机的操作面板及参数预置

2.3.1.1　海天注塑机的操作面板

海天注塑机的电脑操作显示屏图如图 2-88 所示。操作面板包括液晶显示屏、画面选择键、数字键、方向键、对话键、确认键、取消键、动作键、电热开关键、油泵马达键和急停按钮。

图 2-88　海天注塑机的电脑操作显示屏

（1）海天注塑机的电脑操作显示屏及操作面板功能

1）液晶显示屏　显示各种设定参数和注塑机运转的实际技术数据，操作比较直观。

2）画面选择键　F1～F8 为画面键，按 F8 可切换三组画面，如表 2-1 所示。

表 2-1　可切换三组画面

1 组

F1	F2	F3	F4	F5	F6	F7	F8
监测一	监测二	检测	设定	参数	错误显示	模具组数	下一组

2 组

F1	F2	F3	F4	F5	F6	F7	F8
状态显示	开关模	射出	脱（托）模	中子	其他	温度	下一组

3 组

F1	F2	F3	F4	F5	F6	F7	F8
状态显示	系统参数	日期时间	生产管理	使用权限	版权咨询	关于 IMCS	下一组

3）数字键　有 0～9 和小数点等键，结合画面设定注塑机生产制品的工艺参数。

当需使用数字键时，必须将面板后方的 KEY LOCK 短路才能输入。系统定义每个设定值都有最大值限制，因此当数字设定超过最大值时将无法输入，并且屏幕有显示。

4）方向、对话、确认和取消键　方向键用来移动游标的位置。"Y"为确认键，"N"为消除键。输入键可储存设定参数，删除键可将设定值消除为"0"，以便更改设定值。

方向键：可利用上下左右的方向键，将游标移到需要输入数据的地址上，如果使用一个键无法到达想要的地址上，可一起配合上、下、左、右的方向键来使用，如果无法利用方向键将游标移到要的位置上，也可利用 ENTER 或 Y，一直按到想要到达的位置上。

注意：当改变数据后，要移动游标到另一个地址，原改变后的数据将会保留。

输入键：输入数值后，按输入键后便表示要做该数据的储存，但再按输入键时，游标便会自动移到下一位置。输入键也可来替代方向键使用。

注意：当要更改新的模具之前，如果任何设定数据有改变必须再次储存模块数据。如果没有按照这种方法做，更改的数据将会遗失。

清除键：按下此键会把设定值归零，以便重新设定。

5）操作键　有手动、半自动、自动、润滑和各种动作的操作键等，一般在安装模具或调试模具工艺技术参数时用操作键，如图 2-89 所示是海天注塑机的电脑操作键。

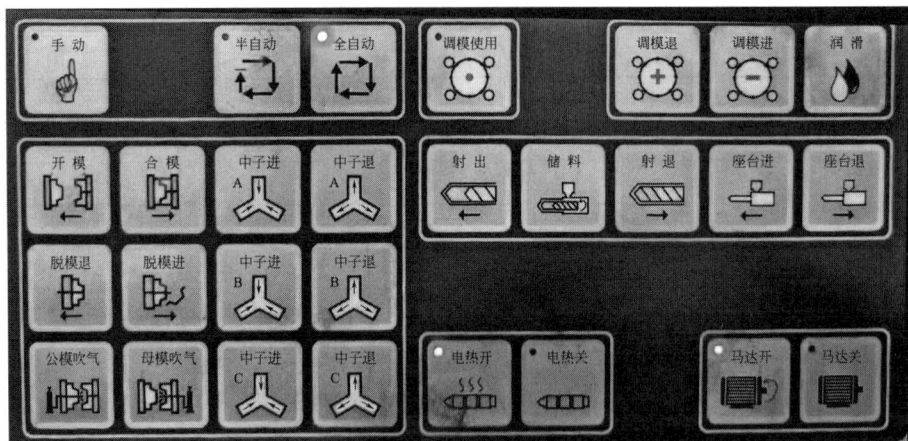

图 2-89　海天注塑机的电脑操作键

（2）操作键功能　操作键包括功能键和动作键。

1）功能键　手动键：此键具有多项功能，除了使自动状态恢复为手动，还可做警报清除及不正常状况清除，即是一个还原键。

半自动键：按下此键时，机器处于自动循环，每一循环开始，均需开关安全门一次才能继续下一个循环。

电眼自动键：按下此键时，机器处于自动循环，每一个循环结束时于 4 秒内检查成品是否掉落通过检出电眼，如果没有，代表成品还留在模内；此时,机器停止动作并报警，屏幕将显示"脱模失败"。

时间自动键：按下此键时，机器进入全自动循环，除非有警报发生，否则机器在循环结束后，即进行下一个循环（此时检出电眼自动失效）。

2）动作键　开模键：手动状态下，按此键会依设定数据进行开模，如果有设定中子动作，则会联锁进行设定的动作，手放开此键则开模停止。

关模键：手动状态下关上安全门，按此键即关模，如果有设定中子动作，则会联锁进行设定动作，有设定机械手则机械手须复归，脱模在前会自动退回，放开此键则关模动作停止。

射出键：手动状态下，当温度开关"ON"，料管温度达到设定值，并且预温时间已到，按此键则进行射出，中途依设定值分段进入保压，放开此键则停止射出。

射退键：射退键启动的条件与射出相同，当射出位置在射退终之前，按此键则作射退动作，手放开即停止。

脱模退：当脱模离开后退限位开关，按下此键则会将脱模退回。后退限位开关上。

脱模进：脱模进动作必须在开模终止的位置上，并且中子均已退回。脱模次数有设定，前进及后退限位开关正常，按此键会按照脱模次数作连续动作。

座台进：手动状态下，任何位置座台进都可以动作，可是当座台进接触座台进终时，会转换为慢速前进，以防止射嘴与模具的撞击，以便达到保护模具的目的。

座台退：手动状态下，按此键则进行座台退，接触座台退终亦不停止，以方便使用者清洗料管或装设模具。

储料键：手动状态下，储料启动条件与射出相同，当射出位置在储料终之前时，按下此键即放开，储料键会自动保持直至储料完成，若于中途要停止该动作，再按一次即可。

调模退：动作方式同上，仅方向相反，当调模退到极限开关时，会停止调模退动作，以避免危险。

调模进：当处于粗调模下，按下此键，刚开始时，调模会往前进一格，此处可作为微动调模（使用调模慢速的速度），则依手按的次数而决定调模前进的距离，若手按着不放 1s 后，调模一直往前进做长距离的调整，而当手放开时即停止。

（3）电热开关键、油泵马达键和急停按钮

马达开关：手动状态下，按此键则油泵马达运转，再按一次则油泵马达停止，自动时此键无效，状态显示画面会显示马达图形。

电热开关：手动状态下按此键后，料管会开始加温，如果想关掉电热仅再按一次即可（自动时此键无效），状态显示画面会显示电热图。

电源开关急停按钮：位于操作面板右下角，其颜色为红色，按动它可以切断注塑机的控制电源，如要重新开机，必须先按箭头方向旋转来松开此按钮。

2.3.1.2　海天注塑机的参数预置

海天注塑机的参数预置主要包括注塑机状态、注塑机开关模、注塑机射出、注塑机储料、注塑机脱模等参数预置。

（1）注塑机状态画面　如图 2-90 所示，状态显示图将显示各种工况和机器运转的实际技术参数。

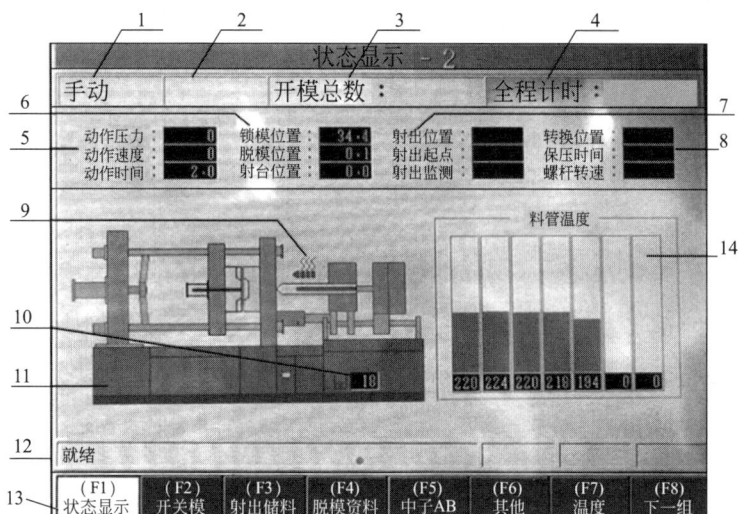

图 2-90　海天注塑机状态显示画面

1）注塑机工作状态显示，分别为手动、半自动和全自动三种。

2）显示注塑机当时工作动作名称。

3）自动循环完成的开模总数。

4）注塑机完成一个成型周期总时间。

5）注塑机当时工作的压力、速度和时间的数量。

6）注塑机当时分别动作所在位置。

7）注塑机当时射出位置和监控的显示值。

8）注塑机转换位置为上一模射出监测位置及螺杆转速等。

9）注塑机料筒通电加温。

10）显示注塑机液压油箱当时的油温。

11）无显示电动机图案，表示油泵电机没有通电启动。

12）就绪：注塑机报警时显示当时故障原因。

13）状态显示：任一指示灯亮即显示屏显示该画面。

14）料管温度：显示料筒当时检测的实际温度。

（2）注塑机开关模画面　如图2-91所示，显示注塑机开模、关模的实际技术参数。

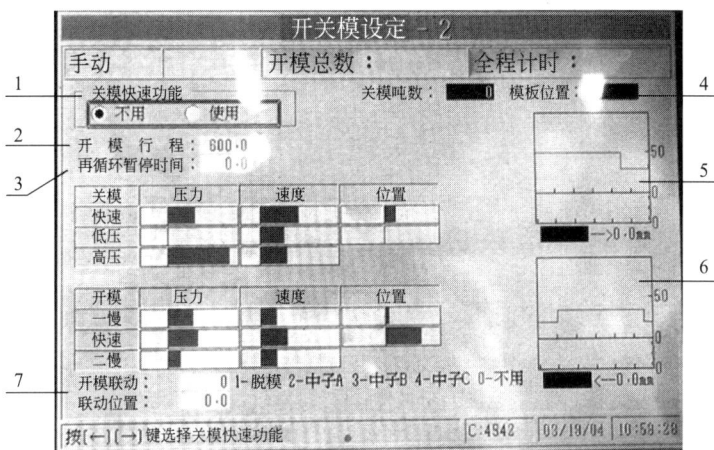

图2-91　注塑机开关模画面

1）关模快速功能：设定使用关模快速功能，即关模差动的工作，加快合模速度，不使用为常规合模速度。

2）开模行程：动模板移动最大距离。

3）再循环暂停时间：注塑机完成上一个成型周期停到下个成型动作启动之间的时段。

4）模板位置：显示动模板当时位置。

5）关模速度的曲线图。

6）开模速度的曲线图。

7）开模联动：可在开模过程中设定脱模或中子动作联动，联动位置可设定开模到那个时段脱模或中子与开模一起工作。

（3）注塑机射出画面　如图2-92所示，射出画面显示注塑机注射射出的实际技术参数。

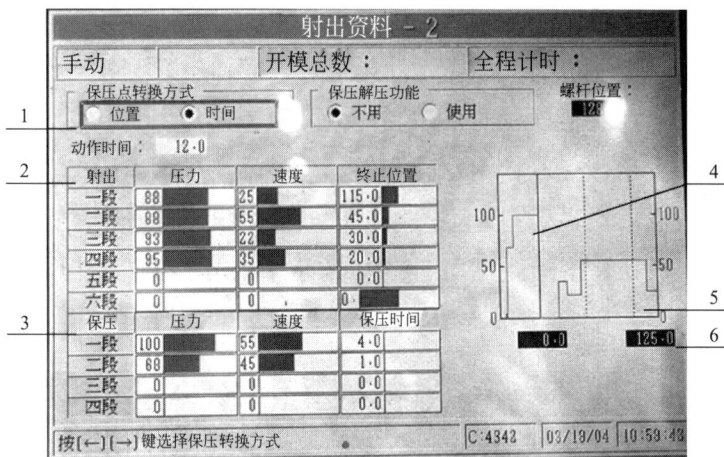

图 2-92   注塑机射出画面

1）保压点转换方式：可设位置或时间控制。设位置控制，当注射到每段终止位置即转换到下段，直到注射到最后一段结束注射。设时间控制，在动作时间处设定注射全程时间，当注射到最后段没有用完设定时间，继续注射直到设定时间到停止注射，转换保压动作。

2）射出：可设定各段压力、速度和终止位置。

3）保压：可设定各段压力、速度和保压时间。

4）保压时压力曲线图。

5）射出时速度曲线图。

6）射出量显示，设定射出料位置加射退位置的和为射出量显示。

（4）注塑机储料画面   如图 2-93 所示。

1）射退方式：可选用位置或时间控制，一般选用位置控制；

2）储料：可分别设定三段压力、速度和终止位置。背压设定，注塑机均是调节背压液压阀来实现。

3）射退：可设定射退压力、速度、距离或动作时间。

4）冷却时间：设定区间从保压结束时计时，"包括预塑时间在内"到开模动作时止。

5）储料前冷却时间：设定区间保压结束开始计冷却时间，到储料动作开始止，随后预塑到设定的预塑位置，预塑则停止，接着开模。

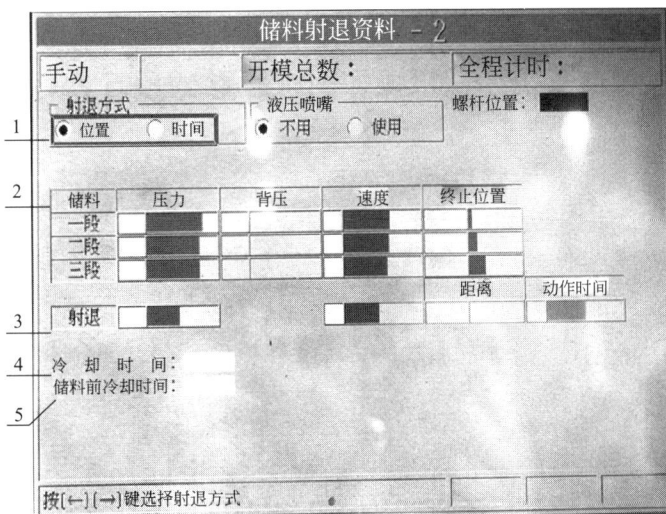

图 2-93　注塑机储料画面

（5）注塑机脱模画面　如图 2-94 所示。

1）脱模种类：可选用停留、定次和震动三种模式。

2）再次顶出：可以选用使用和不用两种设定。

3）脱模位置。

4）开模终止位置。

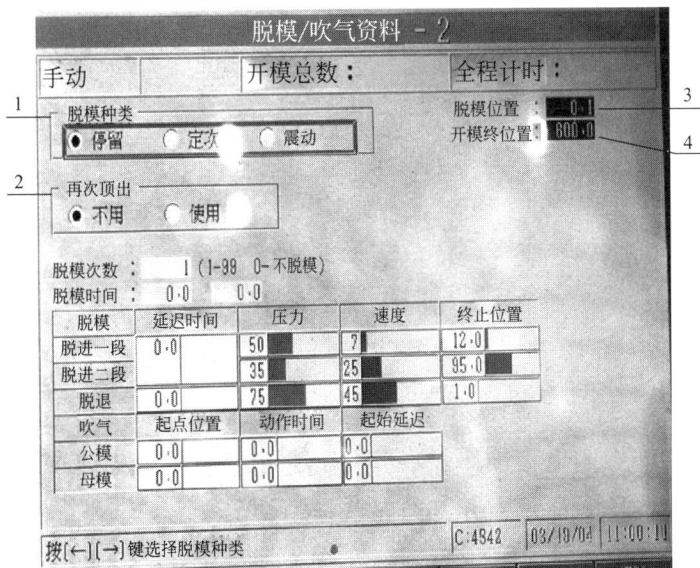

图 2-94　注塑机脱模画面

2.3.2   富强鑫多色注塑机操作面板及参数预置

2.3.2.1   富强鑫多色注塑机操作面板

富强鑫注塑机的电脑操作显示屏图如图 2-95 所示,富强鑫注塑机有通用注塑机和多色注塑机,多色注塑机通常有双色、三色、四色和五色注塑机。富强鑫双色注塑机具有优越的精密控制精度和优良的成型稳定性能,被广泛应用。

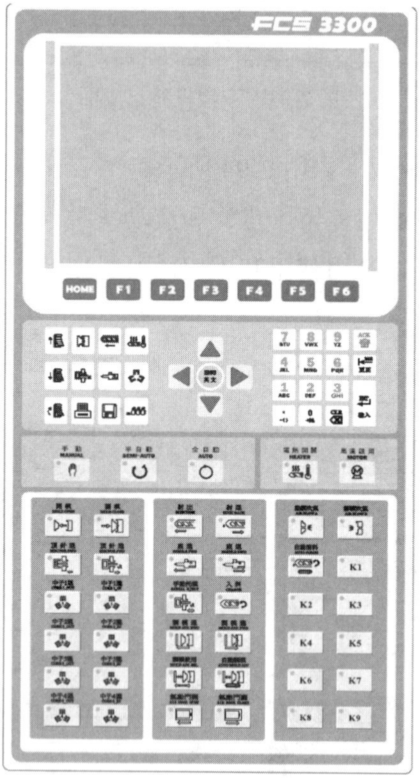

图 2-95   富强鑫注塑机的电脑操作显示屏

富强鑫注塑机的电脑操作显示屏展示了显示画面和操作画面,它包括基本操作、画面的固定显示,并且能显示程序设定画面。基本操作例如功能导向、状态显示等,画面的固定显示例如系统时间、使用等级等。

电脑操作显示屏:电脑操作显示屏包括屏幕、画面按键、数字/文字输入键、手动面板按键、动作方式选择键、功能选择键、手动动作操作键等。

1) 屏幕　屏幕区主要是显示各设定页、警告信息及监视机器动作状态等画面。屏幕主画面包括：机器监视页、温度设定页、开关模设定页、调模设定页、射胶/加料设定页、阀浇口设定页、脱模/吹气设定页、功能/时间设定页、特殊功能页、生产管制页、档案管理页、SPC 记录页、中子设定页、清料/射座设定页、射出 PQ 曲线页、加料背压曲线页、温度曲线页、I/O 说明页、状态侦测页、警报记录查询、修改记录查询。

2) 画面按键　[HOME] 机器监视画面呼出按键。[F1] 副页 1 画面呼出按键。[F2] 副页 2 画面呼出按键。[F3] 副页 3 画面呼出按键。[F4] 副页 4 画面呼出按键。[F5] 副页 5 画面呼出按键。[F6] 副页 6 画面呼出按键。[↑] 上翻页面按键。[↓] 下翻页面按键。[] 开关模设定画面呼出按键。[] 脱模/吹气设定画面呼出按键。[] 印表画面储存按键。[] 射胶/加料设定画面呼出按键。[] 射座/清料设定画面呼出按键。[] 档案管理设定页画面呼出按键。[] 温度设定画面呼出按键。[] 中子设定画面呼出按键。[] 生产管制画面呼出按键。

3) 数字/文字输入键　[0 *&/] ~ [9 YZ] 数字键供数字与英文文档名输入用。[ENT 输入] 输入键执行存入、取出、数据输入后确认，同一页面内画面的切换、选择项的切换、功能状态 ON/OFF 的切换等功能或当屏幕要求按此键时使用。[CLR] 清除键执行输入数据清除、删除功能或在<温度设定页>清除定时的时间、温度值，或当屏幕要求按此键时使用。[BACK 更正] 更正键执行输入数据更正。

数值的输入方法：将光标移至欲输入的地方，直接输入数值后再按输入键即可；若不按输入键而将光标移开，则系统会显示信息要求输入确认或清除复原，此时按输入键则数据确认输入，按清除键则数据恢复设定前的值。

![ACK复归键] 为复归键，按下此键可立即停止报警声响或消除屏幕上的警告信息。

注意：有些报警需在作动完才可清除（例如低压保护需开模完才能清除）。

![ENG英文字键] 英文字键可切换数字/英文输入；按下英文字键后画面的左上方即会出现"英文字"字样，即可输入英文，此时键盘上有英文字母的按键，其另一种功能会失效；再按一次英文字键，键盘将恢复原输入状态。

![方向键] 方向键提供操作者移动光标位置用。![向上移动键] 向上移动键。![向下移动键] 向下移动键。![向左移动键] 向左移动键。![向右移动键] 向右移动键。

4）手动面板按键　马达启动与电热使用按键：![马达启动键M] 按马达启动键马达才能启动运转。![电热开关键] 电热开关键：电热加热、不加热选择键。

5）动作方式选择键　![手动模式] 手动模式选择按键，当开机完成后按此键，系统即进入手动操作状态，此时便可使用各手动操作按键，控制机器执行各种单一动作。![半自动模式] 半自动模式选择按键，当机台于可自动生产状态下，按下此键画面即会弹出密码输入窗口。在窗口内输入密码 1111 后按下 ENT 键，机台即进入半自动操作状态。于半自动状态下按关模键即可触发半自动动作。![全自动模式] 全自动模式选择按键。当机台于可自动生产状态下，按下此键画面即会弹出密码输入窗口，于窗口内输入密码 1111 后按下 ENT 键，机台即进入全自动操作状态，于全自动状态下按关模键即可触发半自动动作。

全自动模式可分计时全自动和电眼全自动两种。当选择全自动模式，并将功能/时间设定页的电眼侦测设为 OFF 时，则监视页的操作窗口显示"计时全自动"模式，在每一周期完成后，必须等复动计时到才会关模，继续下一循环。如果电眼侦测设为 ON，则操作窗口显示"电眼全自动"模式，在每一周期完成后，必须成品落下且经过电眼时，才关模继续下一循环。

6）功能选择键　![调模状态模式] 调模状态模式选择按键，本键开启后，才能执行自动调模、手动调模进及手动调模退等动作。![自动清料模式] 自动清料模式选择按键，选择此键时料管马上做自动洗料的动作。▢ 自动调模模式选择按键。当本键开启时，使用本键则系统开始自动调模。

7）手动动作操作键 ▢ 手动关模按键。▢ 手动开模按键。▢ 手动射出按键。▢ 手动射退按键。▢ 手动脱模进按键。▢ 手动脱模退按键。▢ 手动脱模按键。按一下按键时会执行整个脱模行程，即脱模进、脱模退动作。▢ 手动入料按键。▢ 手动座进按键。▢ 手动座退按键。▢ 手动中子一进按键。▢ 手动中子一退按键。▢ 手动中子二进按键。▢ 手动中子二退按键。手动中子三进按键。▢ 手动中子三退按键。▢ 手动公模吹气按键。▢ 手动母模吹气按键。▢ 手动调模进按键。当调模状态模式键开启时，使用本键可以执行手动调模进。每次前进距离设定参考开锁模设定页中手动微调栏、寸动齿数栏的说明。▢ 手动调模退按键。当调模状态模式键开启时，使用本键，可以执行手动调模退。每次后退距离设定参考开锁模设定页中手动微调栏、寸动齿数栏的说明。

2.3.2.2　富强鑫注塑机的参数预置

富强鑫注塑机的参数预置主要包括机器状态监视页面、温度设定页面、开关模设定页面、调模设定页面、射胶/加料设定页面、脱模/吹气设定页面等参数预置。

（1）机器状态监视页面　启动 FCS-3300 控制器将电源打开之后，控制器即进入系统自我测试的初始画面。如果系统与控制器正常，则画面右下方信号传输进度开始填满。当进度填满后，系统即进入机器状态监视页，如图 2-96 所示。

初始画面消失后，任何时间按下 ▢HOME 监视页次键即可进入机器监视页画面。此页只提供动作监视，无法做数据的设定。

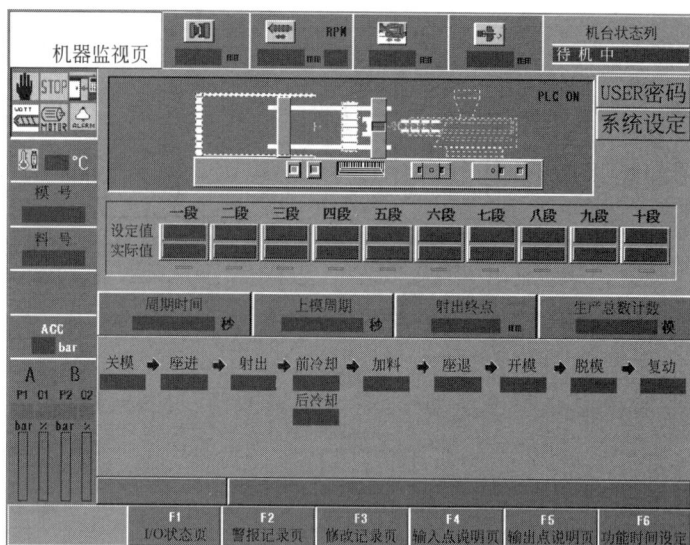

图 2-96　机器状态监视页面

表示开关模的位置。表示螺杆位置与转速（r/min）。表示射座位置（选购）。表示脱模位置。

操作状态显示图：表示停止（显示 STOP）与动作（显示 OK）状态。表示安全门开（图片就是开）与安全门关。表示电热加热未达设定范围（显示 WAIT）与加热达设定范围（料管变红色）。表示马达启动状态，未完成状态为灰色马达，当马达启动完成则图片转变为红色马达。表示警报状态。油温：显示机台目前油箱里的油温。PQ：有 A、B 两组，P 表示压力，Q 表示流量。

生产管制显示区：料号，显示目前所使用原料的种类。模号，记录机台目前所生产的模具编号。周期，显示当前周期计时时间。上模周期，记录机台上一模生产的总时间。射出终点，显示射出完成螺杆位置。生产总数计数，记录机台目前所生产的成品累计总数。

温度监视显示区：温度监视表格，共有 10 段加热器设定（实际加热分段数随机种而不同），若该段加热器正在加热，则上方的"1 段"…等会呈现反白状态"1 段"。在表格下方的长条格若呈现反白"▬▬"表示该段加热器的热电偶已经断线，此时该段温度会显示 600℃。现在，反应该段加热器的实际温度。目标，显示该段加热器目前设定的温度。要修改温度设定请参考"温度设定页"。

动画图形区：在画页中可看到射出机的外形，其中动模会随着位置的变化而移动。

各单元动作时间显示区：关模时间，显示当模关模时间。座进时间，显示当模座进时间。射料时间，显示当模射料、保压时间。加料时间，显示当模加料时间。冷却时间，显示当模冷却时间。座退时间，显示当模座退时间。开模时间，显示当模开模时间。脱模时间，显示当模脱模时间。复动时间，显示当模复动时间。

页面切换区：在机器状态监视页中，按面板上的 F1 键进入 I/O 状态页，按 F2 键进入警告记录页，按 F3 键进入修改记录页，按 F4 键进入输入说明页 1，按 F5 键进入输出说明页 1，按 F6 键进入功能时间设定页。如要再恢复监视页画面，则再按一下 HOME 监视页键即可。

（2）温度设定页面　按下 温度设定页面键后，即可看到温度设定页面，如图 2-97 所示。

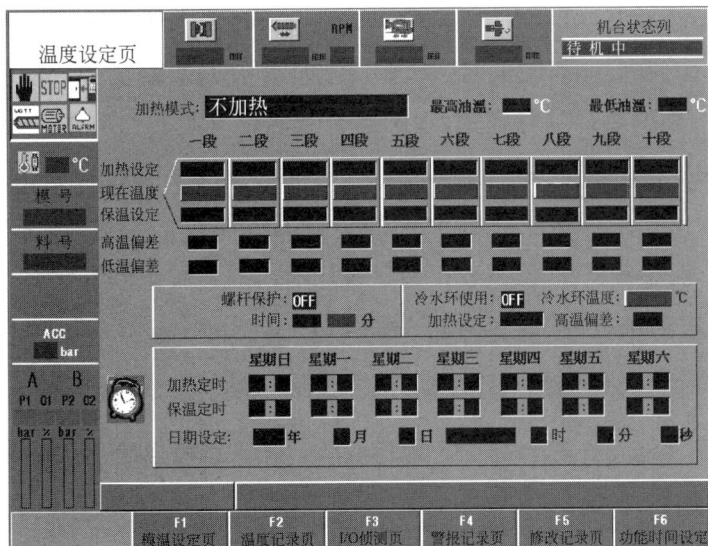

图 2-97　温度设定页面

注：1bar=0.1MPa。

加热模式栏包括不加热、加热、自动加热、保温、自动保温共五种方式，将光标移动至此处，可连续使用 [ENT 输入] 输入键切换电热模式。

不加热：若加热方式为"不加热"，则料管各段不加热。

加热：若加热方式为加热，则系统会以加热值的温度为温度设定值，而立即加热。

保温：若加热方式为保温，则系统会以保温值的温度为温度设定值，而立即保温。

自动保温：若加热方式为自动保温，当保温定时的时间到时，系统会以保温值的温度为温度设定值，开始保温。

自动加热：若加热方式为"自动加热"，当"加热定时"的时间到时，系统会以"加热值"的温度为温度设定值，开始加热。

最高油温：若目前油温高于最高油温则机台即停止自动动作。

最低油温：若目前油温低于最低油温则机台即停止作动。

螺杆保护：使用 ON 时，当料管温度达设定温差范围，开始计时保护时间，保护时间到射出部分才可动作。

冷水环使用：当此功能开启时，当冷水环温度＞（加热设定+高温偏差）时冷水环导通降温，当冷水环温度＜加热设定时冷水环关闭。加热设定：设定冷水环关闭温度。高温偏差：设定冷水环开启偏差温度。

温度加热窗口：加热设定，"加热"或"自动加热"时的各段温度设定值。保温设定，"保温"或"自动保温"时的各段温度设定值。高温偏差：当料管任一段的"现在值"高于〔设定值+高温偏差〕，即发出警报并显示"警告 602：料温太高！"低温偏差：当料管任一段的"现在值"低于〔设定值－低温偏差〕，即发出警报并显示"警告 601：料温太低！"。

注意： ①若该段加热器不使用，可将光标移到该字段按 [CLR 清除]〔清除〕键，此时会出现"＊＊＊"的符号。②开机后须等到每段温度加热到设定温度以上，高低温偏差才被启动侦测。

加热定时窗口：加热定时窗口为每周各天自动加热及自动保温开始时间的设定，使用者只要连续键入 4 个数字即可；如不使用则将光标移到该栏按

⊠ CLR 清除键，此时会显示"＊＊＊＊＊"。左边两个数字代表小时（00～23），而右边两个数字代表分钟（00～59）。例如：在加热定时，星期三的位置键入0730，即表示星期三的上午07点30分将启动加热装置，自动加热到温度窗口所设定的加热值。

加热方式为自动加热定时，则加热定时的时间到时料管会加热到加热值。加热方式为自动保温定时，则保温定时的时间到时料管会加热到保温值。

画面下方显示目前的日期、时间，如果操作者想更改日期时间则可将光标移动至此，再键入数字按 ⏎ 输入键即可。

日期格式：[年/月/日]。时间格式：[时：分：秒]。

（3）开关模设定页面　操作者按下 🔳 开关模设定页面页次键后，即可看到如图2-98所示开关模设定页面，在这个画面包括开模及关模两个窗口。

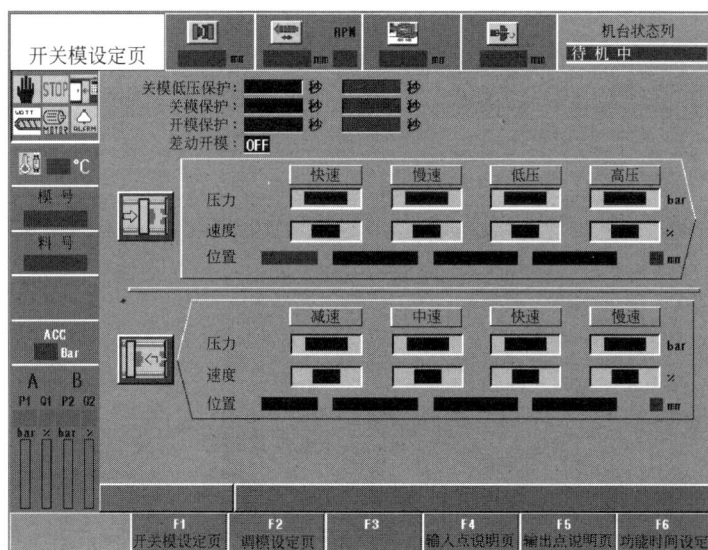

图2-98　开关模设定页面

关模窗口：关模窗口将关模分为快速、慢速、低压及高压四段，可分别输入压力（单位为bar）、速度（单位为百分比）及位置（单位为mm）。本系统会自动过滤位置输入值，避免操作者输入错误的数据。关模四段的位置关系为：快速≥慢速≥低压≥高压。

当操作者输入错误的数据，系统会自动锁定前一区间的位置设定，以前一区间位置设定为准，避免操作者误输入位置。

开模窗口：开模窗口也将开模分成慢速、快速、中速、减速共四段，且可分别输入压力（单位为 kgf/cm^2）、速度（单位为百分比）、位置（单位为 mm）。

关模低压保护：第一个字段是设定几秒，第二个字段是显示实际值，主要目的是保护模具、人员的安全。若低压段油压压力不足，动模板无法于低压保护时间内滑抵高压段，则画面将显现"警告404：低压保护中…！"的警告信息，并发出警报声警告。此时动模也会执行停止动作并切断马达。

关模保护：第一个字段是设定关模保护时间（秒），第二个字段是显示实际值（秒）。

开模保护：第一个字段是设定开模保护时间（秒），第二个字段是显示实际值（秒）。自动开模状态下当开模保护时间内，动模板无法于开至设定位置，则画面将显现"警告407：开模逾时！"的警告信息，并发出警报声警告。

差动关模：当此功能开启时，关模快速、慢速与低压段会以低压高速关模。

（4）调模设定页面　在开关模设定页下，按 F2 键即可进入调模窗口，如图2-99所示。

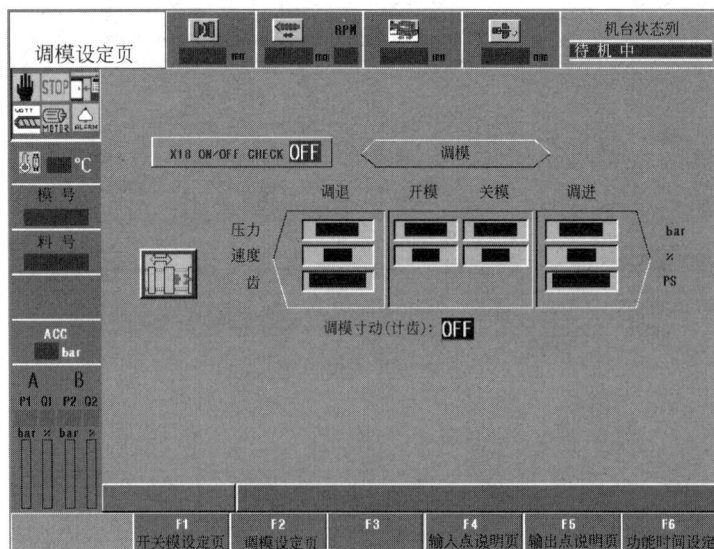

图2-99　调模设定页面

ON/OFF CHECK：测试调模齿数计数使用，可仿真调模齿信号。

调退：设定调模退的压力及速度。

调进：设定调模进的压力及速度。

调模寸动：在手动微调 ON 时，可微调寸动。

关模：设定调模慢速关模的压力及速度。

开模：在此栏内设定调模慢速开模的压力及速度。

手动微调栏 ON 状态下，系统无法执行自动调模功能。

手动调模与自动调模操作方式：调进， ➡ 。调退，

➡ 。自动调模， ➡ 。

（5）射胶/加料设定页面　按下 射胶/加料设定页面键后，即可看到如图 2-100 页面，在这个画面包括射出、保压及加料三个窗口。

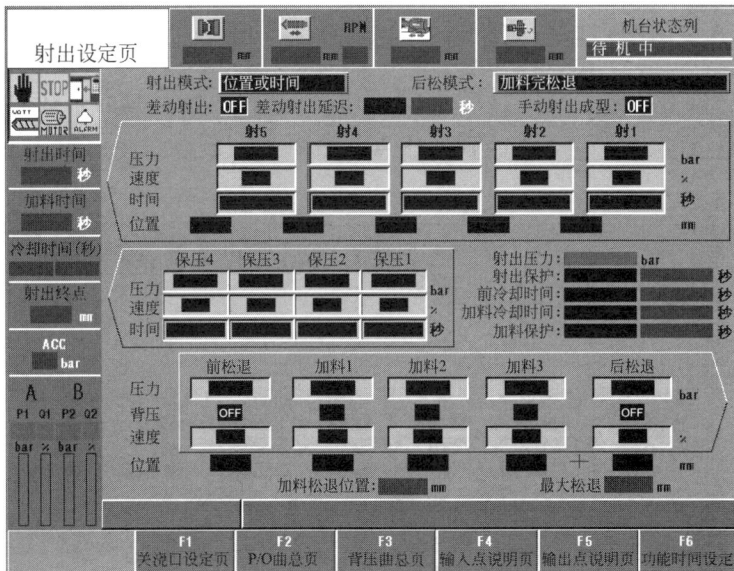

图 2-100　射胶/加料设定页面

后松模式：可选择后松退启动时间，可选择加料后动作或加料及冷却结束后动作。

手动射出成型：开启时手动射出可切换到保压。

射出差动：开启时，射出油路会切换至低压高速射出模式。

射出差动延迟：设定射出差动油路启动前延迟时间。

射出保护：射出保护时间的设定，若射出时间超过设定值，则发出警报。

前冷却时间：模内成品冷却所需的时间，入料前冷却时间于保压完后即开始计算。

加料冷却时间：即射出与保压完执行入料动作，再执行冷却动作。

加料保护：加料保护时间的设定，若加料时间超过设定值，则发出警报。

1）射出窗口　射出共分成五段：射 1、射 2、射 3、射 4 及射 5，各段可分别设定速度、压力、终点位置及时间。射出模式有"位置或时间""位置""时间"三种模式。动作说明如下：

若射出模式为"时间"控制，则可从射出计时栏选择射出计时方式，若选定单一计时，则时间部分依据"射 1"的时间。若选定五段计时，则时间部分依据各段时间。

若使用"位置控制"，射胶动作可达 5 段。如想用 5 段射出或更少段射出时，可把不用的射段设定为与前一段的位置值相同或按 CLR 清除键成为"＊＊＊"，而在"功能/时间设定页"的射出保护须设定时间，在射出时如果位置一直达不到设定值，则等到射出保护计时到，系统会发出警告并显示"射胶异常"信息。

2）时间控制（图 2-101）　将光标移入位置栏各设定栏内按 CLR 清除键清除为"＊＊＊＊"。

图 2-101　时间控制

3）位置控制（图 2-102）　假设为 4 段射出，则可将射出 5 段位置设定等于射出 4 段，也可在射出 5 段按清除键清除为"＊＊＊＊"。当射出的螺杆前进到射 4 15.0mm 位置时，射出切换至保压。如果位置一直无法达到 15.0mm 位置，则等到射出保护计时到时会报警，动作会跳至保压继续执行，然后等周期结束时开模待机。

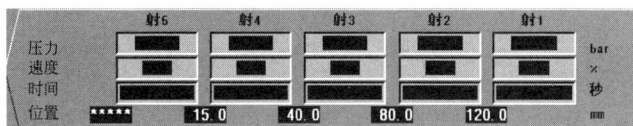

图 2-102　位置控制

4）位置时间混合控制（图 2-103）　假设为 4 段射出，若射 4 的位置设定为 10.0mm，而射 5 的位置栏清除为"＊＊＊＊"，射 1 时间栏设定为 5 秒，则射出切入保压点以射出时间（5s）或射出距离（10mm）何者先到决定。

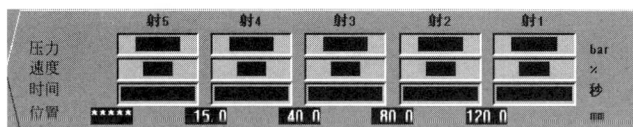

图 2-103　时间位置混合控制

此模式下，"时间"可显示射出各段时间设定值，当射出计时超过各段的设定值时或是已经到达最后一段的位置设定值时，则系统进入保压。

5）保压窗口　保压共分成四段：保 1、保 2、保 3 及保 4，各段可分别设定压力、速度及时间的控制。

6）加料窗口　在加料窗口里，分成加 1、加 2、加 3、前松退、后松退等五栏，可分别设定压力、速度及位置，加料分成 3 段，可供设定加料减速，使加料定位更准确，若不用时，则加料一段位置可设定为"0"，若不使用前、后松退，可在前、后松退功能上按 ENT 输入键选择 OFF。

后松退的位置设定（图 2-104）并非螺杆动作的实际位置，而是螺杆要于加料完后的位置再后松退多长的距离。

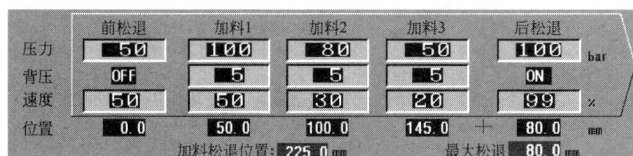

图 2-104　后松退的位置设定

（6）脱模/吹气设定页面　操作者按下 脱模页键后，即可看到如图 2-105 所示页面，此页分为脱模、吹气两个窗口。

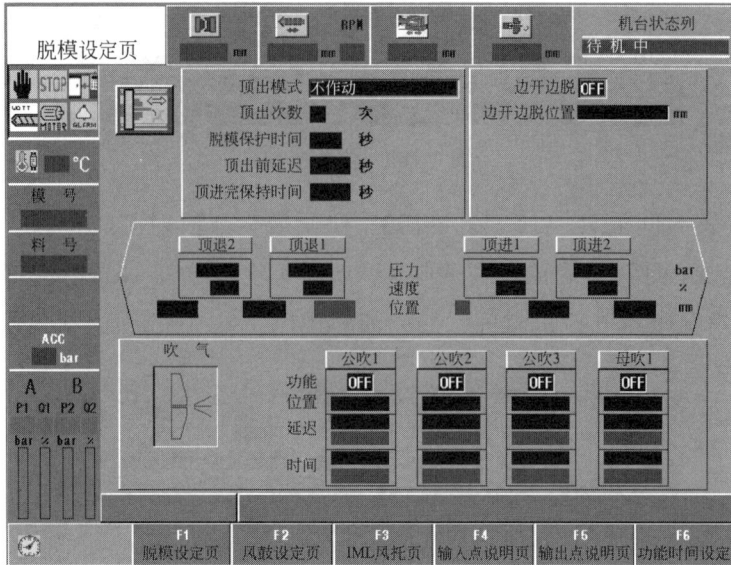

图 2-105   脱模、吹气设定页面

2.3.3   FANUC 电动注塑机的操作面板及参数预置

2.3.3.1   FANUC 电动注塑机的操作面板

FANUC 电动注塑机操作面板（图 2-106）包括 LCD（液晶显示）和 MDI

图 2-106   FANUC 电动注塑机操作面板

（手动数据输入）键盘、操作按钮和指示器。LCD 显示设置和机器的方位数据。可用 MDI 键盘输入或更改机器参数。

（1）LCD 和 MDI 键盘　　如图 2-107 所示。

图 2-107　LCD 和 MDI 键盘

1）LCD 屏幕　　显示内容：屏幕标题。目前所用模具的名称。当前日期和时间。注塑周期状态：锁模，注塑，包装，压出，开模，顶出。机器状态：紧急停止，报警器，过程中的浸泡时计操作，写入保护，机械手。

2）软键　　用于选择：不同的屏幕设定，旋转温度控制器的 ON 或 OFF，启动或停止如打印出数据等操作。

3）页码键　　用于在相同屏幕群中转换屏幕。

4）光标键　　用于在要输入数据处移动光标。

5）屏幕呼叫键　　用于显示特殊屏幕：注塑/压出温度，高速 Mon.,Proc.,Mon.,警报器，夹紧/顶针，模具文件，Ext I/O，维修和诊断。

6）窗口键　　窗口功能可用在 INJECT/PACK & HIGH SPEED MONITOR1（注塑/包装和高速监控器 1）屏幕等。

7）输入键　输入键用于在光标当前所在位置输入数值。Input+Key（输入+键）用于在目前光标所在处增加和输入数值。Cancel Key（取消键）用于删除错误的输入。

8）数字键　用于在光标所在位置输入数值。

9）报警器屏幕键　按下可显示任何屏幕的 ALARM（报警器）屏幕。

10）报警器释放　按下此键可消除显示在 ALARM 屏幕上的报警。

11）光标跳跃键　按下可从当前显示处移动并显示在下一所选处。

12）屏幕打印键　按下可打印目前所显示的屏幕。

（2）操作按钮和指示器　操作面板位于主 ROBOSHOT 装置的中央，可用操作面板上的按钮操作注塑机。操作面板用于驱动结构简单的 ROBOSHOT，有紧急停止按钮以及自动、半自动和手动操作键，还包括一个用于自动夹紧零件的面板，如图 2-108 所示。

1）手动按钮/灯　按下此按钮选择手动操作。设定为手动模式时灯亮。此按钮可与按钮 4,5,7～13 和 15～17 一起使用。

2）半自动按钮/灯　按下按钮选择半自动操作。当设定为半自动模式时灯会亮。

3）自动按钮/灯　按下此按钮可选择自动操作。按此按钮可使用自动清洗和自动模闭合高度调整功能。当处于自动操作模式灯亮。

4）模具设置模式按钮/灯　按此按钮选择冲模模式并在模式设定后释放。

5）模闭合高度调整按钮/灯　按此按钮手动移动模闭合高度调整装置。手动模闭合高度调整模式设定时灯亮。

6）开始按钮　按此按钮开始自动清洗和开始自动模闭合高度调整。

图 2-108　操作面板

7）左方向按钮 模闭合高度调整装置-松开方向；夹紧（可移滑块）-松开方向；顶针-收回方向；注塑装置-注塑装置预计方向；螺丝-螺丝预计方向；按此按钮进行手动侧抽芯设置。

8）右方向按钮 模闭合高度调整装置-夹紧方向；夹紧（可移滑块）-夹紧方向；顶针-顶针方向；注塑装置-注塑装置收回方向；螺丝-螺丝收回方向；按此按钮进行手动侧抽芯设置；按此按钮进行手动排气；按此按钮手动提供马达机架信号；用此按钮手动提前或收回螺丝。

9）螺丝按钮/灯 手动螺丝提前/收回模式设定后灯亮。按此按钮两次可把使灯关闭。

10）SLED 注塑装置按钮/灯 按此按钮可手动提前或收回注塑装置。手动注塑装置模式设定后灯亮。

11）螺丝旋转压出机按钮 按此按钮手动旋转螺丝。

12）夹紧按钮/灯 按此按钮进行手动夹紧/松开，手动夹紧/松开启动时灯亮。

13）顶针按钮/灯 按此按钮可手动移动顶针，手动顶针模式设定后此灯亮。

14）清洗按钮/灯 按此按钮进行自动清洗。启动自动清洗后此灯亮。

15）侧抽芯按钮/灯 按此按钮进行手动侧抽芯设置/侧抽芯抽出，手动侧抽芯模式设定后此灯亮。按此按钮可手动激活模具马达机架。

16）马达机架按钮/灯 按此按钮可手动操作模具中的旋开装置。装置模式设定后此灯亮。

17）排气按钮/亮 按此按钮进行手动排气，排气模式设定后此灯亮。

18）紧急停止按钮 按此按钮可使机器紧急停止，一旦按下，就须按住。要想按钮复位，按箭头指示方向旋转按钮。

19）浸泡时计螺丝移动不能启动 此灯在炉嘴和料筒加热器工作期间会亮,至浸泡时计操作完成关闭。

20）加热器开启 此灯在炉嘴和料筒加热器启动时会亮。

21）报警灯 此灯在报警器启动时会亮。

22）自动夹持器操作面板 使用此面板可使用自动夹紧功能。

23）控制器启动按钮 按下此按钮可启动电源，然后会显示 LCD 单元。

24）控制器关闭按钮 按下此按钮可关闭电源。

2.3.3.2　FANUC 电动注塑机的参数预置

　　FANUC 电动注塑机的参数预置包括操作设定、注塑条件参数设定、温度条件设定、计量条件设定、减压（抽胶）参数设定、射出/保压条件设定、最大射出压力调整等。

　　（1）操作设定　如图 2-109 所示，可以根据操作画面选取需要的注塑成型条件，设定注射成型参数。

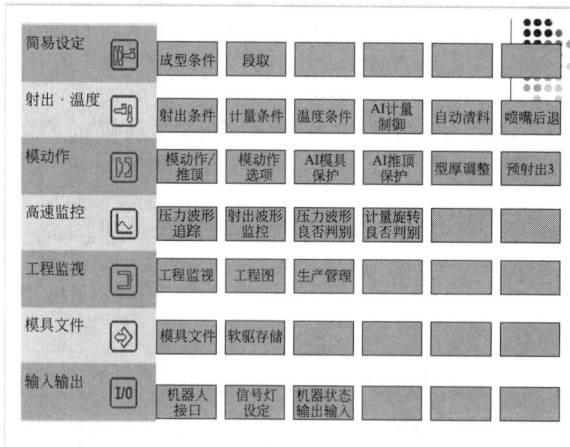

图 2-109　操作设定

　　（2）注塑条件参数设定　如图 2-110 所示，可以根据注塑条件参数选取射出、计量、加热器、开模、锁模等需要的压力、速度、位置、时间等注塑成型参数。

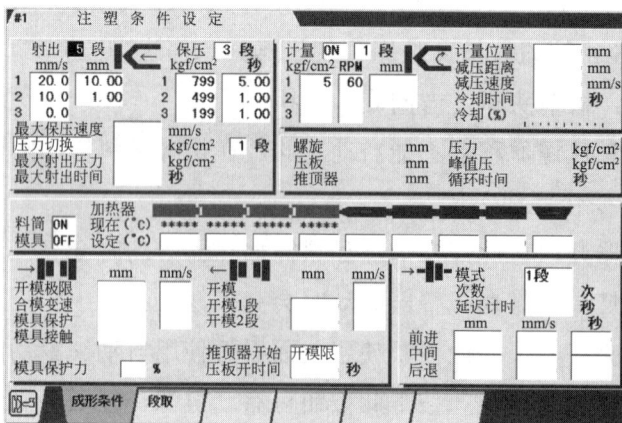

图 2-110　注塑条件设定

（3）温度条件设定 如图 2-111 所示，依据材料供应商提供的成型温度范围，一般设定在成型温度的上下限温度的中间值。注意螺杆冷走动防止时间的设定与作用。

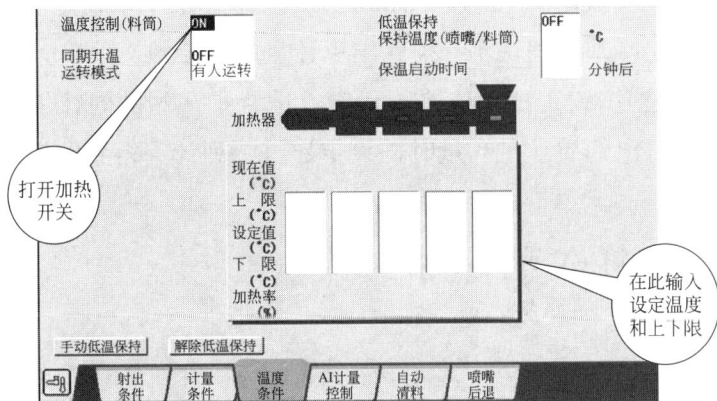

图 2-111 FANUC 全电动注塑机温度条件设定

（4）计量条件的初始设定 如图 2-112 所示，根据计量条件的计量开关、背压、转速、抽胶距离和冷却时间参数设定。

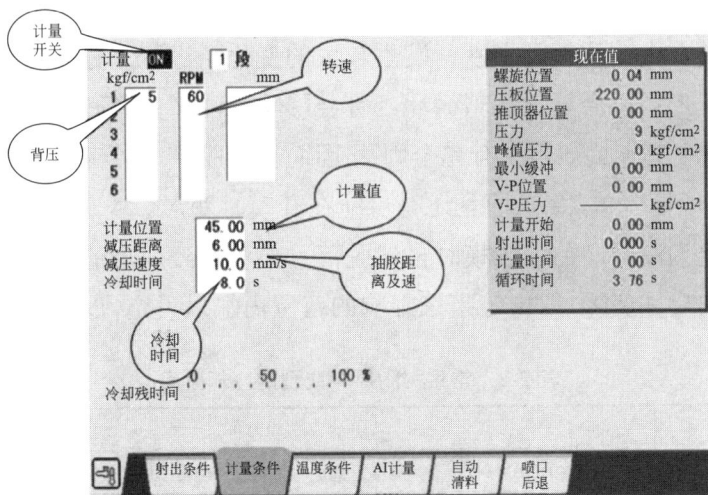

图 2-112 FANUC 全电动注塑机计量条件设定

1）把计量开关设为 ON,计量段数设为 1。

2）把背压设在 0.4～0.8MPa 左右，在使射出单元后退的状态下清料后，仅按"旋转"按钮，此时螺杆会以按照计量条件的背压和旋转进行树脂的计量,一边观察从喷嘴喷出的树脂量和螺杆后退的情况,一边以 0.5MPa 逐步调整背压,直到找出螺杆不再后退的极限背压,输入(极限背压+0.1)MPa 的背压值。

设定螺杆旋转值:以 50～100r/min 作为基本标准予以设定,当旋转数有充裕时,设定比冷却时间快 1～2s 就结束计量的旋转数。

3)计量位置:设定计量位置,请输入适合于注塑品的计量位置值。当已经清楚每次射出的质(重)量时,设定通过下列计算得到的值的90%

$$S=W/[\pi r^2\rho]$$

式中 S——计量单位,cm;

W——一模产品质量,g;

$\pi=3.14$;

r——螺杆半径;

ρ——塑料密度,g/cm³。

当不清楚每次射出的质(重)量或注料不足无法进行注塑时,将最大压力设定低于 50MPa,将计量位置的值设定得大些。

冷却时间根据表 2-2 设定适合于注塑产品的值。冷却时间随料筒温度和浇口、流道在内的注塑品厚度而发生较大的变化。进行充分的冷却可以减少注塑产品变形;但会延长注塑循环,且会影响到注塑品脱开模具。如果冷却时间很短,注塑产品则还没有完全固化,因而会受脱模时外部力量影响而变形,不仅会影响到尺寸的稳定,而且还有可能在开模时变形。基于上述情形,冷却时间要设定为注塑产品在脱模时自然脱落且不会导致变形的时间,在不会给注塑产品的尺寸变形、取出等带来影响的范围内加以设定,以缩短循环时间。

表 2-2   常用树脂原料成型的冷却时间

树脂原料	冷却时间			
	壁厚 1mm	壁厚 2mm	壁厚 3mm	壁厚 4m
ABS	2	6	12	36
PA66+GF	2	5	10	30
PC	2	7	15	40
PC+GF	2	5	10	30
PBT+GF	2	6	12	36
POM	2	5	11	30

（5）减压（抽胶）参数设定　如图 2-113 所示，设定减压距离（松退量）、减压速度（松退速度）、减压距离（2～10mm 左右）、减压速度（10～50mm/s 左右）。原则上设定为在松退中不会混入空气的距离和速度，但也要注意树脂的垂滴和拉丝。操作时要一边观察射出开始时的压力现在值显示，一边以下降到 0MPa 附近压力的距离为基本标准，设定减压距离。

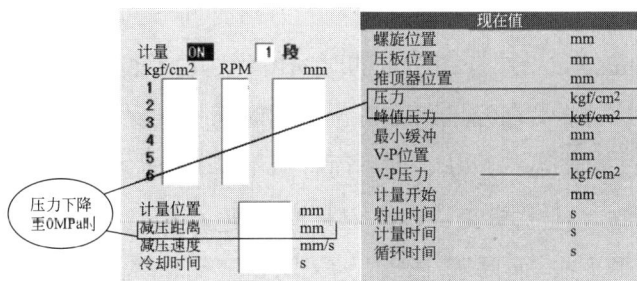

图 2-113　减压（抽胶）参数设定

（6）射出/保压条件设定　如图 2-114 所示。

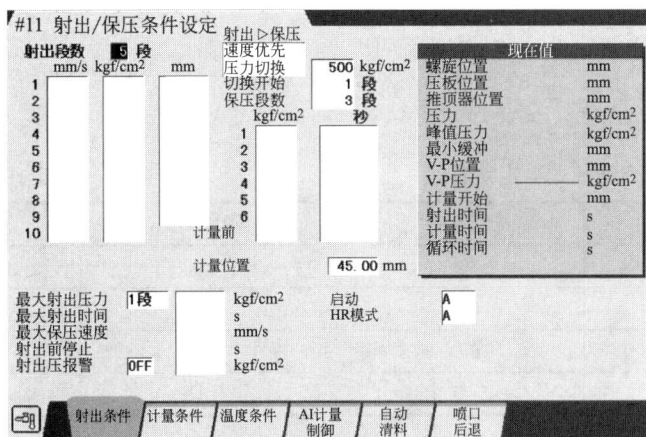

图 2-114　射出/保压条件设定

1）射出段数与速度　显示出［#1 1 射出/保压条件设定］画面，将射出段数设定 1 段,将射出速度设定为 30～50mm/s。

2）速度和压力设定　优先通过射出到保压切换,进行速度和压力优先的选择，在初始设定时通常选择速度优先设定，射出到保压切换方法。可以通过位置切换进行注塑时，首先调到压力切换，将切换压力设为 0MPa，然后再调到位置切换，将切换位置设为 5mm 左右。

3）压力切换设定　可以通过压力切换进行注塑，注塑时首先调到位置切换，将切换位置设为 0mm，然后再调到压力切换，设定切换压力。

4）保压条件设定　开始设定 1 段，20MPa，1s 左右，观察注塑品是否正常。

5）最大射出压力设定　通常设定为 1 段，80～100MPa 左右，所需的最大射出压力会因注塑产品的形状而不同，要予以注意。

6）最大射出时间设定　通常将最大射出时间设为 3s 左右，将最大保压速度设为 10mm/s。如果螺杆在所定的时间内到达切换位置，则会切换到保压；如果未到达切换位置，在经过最大射出时间时切换到保压。注射最大射出时间的设定，根据注塑产品的形状、大小而有所不同。最大射出时间虽然由完全的填充和外观上的问题,质量来决定，但是通常薄壁注塑品很容易出现翘曲,要将射出时间设定得短些，而厚壁注塑品为了防止气孔和气泡的发生要将射出时间设定得长些；浇口直径较大时要设定时间短些，浇口直径较小时则设定时间得长些；射出与注塑温度、射出速度具有相关关系，注意初始设定要设长些，进行最终的最大射出时间的设定时要将其设为实际射出时间+(0.5～1)s。

7）启动模式（射出时的定数）　见表 2-3。

8）HR 模式选择　见表 2-4。

表 2-3　启动模式与走动时间

启动模式	走动时间
A	20
B	40
C	60
用户	自定

表 2-4　HR 模式

HR 模式	适用对象
A	超薄壁
B	精密，高循环
C	一般注塑
D	镜片注塑

9）射出前的设定　（a）在使用喷口(射座)后退功能时,设为 0.5s 左右；(b)在使用热流道模具且有针阀或 CLOSE TYPE NOZZLE 时,设为 0.1s 以上；(c)为了保护机器,未使用以上功能时,也可设定 0.1s。

10）设定射出压力报警　在模具的保护等需要监视射出压力时使用。

11）计量前的设定　（a）此项为保护设备之用，一般不要作压力设定，时间可设为 0.1s 左右；(b)当保压压力较大时，一定将压力设定为 0，时间设定为 0.1s 以上。

（7）最大射出压力调整

1）一边看着高速监控画面，一边确认射出时的实际压力波形处在最大射出压力以内。在高速监控画面上，射出时的设定压力用阶梯状的实线表示，实际压力以波形来显示。

2）当波形控制在最大设定射出压力下时，提高最大射出压力设定。

3）逐步加大最大射出压力设定值并观察波形，当射出压力和速度波形不再变化时，取最小压力设定。

2.4 注塑机监测与故障报警

注塑机的监视系统有对输入点、输出点的 I/O 接口，计数器、计时器的监视功能，以及操作、辅助和故障报警指示功能。在操作过程中，电脑显示参数，指导操作员操作和调整数据，电脑可自行找出故障，会将故障自动显示在屏幕上，供操作人员、维修人员进行故障查询和排除。

（1）电脑 I/O 输入/输出接口的编号及功能　见表 2-5 和表 2-6。

表 2-5　电脑输入点的编号及功能

编号	功用	说明	编号	功用	说明
I00	输入点	前安全门	I13	输入点	可以顶针
I01	输入点	后安全门	I14	输入点	取出完成
I02	输入点	安全门限	I15	输入点	绞牙位移
I03	输入点	射嘴前限	I16	输入点	调模超载
I04	输入点	顶针前限	I17	输入点	油泵超载
I05	输入点	顶针后限	I18	输入点	调模前限
I06	输入点	绞牙前限	I19	输入点	调模后限
I07	输入点	绞牙后限	I20	输入点	调模位移
I08	输入点	进芯终止	I21	输入点	润滑油位
I09	输入点	退芯终止	I22	输入点	润滑压力
I10`	输入点	电眼确认	I23	输入点	低压检出
I11	输入点	储能终止	I24	输入点	转盘锁限
I12	输入点	机车联锁	I25	输入点	转盘开限

续表

编号	功用	说　明	编号	功用	说　明
I26	输入点	低压锁模	I31	输入点	开模极限
I27	输入点	高压锁模	I32	输入点	锁模重置
I28	输入点	锁模终止	I33	输入点	射胶重置
I29	输入点	泄压完成	I34	输入点	顶针重置
I30	输入点	锁模极限	I35	输入点	备用

表 2-6　电脑输出点的编号及功能

编号	功用	说　明	编号	功用	说　明
100	输出点	调模前进	117	输出点	氮气放压
101	输出点	调模后退	118	输出点	吹风
102	输出点	锁模	119	输出点	泄压
103	输出点	射嘴前进	120	输出点	转盘锁紧
104	输出点	射胶	121	输出点	转盘放松
105	输出点	熔胶	122	输出点	高压锁模
106	输出点	松退	123	输出点	高压开模
107	输出点	射嘴后退	124	输出点	自动门开
108	输出点	开模	125	输出点	自动门关
109	输出点	顶针前进	126	输出点	辅助油泵
110`	输出点	顶针后退	127	输出点	油泵运转
111	输出点	特快	128	输出点	润滑输出
112	输出点	进芯	129	输出点	警报输出
113	输出点	退芯	130	输出点	润滑放水
114	输出点	绞牙前进	131	输出点	油泵启动
115	输出点	绞牙后退	132	输出点	已经射胶
116	输出点	氮气充压	133	输出点	开模终止

（2）电脑内部计数器的使用　电脑内部计数的编号及功能见表 2-7。

表 2-7　电脑内部计数的编号及功能

编号	功用	说　明
C00	成型次数	成型模数设定
C01	次品模数	次品模数设定
C02	生产时间	生产所需总时间，单位为 0.1h
C03	生产批量	备用

续表

编号	功用	说明
C04	顶针次数	顶针顶出次数设定
C05	顶针振动	顶针振动次数，顶针顶出后再来回振动次数设定
C06	进牙次数	绞牙进总圈数设定
C07	退牙次数	绞牙退总圈数设定
C08	润滑	自动润滑动作间隔次数设定
C09	备用	锁模力自动调整时，调模前移行程的行程设定

（3）电脑内部计时器的使用　电脑内部计时器的编号及功能见表2-8。

表 2-8　电脑内部计时器的编号及功能

编号	功用	说明
T00	射胶时间	射胶时间设定，不包含保压时间
T01	冷却时间	自动时射胶终止到开模前时间设定
T02	中间循环	全自动状态时，由顶针动作完成到下一周期锁模前之间的间隔时间设定
T03	熔胶延时	射胶动作终止到熔胶启动的延时时间设定
T04	吹风二	第二组吹风时间
T05	周期警报	警报循环周期时间设定
T06	低压警报	锁模低压启动到锁模高压位置间的容许时间设定
T07	吹风时间	开模终止吹风顶出时间设定
T08	调模延时	现用作为调模前后之间间断时间设定
T09	保压一段	射胶保压一段动作时间设定
T10	保压二段	射胶保压二段动作时间设定
T11	顶针停顿	自动顶针顶出后停顿时间，待时间终止后再行退针
T12	进芯	进芯一时间设定
T13	退芯	退芯一时间设定
T14	进牙时间	进牙时间设定
T15	退牙时间	退牙时间设定
T16	进牙慢速	进牙慢速时间设定
T17	退牙慢速	退牙慢速时间设定
T18	射座后退	射座后退时间设定
T19	电机启动	电机 Y→Δ 时间设定
T20	原点复位	原点重置的时间设定
T21	备用	备用
T22	警报间断	警报响声间断时间设定

续表

编号	功 用	说 明
T23	警报周期	警报周期时间设定
T24	限位警报	限位器检查时间、射座前进、顶针前进、顶针后退、抽芯、绞牙、锁模、开模等动作使用
T25	开模延时	开模终止完成，顶针动作前进的延时时间设定
T26	关模延时	自动状态锁模完成，射嘴前进的延时时间设定
T27	顶针延时	振动顶针使用时，顶针后退行程的时间设定
T28	锁模延时	锁模开模动作加减速最大时间设定
T29	熔胶延时	熔胶行程已终止字幕上显示时间
T30	润滑时间	润滑油输出的给油时间设定
T31	润滑警报	润滑油输出的警报时间设定
T32	备用	备用
T33	进芯二	进芯二时间设定
T34	退芯二	退芯二时间设定
T35	射前快速	快速射出前时间设定
T36	备用	备用
T37	氮射延时	氮气射胶延时时间设定
T38	备用	备用
T39	动作延时	动作与动作之间延时时间设定

（4）电脑警报字幕显示说明   见表 2-9。

表 2-9   电脑警报字幕显示说明

编号	字 幕	说 明
600	警报 1	未使用
601	警报 2	未使用
602	温度未达设定	料管实际温度低于料管设定温度加低温偏差
603	润滑油油量不足	润滑油储油箱油面过低（INPUT21）
604	润滑器排水阀阻塞	未使用
605	润滑油漏油或不足	未使用
606	油泵电机超过负荷	检查油泵电机过载保护热继电器（INPUT16）
607	调模电机超过负荷	检查调模电机过载保护热继电器（INPUT17）
608	后安全门未关闭	关上后安全门及检查后安全门限位开关（INPUT1）
609	前安全门未关闭	关上前安全门及检查前安全门限位开关（INPUT0 及 2）
610	调模超出最小尺寸	模厚超出最小容量或检查调模前限位开关
611	调模超出最大尺寸	模厚超出最大容模量或检查调模后限位开关

续表

编号	字幕	说明
612	警报3	未使用
613	油泵电机尚未启动	未使用
614	锁模行程已终止	手动操作时，锁模动作完成显示
615	开模行程已终止	手动操作时，开模动作完成显示
616	开模行程未终止	手动调模或顶针操作时，开模行程未终止显示
617	顶针行程已终止	手动操作时，顶针动作完成显示
618	退针行程已终止	手动操作时，退针动作完成显示
619	熔胶行程已终止	手动操作时，熔胶动作完成显示
620	松退行程已终止	手动操作时，松退动作完成显示
621	请检查射嘴前进限位	自动操作时，射嘴前限位开关未有接触（INPUT3）
622	射嘴保护盖未关闭	射胶动作时，射嘴保护盖没有关上
623	射嘴孔异物阻塞	塞嘴警报使用时，射胶行程未达射胶二段位置或射嘴异物阻塞，检查射胶位置设定或射嘴孔
624	熔胶量不足或溢料	漏胶警报使用时，射胶行程超出射胶溢料位置，调整射胶溢料位置设定或熔胶终点位置
625	料斗无料或阻塞	自动操作时，熔胶动作时间超过冷却时间设定，检查是否为料斗阻塞或熔胶延时时间设定过长
626	成型模数已达设定	成型模数已达预定生产设定模数，在手动状态下，按"取消"按键重置
627	周期时间过长	一周生产时间超出预设周期警报时间，检查周期警报时间（TIM5）设定值是否过短
628	请清理模具内异物	模具内有异物或高压位置及低压时间设定不对，检查模具或高压位置及低压警报时间设定（TIM6）
629	调模时间过长	未使用
630	润滑中	润滑油输出中显示
631	请检查机械手取出物	未使用
632	制品确认信号异常	未使用
633	电眼感应片被遮	使用电眼循环时，射胶终了而电眼感应片被遮，清除成品或异物
634	切断电源重新开机	未使用
635	油过滤网阻塞	未使用
636	循环油温度过低	液压油实际油温低出油温设定
637	循环油温度过高	液压油实际油温高出油温设定
638	半螺母位置不对	未使用
639	请检查抽芯限位开关	未使用
640	请检查抽芯限位开关	自动操作时，抽芯动作超出限位警报设定时间，检查抽芯动作行程或限位警报时间 TIM24

续表

编号	字 幕	说 明
641	请检查转盘限位开关	未使用
642	请检查顶针限位开关	自动操作时，顶针动作超出限位警报设定时间，检查顶针动作行程或限位警报时间 TIM24
643	机械手故障	锁模开模动作时，机械手未回升到定位，请检查机械手
644	大油缸未回定位	未使用
645	开模泄压异常	未使用
646	大油缸行程超出	未使用
647	开模受力中	未使用
648	蓄压器充压异常	氮气射胶功能使用时，储压动作超出冷却时间，请检查储压压力开关（INPUT11）
649	液压油油量不足	未使用
650	调模计数开关故障	调模动作时，调模感应器检测故障，请检查调模感应器（INPUT20）
651	调模齿轮异常检查	未使用
652	模具安装位置检查	未使用
653	油压夹模异常检查	未使用
654	熔胶延时中	自动操作时，射胶动作终止，熔胶延时中显示
655	锁模开模行程故障	自动操作时，锁模开模动作超出限位警报时间，检查锁模开模动作行程设定或限位时间 TIM24
656	背压调整过高	未使用
657	料筒温度实际过高	料筒实际温度高出料筒温度设定值加高温偏差
658	料筒温度预热中	料筒保温功能启动中
659	绞牙计数开关检查	自动操作时，绞牙动作超出限位警报时间设定，检查绞牙动作行程或限位警报时间 TIM24

2.5 程控器控制类型注塑机的操作

　　程控器控制类型注塑机的控制系统采用可编程序控制器（称为 PC 机）为核心，设置了 I/O 输入输出接口电路，注塑机动作靠编制程序输入进行控制。I/O 接口电路的输入电路解决了开关、按钮、触点失灵和失效的常见故障；输出驱动电路是弱电输出控制，由强电驱动，解决了继电器线圈触点烧坏、失灵的常见故障；用按键输入指令调节参数和程序动作控制，解决手动调整较困难，参数调整不稳定的常见故障。

程控器控制的注塑机还采用了比例流量阀和比例压力阀，可实现压力和流量的多级控制，具有油路简单，工作效率高，系统稳定性能良好，还可减小噪声和冲击的特点。

PC-120 型注塑机操作包括开机前预备工作、调校工作、手动操作、半自动操作和全自动操作、停机操作等步骤，具体如下。

（1）开机前预备工作　与第 1 章相同，除了按要求进行常规检查如安全装置性能、机器性能等检查和调整外，还要进行润滑打油，每班至少进行两次，以保持机器清洁，延长机器的使用寿命。

（2）调校工作　在开机操作前，注塑机维修员、注塑员已将机器调整在最佳状态，如对比例放大板的调校，对模具安装和工模具薄厚的调整，对各个动作的压力、流量参数的预置和调节等。

（3）手动操作　打开电源总闸，合上电箱内空气开关，再合上 PB1 电源开关，指示灯 HL1 灯亮，表示电源接通。再合上加热筒的空气开关及加热开关 1S，温度控制器上红灯亮，表示正在加热，如果绿灯亮，表示熔胶筒内达到所需的设定温度。温度控制器的调校只需拨动数字盘到适当的数值，温度控制器上的指针则显示电热筒的当前温度，当温度达到预定时，电热电路会自动控制关闭，当温度下降到预定值以下时，电热电路会自动接通。

温度达到设定温度时，可将旋钮转换开关 1SS 打开到中间位置（即手动状态操作方式），此时可用 2SS～5SS 选择开关进行各个相应的动作操作，手动各动作正常，动作平稳时，再选择"半自动"或"全自动"状态。

（4）半自动操作　将转换开关 1SS 旋转到"半自动"位置。关上安全门，开始锁模，直到顶针动作结束为一单循环，此时，打开安全门，取出注塑产品，再合上安全门，才可进行下一个循环。半自动操作时，应先进行多次的手动操作，直到手动操作状态正常后，再进行半自动操作。

（5）全自动操作　在手动调试正常后，方可进行全自动生产，将转换开关 1SS 旋转到"全自动"位置；再将 2S 开关置于"电眼"或"全循环时间"位置；再合上安全门，进行全自动操作；全自动生产开始进行产量计数。由操作面板上的计数器 CUR 来计数。

如果选择"电眼"方式，有电眼检出进行下一个动作。如果选择"全循环时间"，顶针停止后，全循环时间掣将开始计时，计时时间到，则进行下一个循环。

（6）停机操作 注塑机有紧急停机按钮 PB5，按下按钮时，控制电源全部关掉。如果只停油泵，只需按下控制面板上的 PB3 按钮即可。紧急停机时，加热部分不受影响，加热开关直接控制电热。

注塑机还有蜂鸣器和信号指示灯组成的报警系统，可进行锁模报警、熔胶报警、电眼和调模报警，具体如下。

① 锁模报警 当模具内有杂物、机铰不能伸直，时间超过 TRA 控制低压锁模时间设定值，就开始报警，并且开模，模板退到开模位置，等待处理，操作面板上指示灯 HL3 会发亮。

② 熔胶报警 在指定的 TRG 冷却时间掣设定时间内，熔胶终止限位开关 LS11 未压合触点，就会发出警报显示料斗无料或落料有故障，信号指示灯 HL5 会发亮。

③ 电眼和调模报警 调模过程中，当压到 LS9 限位开关或限位开关 LS20 限位时，操作面板上 HL4 信号指示灯会亮并有警报音响。当全自动选择电眼计数而电眼有故障时，操作面板上 HL4 信号指示灯也会亮，并有警报音响。

注塑机正常时停机步骤如下。

① 关上料斗的闸板，继续手动射胶，直至胶料全部射出为止。

② 最后一次循环动作结束后，将转换开关 1SS 打在中间位置（即手动位置）。

③ 将所有的转换开关打在关的位置。

④ 停止油泵电机。

⑤ 关掉总电源。

⑥ 停掉冷却循环水，关掉进水阀门。

复习思考题

1. 操作面板主要部分及作用是什么？

2. 注塑机主要动作专用符号是什么？

3. 手动动作操作区按键有哪些？

4. 成型条件数字输入键的功能是什么？

5. 简述注塑成型锁模动作参数预置步骤。

6. 简述注塑成型射胶动作参数预置步骤。

7. 简述注塑成型原点重置的操作步骤。

8. 注塑机输入接口编号范围是什么？

9. 注塑机输出接口编号范围是什么？

10. 注塑机的电脑警报编号范围是什么？

第 3 章

注塑工艺条件及调校

　　塑料是一种以天然或合成高分子化合物为主要成分,加入一定量的填充剂、增塑剂、稳定剂、着色剂等,在一定温度和压力下可塑制成型,并在常温下保持其形状不变、具有一定强度和刚度的材料,也称塑胶或树脂胶料。注塑成型加工是将塑料制成具备一定形状、尺寸及性能的制品。注塑成型加工是将塑料(包括热塑性塑料和热固性塑料)先在加热料筒中均匀塑化,然后靠射胶螺杆旋转产生压力,射胶将熔化的塑料挤入模具的型腔,经冷却进行交联固化或凝结成型,制成一定形状、尺寸和外形的塑料产品。利用注塑成型技术可以生产小的电子产品、器件、玩具和医疗用品,也可以生产大型的器件或构件;既可以生产形状简单、精度和性能要求不高、美观适用的日用品,也可生产尺寸复杂、精度和性能要求较高、形状复杂、可满足各种使用条件的塑料制品。

3.1　注塑成型常用材料及用途

　　注塑成型常用塑料及名称见表 3-1。

注塑成型常用塑料的用途见表 3-2。

注塑成型常用塑料的性能及参数见表 3-3。

表 3-1　注塑成型常用塑料及名称

塑料类别	简称（英文）	俗　　称	英　文　名
硬胶类（聚苯乙烯）	PS	硬胶、普通硬胶	general purpose polystyrene
	HIPS	不碎胶、高冲击硬胶	high impact polystyrene
	ABS	ABS 胶、超不碎胶	acrylonitrile-butadiene-styrene
	SAN	AS 胶、透明大力胶、SAN 料	styrene-ackylonitrile copolymer
	EPS	发泡胶	
软胶类（聚乙烯）	LDPE	软料、花料、筒料、吹瓶料	low density polyethylene
	HDPE	硬性软料（注、吹、筒料）	high density polyethlene
	UHMPE	超硬性软料	ultra high density polyethlene
	EVA	橡皮胶	ethylene-vinyl acetate copolymer
聚丙烯	PP	百折胶	polypropylene
PVC 类	PVC	PVC 粗粉	polyvinyl chloride
聚氯乙烯	PVC	PVC 幼粉	straight resin polyvinylchloride paste resin
聚丙烯酸树脂	PMMA	亚加力	polymethyl methacrylate
聚缩醛类	POM（聚甲醛树脂）	缩醛、赛钢、特灵、夺钢、超钢	polyformaldehyde resin
	POM（聚氧化乙烯树脂）		polyoxy-methylene resin
尼龙类	PA6	尼龙 6	polyamide
	PA12	尼龙 12	
	PA66	尼龙 66	
	PAST	增强尼龙	
聚酯类	PET	聚酯	polyethylene terephthalate
	PBT	聚酯	polybutylene terephthalate
	UP	冷凝胶	unsaturated polyester
纤维素	CA	酸性胶	cellulose acetate
	CP		cellulose propionate
	CAP		cellulose acetate propionate
	CAB		cellulose acetate butyionate

续表

塑料类别	简称（英文）	俗　　称	英　文　名
PC 料	PC	防弹胶	polycarbonate
PU 料	PU	乌拉坦胶	polyurethane
环氧树脂	EP	Epoxy、冷凝胶	epoxy resin
氟塑料	PTFE	氟塑料	tetrafluoroethylene
	FEP		fluorinated ethylene propylene
	氟塑料		polyhexafluoropropylene
硅橡胶		硅橡胶	silicone rubber
酚醛树脂	PF	电木粉	phenolic
氨基树脂	MF	科学瓷、美丽密	melamine formaldehyde
脲醛树脂	UF	电工、尿素	urea formaldehyde

表 3-2　注塑成型常用塑料的用途

简　　称	中　文　学　名	主　要　用　途
PS	聚苯乙烯	玩具、文具、日用品、电器用品
HIPS	高冲击聚苯乙烯	玩具、日用品、电视机壳
ABS	丙烯腈-丁二烯-苯乙烯	玩具、日用品、电器用品、家具运动用品
SAN	苯乙烯-丙烯腈共聚物	盒具、日用品、表面、透明装饰品
EPS	发泡聚苯乙烯	货品包装、绝缘板、装饰品
LDPE	低密度聚乙烯	包装袋、玩具、胶瓶、胶花、电线、购物袋
HDPE	高密度聚乙烯	包装袋、胶瓶、水桶、电线、大货柜、玩具
UHMPE	超高密度聚乙烯	包装袋、胶瓶、水桶、电器用品、玩具
EVA	乙烯-醋酸乙烯共聚物	包装膜、吹气玩具制品、鞋底
PP	聚丙烯	包装袋、拉丝、带、绳、玩具、瓶、日用品、洗衣机
PVC	聚氯乙烯原树脂	软管、硬管、窗框、电线、吹筒、板材、瓶
PVC	聚氯乙烯糊状树脂	人造皮革、瓶、地板、玩具
PMMA	聚甲基丙烯酸甲酯	透明胶板、装饰品、太阳镜片、文具、灯罩、表面、人造首饰
POM	聚甲醛树脂	玩具、齿轮、滑轮、弹簧、洁具部件
PA6		
PA12	聚酰胺	拉丝、人造纤维、牙刷毛、轴套、包装胶膜、齿轮、电动工具外壳、电器配件、运动用品
PA66		
PAST		
PET	聚对苯二甲酸乙二醇酯	瓶、纤维、录音带、磁带、相机胶卷

续表

简　称	中　文　学　名	主　要　用　途
PBT	聚对苯二甲酸丁二醇酯	电器部件、机械部件
UP	不饱和聚酯	装饰品、玻璃纤维制品（如游艇、汽车外壳）
CA	醋酸纤维素	眼镜框架、工具手柄、雨伞架、文具用品、装饰品
CP	丙酸纤维素	
CAP	醋酸丙酸纤维素	
CAB	醋酸丁酸纤维素	
PC	聚碳酸酯	电动工具外壳、电器外壳、安全头盔、透明件、防弹玻璃、电器部件、咖啡壶
PU	聚氨基甲酸酯	鞋底、床垫、椅垫、人造皮革、油漆
FP	环氧树脂	黏合剂、工模材料、建筑材料、油漆
PTFE	聚四氟乙烯	容易清洁的钟表层、涂层、保护层以及润滑喷剂耐热部件
FEP	氟化乙丙烯	
氟塑料	聚六氟丙烯	
硅橡胶	聚硅氧烷橡胶	移印机胶头、耐热部件、导电塑胶
PF	酚醛树脂	灯头、插座、插头、电器外壳、齿轮
MF	三聚氰胺-甲醛树脂	碗碟、餐具、装饰品、电器配件及外壳
UF	脲-甲醛	餐具、装饰品

表 3-3　注塑成型常用塑料的性能及参数

塑料名称	相对密度	熔点/℃	模温/℃	注射压力/MPa	收缩率/%	料筒温度/℃		
						射嘴	中段	尾段
PS	1.07	100	10～75	70～210	0.4	180～260	200～260	160～250
HIPS	1.06	100	5～75	70～210	0.4	220～270	190～260	160～250
ABS	1.05	110	50～80	50～180	0.6	190～250	180～240	170～240
SAN	1.09	115	50～80	70～230	0.2	190～250	180～230	170～220
LDPE	0.92	120	35～60	50～210	1.5～5	230～310	220～300	170～220
HDPE	0.95	130	35～60	70～140	2～5	230～310	220～300	170～220
UHMPE	0.94	130	35～60	70～140	2～5	230～310	220～300	170～220
EVA	0.94	80	35～60	50～140	1	120～140	110～140	110～130
PP	0.91	176	50～80	70～140	1～2.5	210～300	180～260	160～240
PVC	1.3～1.58	75～105	15～60	70～280	0.1～0.5	170～200	160～195	150～190
PVC	1.16～1.35	75～105	30～60	50～180	1.5	170～195	140～190	130～180
PMMA	1.19	100	50～90	70～140	0.5	180～230	160～240	140～220

续表

塑料名称	相对密度	熔点/℃	模温/℃	注射压力/MPa	收缩率/%	料筒温度/℃		
						射嘴	中段	尾段
POM	1.41	175	50~90	70~140	2	190~210	175~220	160~210
PA6	1.13	216	50~80	50~140	0.8~1.5	210~230	210~230	200~210
PA12	1.01	179	50~80	50~140	0.3~1.5	210~230	210~230	200~210
PA66	1.14	265	50~80	50~140	2.25	250~280	240~280	220~280
PAST	1.1	216	50~80	50~140	0.8~1.8	210~260	210~260	220~240
PET	1.37	258	80~120	70~140	2.25	280~350	260~340	250~320
PBT	1.35	250	50~90	70~140	1.5~2	220~320	200~280	180~260
UP	2.0~2.1			70~210	0.5~0.8			
CA	1.3	230	40~75	50~230	0.5	180~200	170~190	150~180
CP	1.19~1.23	230	50~80	50~210	0.5	180~210	190~220	160~180
CAP	1.2	230	50~80	50~210	0.5	180~210	190~220	160~180
CAB	1.2	210	40~75	50~210	0.5	180~210	180~210	160~180
PC	1.2	250	80~100	70~230	0.8	250~320	260~340	280~350
PU	1.15	140	50~80	70~140	0.1~3	190~240	180~210	170~200
EP	1.9		70	70~140	0.2	160~170	160~170	150~160
PTFE	2.12~2.17	310	200~230	40~140	3.5~6	320~360	320~360	270~330
FEP	2.15	275	50~80	40~140	4	310~350	270~310	240~270
PF	1.4			40~140	1.2			
MF	1.5				1.2~2			

3.2 注塑成型参数和工艺条件

注塑成型过程包括加料、加热塑化、锁模、射胶、熔胶、抽胶、开模和顶针顶出产品等工序，每个工序都有工艺参数进行控制，它主要通过温度、压力、速度、时间、行程等参量进行控制。通过温度上下参量的预置设定进行适时控制，通过压力、速度参数的设定对其各动作工序进行控制，通过行程开关、感应开关、光学编码器等将各动作工序的位置参数输入注塑机控制系统进行控制。

常用塑料注塑成型的加工技术条件介绍如下。

（1）常用塑料的温度技术参数　常用塑料的注射温度见表 3-4。

表 3-4　常用塑料的注射温度

塑　　料		模温/℃	料筒温度/℃		
			后段料斗	中段	前段射嘴
硬胶类	PS	10～75	150～160	200～260	200～280
	HIPS	10～75	150～160	190～260	220～270
	ABS	10～80	150～160	190～260	220～270
	SAN	10～80	150～160	200～250	220～270
软胶类	LDPE	20～60	130～200	220～300	230～310
	HDPE	20～60	130～200	220～300	230～310
	PP	10～80	140～180	220～290	220～325
PVC 类	硬 PVC	20～60	140～150	170～200	170～200
	软 PVC	20～60	130～140	140～200	170～200
（防弹胶）	PC	70～115	230～270	280～340	300～350
（亚加力）	PMMA	30～70	140～170	190～220	190～240
尼龙类	PA6	50～80	200～210	210～230	210～230
	PA66	50～80	190～250	250～280	250～280
	PAST	50～80	200～240	210～260	210～260
缩醛	POM	60～90	160～180	175～210	190～210
酸性胶	CAB	30～75	120～130	140～150	150～190
	CA	30～75	130～150	150～180	180～200
	CP	30～75	160～180	190～220	180～210

常用塑料的干料温度如下。

① 硬胶类（PS～ABS），一般在 60～80℃温度下烘 1～4h。

② 防弹胶（PC），一般在 100～120℃温度下烘 7～8h。

③ 亚加力（PMMA），一般在 70～80℃温度下烘 6～8h。

④ 尼龙（PA），一般在 80～100℃温度下烘 10～14h。

⑤ 酸性胶（CA，CP），一般在 70～80℃温度下烘 2～4h。

常用塑料在储运过程中，会吸收大气中的水分，甚至远远超过材料注塑成型加工所允许的范围（尤其是一些含有亲水基团的大分子）。粒料在保存和运输过程中，内部或表面容易受潮，含有不同程度的水分。聚碳酸酯

（PC）的饱和吸水率可达 0.24%，ABS 可达 0.2%～0.45%，有机玻璃可达 0.3%～0.4%，尼龙 6 可达 1.3%～1.9%，尼龙 66 可达 1.5%，所以在注塑成型前必须进行预热干燥处理。对于饱和吸水率高的塑料（如尼龙），烘干时间也较长。塑料在注塑成型过程中，含水率是重要指标。含水率过高，轻则在制品表面出现银丝、斑纹和气泡等缺陷，重则会引起塑料中的高分子聚合物在注塑成型时产生降解，会严重影响制品的外观和内在质量。常用塑料中聚碳酸酯、尼龙、ABS 料、亚加力（PMMA）料等容易吸潮的塑料，在注塑成型温度下对含水率很敏感，少量水分就会造成制品成型缺陷以及性能下降，均需要进行干燥处理。而对于聚乙烯、聚丙烯、聚甲醛等塑料，因吸水率很低，一般在储存较好的情况下，吸水率不会超过允许值，可以不必进行干燥。

（2）成型原料的外观和工艺性能的检验　一般在成型前对原料的色泽、颗粒的大小及均匀性进行直观的检验，查看是否满足制品成型时的性能和外观质量要求；还需对物料的成型收缩率、流动性、热稳定性、水分及挥发物的含量、加入助剂的种类和含量等工艺性能进行必要的检测，为原料成型前处理工艺和成型工艺的制定提供可靠的依据。对于粉状的或有些粉碎的回收料的原料应进行染色造粒后才可成型加工。

在实际生产过程中，确定原料的掺杂混入比例是非常重要的，也是较困难的。在生产过程中，尤其在试机过程中，会出现许多废品和不合格品，这些废品、不合格品以及停机清理料筒的剩余胶料等要进行综合利用。有许多产品要降低成本，常采用的就是增加回收料的比例和增加添加剂或其他替代料的比例成分，这对注塑成型生产增加了难度。原料比例成分改动，工艺条件随之改变，需进行一系列的检查试验工作。一般方法是通过试注塑生产来确定，根据原料掺杂混入的比例进行注塑生产，再对注塑产品进行外观检查、物理力学性能检查、成型工艺性检查和试验，结合检查的情况，调节校正注塑工艺参数，若调整校正无效，再对原料比例进行调整，直至比例适当，塑件质量合格。其中物理力学性能包括强度、刚度、韧性、弹性、吸水性以及对应力的敏感性程度。成型工艺性包括塑料的塑化程度、塑料的流动性、结晶性以及收缩率等方面。表 3-5 所列为常用塑料的工艺性能。

表 3-5 常用塑料的工艺性能

塑料名称	工 艺 性 能				
	熔点/℃	相对密度	收缩率/%	原料处理	回收料利用
聚苯乙烯	100	1.07	0.4～0.45	不需干燥	可使用回收料及废料
苯乙烯	115	1.06	0.4～0.5	不需干燥	可使用回收料及废料
ABS	110	1.05	0.4～0.7	需要干燥	可混入30%的回收料等
PE（LDPE）	120	0.92	1.5～2	不需干燥	可使用回收料及废料
（HDPE）	130	0.95	2～2.5		
PP 聚丙烯	176	0.91	1.2～2.2	不需干燥	可使用回收料及废料
硬 PVC	75～105	1.3～1.58	0.5～0.7	不需干燥	可使用回收料
PC	250	1.2	0.7～0.8	需要干燥	可使用20%的回收料
PMMA	100	1.19	0.4～0.8	需要干燥	可使用20%的回收料,但要预热干燥
PA6	216	1.13	0.8～1.5	需要干燥	可使用20%的回收料
	265	1.14	1.5～2		
POM	175	1.41	1.5～2	不需干燥,原料受潮则需干燥	可使用10%～15%的回收料

总之,对于注塑产品的原料性能,要求注塑员会识别,会调校,多实践,多积累,通过交流和探讨以及经验总结,在保证产品质量的前提下,利用回收料和废料,以降低生产成本,达到物尽其用的目的。

（3）常用塑料加工条件　表 3-6 为常用塑料特性,所列主要是注塑成型加工条件的温度参数,要获得质量良好的注塑件和产品,注塑温度参数的设置和控制非常重要,在实际生产中,每种塑料也有不同的塑化温度和射胶温度,同种塑料之间也有一些差别,尤其再利用回收料等。因素多也会造成一些误差,再加上温度控制器的实际误差,所以在试注塑产品或使用一批原料时,还需进行检验和测试,以质量符合标准要求为准则。

表 3-6 常用塑料特性

塑 料 名 称	相对密度	模温/℃	射嘴温度/℃	料筒温度/℃	注射压力/(kgf/cm²)
聚苯乙烯					
通用型 GPPS	1.07	10～75	180～260	180～280	350～1400
高冲击 HIPS	1.12	15～75	220～270	190～260	700～1400
ABS	1.05	50～80	190～250	180～260	560～1760
SAN	1.09	50～80	190～250	180～250	350～1400

续表

塑 料 名 称	相对密度	模温/℃	射嘴温度/℃	料筒温度/℃	注射压力/(kgf/cm²)
聚乙烯					
低压 LDPE	0.91	35～60	230～310	160～210	350～1050
高压 HDPE	0.96	35～60	230～310	170～240	840～1050
EVA	0.94	35～60	120～140	180～240	70～1400
聚丙烯 PP	0.91	50～80	210～300	160～230	700～1400
聚氯乙烯					
硬质 PVC	1.40	15～60	170～200	150～200	700～2800
软质 PVC	1.22	30～60	170～195	150～180	70～1760
聚甲基丙烯酸甲酯	1.19	50～90	180～230	180～250	350～1400
聚甲醛 POM	1.42	50～90	190～210	190～220	560～1400
尼龙类					
PA6	1.13	50～80	210～230	200～320	70～1400
PA66	1.14	50～80	250～280	200～320	70～1760
聚酯类					
PET	1.37	80～120	280～350	250～310	140～490
PBT	1.35	50～90	220～320	220～270	280～700
纤维素					
CA	1.30	40～75	180～200	160～230	560～2250
CAB	1.20	40～75	180～210	210	250～1400
聚碳酸酯					
PC	1.20	80～100	250～320	275～320	560～1400
氟化乙丙烯 FEP	2.15	50～80	310～350	365	175～1400
聚氨基甲酸酯 PU	1.15	50～80	190～240	204	350～1400
聚氧化亚苯 PPO	1.08	50～80	200～260	240～280	840～1400
聚硫化亚苯 PPS	1.30	80～120	250～320	300～340	350～1050
缩醛 Acetal	1.41	60～90	190～210	216	350～1400

　　注：1kgf/cm²=98.0665kPa，下同。

　　表3-7是常用塑料的加工条件，该表是对注塑成型加工条件的压力参数、速度参数以及枕压和背压参数、浇口等射胶条件在不同塑料原料的加工工艺条件的汇总，这些参数是注塑成型的基本工艺条件。例如压力参数，它提供给锁模压力、射胶压力、保压（枕压）压力和熔胶压力等；速度参数，它提供给射胶速度、熔胶转速、锁模速度和开模速度等；时间参数的设定可提供

射胶时间、冷却时间、锁模限时时间、循环延迟时间等；温度参数的设定可提供熔胶筒温度和射嘴温度、液压油温度等；各种限位开关提供各动作的状态及位置等。合理地设置工艺参数，准确地调试校正工艺条件，保证良好的加工生产工艺实现是提高产品品质、增加产量、增加机器工作寿命和减少维修的重要保证。

表3-7 常用塑料的加工条件

塑料原料	加 工 条 件				
	注射压力	枕压 /%	背压 /(kgf/cm²)	注射速度	注射浇口
硬胶类 PS、SAN	流动性好，不需高压	30～60	100～200	取决于塑件形状，如是薄壁应高速注射	细水口或热水口或加普通射嘴均可
ABS	要加高压，1000～1500kgf/cm²	30～60	100～250	先慢后快，细水口壁厚不能小于0.7mm	热流道可用普通射嘴
软胶类 PE	流动性好，不需高压	30～60 枕压较长	150～250	中等速度，壁较薄的塑件高速	普通水口、细水口或热水口
聚丙烯 PP	要加高压 1200～1800kgf/cm²	50～70 枕压极长	120～200	高速注射	大小水口、多点入水或热水口
聚氯乙烯硬 PVC	要加高压 1000～1600kgf/cm²	不能过高	不超过50	不能太高	流道从中央向扇形入水
聚碳酸酯 PC	要加高压 1300～1800kgf/cm²	40～60	60～150	薄壁塑件高速注射，塑件表面要求优良时速度要低	入水直径不得小于1.5mm，小件可用细水口
聚丙烯酸树脂 PMMA	要高压注射	要长 2～3min	150～400	取决于塑件的壁厚和形状，塑件厚则速度慢	入水口要够宽阔
尼龙类 PA	不要太高	不要过长	50～150	快速射胶工模应有排气通道，以防胶料烧焦	细水口呈网形或普通射嘴
聚缩醛类 POM	要加高压 1200～1500kgf/cm²	视塑件厚薄而定	100～200	速度适中，不要太慢	小塑件可用细水口，水口截面为塑件壁厚的60%

（4）常用塑料的鉴别方法 常用塑料的简易鉴别方法有多种，最常用的方法是感官鉴别法、燃烧鉴别法和溶解鉴别法，具体方法如下。

① 感官鉴别法 是根据塑料的色泽、手感、发声、气味、质量和软硬程度等物理性质进行的鉴别，可以凭借人们的手、眼、耳、鼻等感官对塑料

品种进行初步判别，具体方法如下。

a. 聚氯乙烯 PVC　硬 PVC 塑料相对密度为 1.30～1.58，坚硬平滑，较重，外观多为灰色或深色。软 PVC 塑料相对密度为 1.16～1.35，比硬 PVC 小，类似橡胶产品，表面光滑，有增塑剂气味。

b. 聚乙烯 PE　聚乙烯相对密度较小（0.92～0.95），比水轻，为乳白色半透明体，表面似蜡状，无气味，触摸有滑腻感，敲击发声绵软，厚制品有韧性，软制品柔软。

c. 聚丙烯 PP　聚丙烯相对密度最轻（0.91），比水轻，乳白色半透明体，表面似蜡状，但硬度高，无气味，触摸有润滑感，质轻，能耐沸水蒸煮而不软化。

d. 聚苯乙烯 PS　聚苯乙烯相对密度为 1.07，是无色透明体，着色后色泽艳丽，制品质地硬而脆，敲击发声清脆，类似金属撞击声音。

e. ABS　相对密度为 1.05，为微黄色不透明体，容易着色，制品坚硬而韧，表面光泽度高。

f. PMMA　相对密度为 1.19，为无色透明体，类似无机玻璃，着色后色彩艳丽，有光泽，质地坚而刚，但表面遇有硬物容易产生划痕。

g. 尼龙 PA　相对密度为 1.01～1.14，多为微黄色或乳白色半透明体，质地坚韧，类似角质状。

h. 聚碳酸酯 PC　相对密度为 1.2，为微黄色透明体，质地刚硬而有韧性，敲击发声较清脆。

i. 酚醛树脂 PF　相对密度为 1.4，制品多为棕色或黑色，表面坚硬而质脆，容易碎，打击时类似木板撞击声。

j. 脲醛树脂 UF　相对密度为 1.5，制品多为浅色，色彩鲜艳，有光泽，表面坚硬耐磨，类似陶瓷制品。

② 燃烧鉴别法　根据塑料的化学组成和分子结构不同，它们在加热和燃烧时会产生种种不同的现象，可通过不同的现象对塑料进行分类和鉴别，具体试验方法如下。

a. 剪取一小块试样放在点燃的酒精灯、火柴或打火机上燃烧。

b. 仔细观察试样在燃烧时的状态，如燃烧难易程度、燃烧火焰的颜色、冒出的烟和放出的气味等情况。

c. 熄灭后观看燃烧物的色泽和形态，综合所有现象作出判断。塑料燃烧特征见表 3-8。

表 3-8　塑料燃烧特征

塑料品种	燃　烧　特　征			
	燃烧难易程度	火焰状况	状　态	挥发气味
PVC	难燃，离开火焰后自熄	黄色，下端呈绿色	燃烧软化	刺激性盐酸味
PE	易燃，离开火焰后继续燃烧	黄色，中心呈蓝色	燃烧熔融滴落	轻微石蜡气味
PP	易燃，离开火焰后继续燃烧	黄色，中心呈蓝色，有少量黑烟	燃烧熔融滴落	石油气味
PS	易燃，离开火焰后继续燃烧	黄亮，大量黑烟	燃烧软化起泡	苯乙烯单体的芳香味
ABS	易燃，离开火焰后继续燃烧	黄亮，黑烟	燃烧软化烧焦	轻微煤气味
PMMA	易燃，离开火焰后继续燃烧	明亮，浅蓝色，顶端白色	熔融滴落起泡，轻微口噼啪声	腐烂花果、蔬菜味
PA	难燃，离开火焰后自熄或缓慢燃烧	蓝黄色，有蓝烟	熔融滴落起泡，轻微口噼啪声	类似角质燃烧气味
PC	难燃，离开火焰后缓慢自熄	明亮，有黑烟	燃烧熔融起泡，炭化	腐烂花果、酚味
POM	易燃，离开火焰后继续燃烧	浅蓝色，上端黄色，轻微火花	燃烧熔融滴落	甲醛味、鱼腥味
PTFE	不燃	—	长期高温，呈透明状	炽热时有刺激性氢氟酸味
PSU	难燃，离开火焰后缓慢自熄	黄色，浓黑烟	燃烧熔融	轻微橡胶燃烧气味
PETP	易燃，离开火焰后继续燃烧	橘黄色，有黑烟	燃烧起泡，伴有口噼啪碎裂声	刺激性芳香味
PF（不含有机填料）	不燃或难燃，离开火焰后自熄	黄色火花	开裂，颜色加深	苯酚、甲醛味
PF（含有机填料）	缓慢燃烧，离开火焰继续燃烧或自熄	黄色多烟	膨胀，开裂	苯酚味，伴有木材、布和纸张等燃烧气味
氨基塑料	不燃或难燃，离开火焰后自熄	浅黄色	膨胀，开裂，变白	甲醛气味,特殊气味

③ 溶解鉴别法　是根据不同塑料有不同的溶解特性，因而利用塑料溶解性的差别来鉴别出塑料种类的方法。例如热固性塑料不溶于任何溶剂中，而热塑性塑料除个别品种外，大部分都溶于不同的有机溶剂中。结晶性与无

定型塑料、极性与非极性塑料都有其不同的溶解特性，都可以使用溶解鉴别法来判别其种类。溶解鉴别法所用溶剂见表 3-9，根据表中所列的溶剂就可以对常用塑料进行溶解鉴别。例如有常用塑料 PVC、PE、PS、PP、PC 几种就可以采用溶解鉴别法进行鉴别。根据溶解鉴别表中可溶溶剂和不溶溶剂对塑料进行溶解，经过图 3-1 所示溶解鉴别法流程的操作，用回流方式进行，最后得到溶解的和不溶解的塑料种类。在实际操作中，一般都是要根据溶剂情况来进行操作，而试剂为试样的 20 倍。常用试剂即溶剂的化学性质和用途要清楚，尤其是注意事项必须严格执行。

表 3-9　溶解鉴别法所用溶剂

塑料名称	可　溶　溶　剂	不　溶　溶　剂
PVC	四氢呋喃、环己酮、甲酮、二甲基甲酰胺	甲醇、丙酮、乙醇、烃类
PE	对二甲苯、三氯苯、四氢萘	丙酮、乙醚、醇类、酯类
PP	四氢萘、对二甲苯、三氯苯	醇类、酯类、乙醚、环己酮
PS	苯、甲苯、三氯甲烷、甲乙酮、二硫化碳、乙酸乙酯	醇类、脂肪烃
ABS	二氯甲烷	醇类
PMMA	苯、二氯甲烷、丙酮、乙酸乙酯	乙醚、醇类、脂肪烃
PA	甲酸、酚类、浓盐酸	醇类、脂类、烃类
PC	四氯乙烷、三氯乙烯、四氢呋喃	醇类、烃类
POM	二甲基甲酰胺	醇类、烃类
PETP	甲酚、氯苯酚、硝基苯	醇类、脂类
PSU	二甲基甲酰胺、二甲基亚砜	烃类、醇类、丙酮

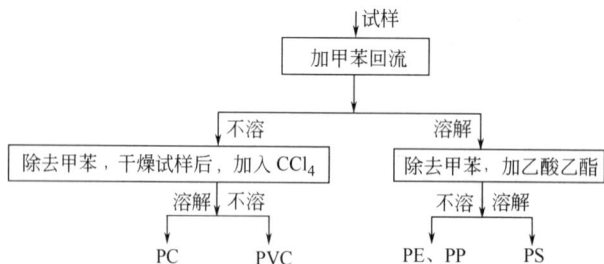

图 3-1　溶解鉴别 PC、PVC、PE、PP、PS 塑料流程

常用的几种溶剂特性和用途如下。

a. 甲苯　分子式 $CH_3C_6H_5$，分子量 92.14，相对密度 0.860~0.870，为无色透明、容易挥发、有芳香味的液体，熔点−95℃，混合苯胺点 8.9℃，具有

较大的毒性，不溶于水，溶于乙醇、乙醚及丙酮。

甲苯常用作溶剂使用，但使用时要注意通风防火，严防中毒。

b. 乙酸乙酯　分子式 $CH_3COOC_2H_5$，分子量 88.10，相对密度 0.892～0.905，为无色透明或微黄色液体，纯度不小于 92%，水分不大于 0.3%～0.7%，可作为合成胶的溶剂使用。

c. 四氯化碳　分子式 CCl_4，分子量 153.82，相对密度 1.590～1.600，为无色透明液体，容易挥发，带有令人愉悦的气味，毒性较大，不易燃，性能稳定，可与乙醇、乙醚以任何比例混合。四氯化碳溶解性能极好，可作良好的溶剂，但是由于毒性大，价格贵，限制了其使用，在工作环境中的最大允许浓度为 0.05mL/L。

d. 丙酮。分子式 CH_3COCH_3，分子量 58.08，相对密度 0.790～0.793，为无色、透明、易燃、带有愉悦气味的液体。丙酮是一种性能良好的溶剂，化学性能比较活泼，可用作良好的溶剂和稀释剂。

e. 二氯甲烷　分子式 CH_2Cl_2，分子量 84.12，相对密度 1.24～1.26，为无色透明、有芳香气味的有毒液体，冰点−97℃，微溶于水，溶于乙醇、乙醚等。二氯甲烷在常温下为不燃烧的低沸点溶剂，溶解力强，常作为溶剂使用，可代替乙醚等易燃溶剂，但在使用时要注意通风。

3.3　注塑成型参数调整

注塑机机型种类较多，各机型的特点不一，采用的控制方式也不尽相同，要针对具体机型进行操作和调试。

3.3.1　EA-100 型注塑机成型操作步骤

EA-100 型注塑机成型操作步骤有以下几点。

① 料筒及射嘴的温度设定及调整。

② 冷却系统的调整。

③ 模具的安装和模厚薄的调整。

④ 限位开关行程调整及各动作参数的设定。

⑤ 锁模、射胶、熔胶背压的调整。

3.3.1.1　料筒及射嘴的温度设定及调整

EA-100 型注塑机料筒加热圈由前段、中段、后段组成。中段和后段有 4 个 1.6kW 加热圈加热料筒，前段有 1 个 0.3kW 的加热圈加热料筒，射嘴有 1 个 0.14kW 的加热圈加热，其温度控制和调节靠温度控制器来控制。料筒上安装有热电偶来检测温度，再将其温度信号送到温控仪上进行控制，操作时应当根据注塑制品的原料特性及制品要求的温度等工艺参数来设定各段加热的温度。操作时，将各段的控制温度在温控仪表面上以拨码形式输入温度设定值。图 3-2 是温控仪示意。

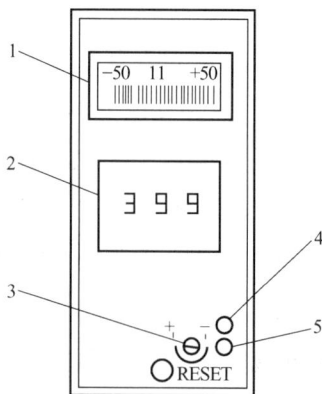

图 3-2　温控仪示意

1—误差指示；2—温度设定拨码；3—温度补偿旋钮；4—信号灯（测量温度低于设定温度时亮，表示加热圈处于加热工作状态）；5—信号灯（测量温度高于设定温度时亮，表示加热圈断电，处于等待状态）

射嘴温度的控制要求恒温控制，射嘴的调整要求严格，塑化后的胶料要经射嘴注入模具，射嘴的圆弧应与模嘴的圆弧凹槽相吻合，调校时需要射台前进以低速进行，以避免射嘴和模嘴撞击损坏，同时应将熔胶筒（料筒）加热，以消除料筒热胀冷缩时引起的误差。射嘴位置的调整可用一张白纸放在模嘴和射嘴之间，白纸被压的痕迹通常能粗略地显示模嘴与射嘴的配合情况，然后调整射台螺钉，校正射嘴的相对位置，直至贴合为止。

3.3.1.2　冷却系统的调整

冷却系统包括模具冷却、液压油冷却和料斗冷却三部分。冷却水流量根据具体机型和具体工作情况而定，具体如下。

（1）模的冷却　模具由循环水冷却，冷却水流量根据循环水道的设计、塑料及注塑成型产品的工艺要求而定。

（2）料斗的冷却　料斗冷却是为了防止塑料料粒在注入料筒前受热熔化，因此，在熔胶筒的电热圈与进料口之间设有熔胶筒冷却套（也称运水圈），来阻断电热圈的热量传输。

（3）液压油冷却　液压油最理想的工作温度应保持在 $30\sim50℃$，冷却水的流量则应根据机器注塑产品的负荷而定，操作时应随时作适当调整，以维持油温的稳定性，从而提高注塑制品的精密度。

3.3.1.3　模具的安装和模厚薄的调整

安装模具时，必须切断电源，将模具前后部分夹紧，固定在头板上，然后开机，选择手动操作，拨上调模及更换模具时低压、低速选择开关，再用手动操作移动滑动板向前，直到机铰完全伸直。这时，注塑员可根据模具厚薄进行调模工作，使模具能合适地合拢，最后将模具后半部固定于滑动板上。模具安装和调整好后，顶针位置也要根据模具的要求加以调整，需要时可换上合适长度的顶针螺钉，顶针行程是由限位开关 LS17 决定的，在调整时，应选择低压操作，以保证安全。

3.3.1.4　限位开关的调整及动作参数的设定

限位开关的调整包括射台前、后极限开关、射胶螺杆行程、熔胶计量行程的调整等，具体如下。

（1）射台前进极限开关的调整　锁模动作之后，射台随即前进，当射嘴贴上模嘴时，准确地调整好射台前进限位开关 LS8，使之正好压上，即开始射胶动作。如果限位开关 LS8 在射嘴没有贴上就触动，则会使射嘴漏胶；反之，如果行程限位开关 LS8 未能及时启动，则射胶程序不能启动，周期中断。

（2）射胶螺杆行程的调整　一般情况是根据需要的射胶量来设定熔胶计量行程。射胶过程有三级射胶速度和三级射胶压力供注塑员进行操作。射胶开始采用一级压力和速度，注塑员根据胶料工艺过程需要设定二级或三级速度、压力及启动的位置，保压的速度、压力、时间可单独设定。三级射胶压力、速度、位置及保压压力、速度、时间均可在设定面板上预先设定。

（3）熔胶计量行程的调整　熔胶行程取决于射胶量的大小，熔胶计量行程可在设定面板上预先设定。如果胶料黏度低，熔胶之后会产生"垂涎"现象，可选择倒索动作，倒索行程在设定面板上设定，倒索行程约 20mm。

（4）射台后退极限开关的调整　为了不使射嘴长时间和冷模具接触而形成冷料，一般常需要将射嘴撤离模具，射台后退的行程应越短越好。如果射台不需要后退，可以将极限限位开关 LS8 和 LS13 同时压上，或者选用 K3（即射台不需后退选择开关）操作。

注塑成型动作参数的设定均在设定面板上进行，如对于锁模动作、开模动作要对速度、压力和距离的参数进行预先设定，而对顶针前后动作要对速度、压力和顶针次数进行设定，对于保压动作要对速度、压力和时间参数进行设定。有关参数设定可参照第 2 章参数预置方法进行设定。

3.3.1.5　锁模、射胶、熔胶背压的调整

E-100 型注塑机锁模部分、射胶部分和其他动作主要依靠系统的压力和流量来驱动。系统采用压力流量电液比例阀，提供驱动执行元件基本的最小限度的压力和流量，其比例控制阀的主要参数见表 3-10。

表 3-10　比例控制阀主要参数

参　数	数　值	参　数	数　值
最高工作压力/(kgf/cm²)	250	重复精度/%	<2
最大流量/(L/min)	80	额定电流/mA	800
流量调整范围/(L/min)	80	线圈阻抗/Ω	19.5
最小压力差/(kgf/cm²)	6	压力调节范围/(kgf/cm²)	15～210
磁滞/%	3		

按照比例控制阀的技术参数，可调整系统压力在 15～210kgf/cm²❶的范围内变化，按机器压力范围则在 0～140kgf/cm²；流量调整范围 80L/min，按机器流量范围在 0～100%。一般可在压示画面上操作来进行压力和流量测试，按压示键，在总压力表上对压力与屏幕的设置压力进行比较，来校核其参数的误差程度，还要结合控制电路板的控制电流来综合调校，其关系应该与技术参数所述一致。额定电流 800mA，最高压力 145kgf/cm²，总压力和设置压力相符合为准。速度参数类似压力调试。

---

❶ 1kgf/cm²=98.0665kPa，下同。

　　熔胶背压的调整是在保证产品质量前提下提高生产率的重要环节，塑料的注塑成型工艺既要考虑适当的塑化熔融时间，又要掌握适当的熔胶速度，为下一次注塑做好准备。既要在最短的时间内使塑料熔融塑化均匀，又要加快熔胶速度。熔胶速度又是靠控制射胶螺杆的旋转速度及控制射胶螺杆的后退速度来达到的，而射胶螺杆的旋转速度可以在控制面板上以数控拨码预先调定。可射胶螺杆的后退速度则是通过调整熔胶背压阀来实现的，其工作过程是当射胶螺杆旋转时，塑化的塑料被推向螺杆头部，熔胶开始后，射胶螺杆向后退，若螺杆后退时有阻力限制它后退，则相应熔融的塑化塑料推向螺杆头部的速度慢，但是熔胶则较密实，因此可以通过调整熔胶背压阀来控制塑料熔融塑化的快慢和均匀程度。

3.3.2　CPC2 型注塑机成型操作步骤

　　CPC2 型注塑机成型操作步骤如下。
　　① 温度设定包括料筒、射嘴温度设定及调整。
　　② 油温控制设定。
　　③ 注塑成型条件数字资料设定。
　　④ 位置、速度、压力资料设定。
　　⑤ 比例数控参数设定及调整。
　　⑥ 调整熔胶背压比例。

3.3.2.1　注塑温度设定

　　当电源启动后，出现温度显示画面。当画面上出现"▲"符号时，表示电加热圈加热，处在"ON"位置上，并且温度控制按键灯会亮。
　　（1）各段温度设定
　　① 第一段温度设定，按"温度 1"按键，则在显示屏幕 T_1 设定温度位置产生反白游标，再按入所要设置的温度数字，再按"输入"键，将第一段温度数字输入电脑，此时，游标会跳到下一段设定位置。若要停止温度设定，可按任一个功能键，则游标清除。
　　② 第二段温度设定，除了按"温度 2"按键外，其余操作同第一段操

作方法。

③ 第三段温度设定，除了按"温度 3"按键设定外，其余操作同第一段操作方法。

④ 第四段温度设定，除了按"温度 4"按键设定外，其余操作同第一段操作方法。

（2）射嘴保温段设定   射嘴保温段是控制恒温段，本段可应用在料筒射嘴上需要恒温的控制，其设定值是 0～99%。设定 99% 时，电脑内部恒温时间可设定由 10～30s 全时段加温。如设定以 20s 加温，即恒温控制时段是以 20s 为一个周期。例如，射嘴保温段设定 60%，而恒温时间设定为 20s，即

20×60%=12s，射嘴保温段电热在"ON"状态；

20-12=8s，射嘴保温段电热在"OFF"状态。

当不使用某段温度控制时，将设定值设为 0，即表示不使用。

（3）温度偏差设定   温度偏差警告有高低温设定值，当超过偏差设定值时，显示屏幕出现温度过高或温度过低警报。

高温偏差设定值范围为 +20～+90℃；

低温偏差设定值范围为 -20～-90℃。

（4）保温功能设定   保温功能设定同上。保温是将所有各段设定温度值保持在所设定的保温百分比内，例如设定 -20% 设定温度为 250℃，则

$$250℃×(100\%-20\%)=200℃$$

此时设定温度值降低到 200℃ 时，便保持其温度控制状态。

3.3.2.2 油温度控制设定和成型条件资料设定

油温度控制装置必须根据具体机型或客户需求安装，当装有油温度控制装置时，一般都是用"温度 4"来控制。标准设定值通常为 35～40℃；当 TC4 输出后，通过一个继电器来直接控制冷水闸阀门的关闭状态，使得油温符合要求。一般"温度 4"的高温正偏差设定为 +20℃，而低温负偏差设定值为 -30℃，即当标准油温设定为 35℃ 时，其允许范围为 5～55℃，超出该设定的范围就应报警。

成型条件是指成型时所需要的光学尺参数、位置行程、速度、压力、计

时器、计数器等项参数，条件参数资料设定输入，可利用游标键移动到要输入或要更改数字的位置，对资料作适当的更改或输入。若输入不适当，显示屏幕上会出现警告，并输入资料范围的提示，此时必须按下"取消"键才可作下一次资料更改。数字按键中有部分按键是双功能键，如果使用双功能键，直接按数字键，则是数字输入，若同时按下"取消"键和数字键，则是数字键上方显示功能键的功能。

3.3.2.3　位置、压力、速度资料设定

位置、速度和压力资料的设定可以按以下方法进行。

① 利用成型条件控制按键，直接选择所需动作的按键，当按下所需动作的按键时，屏幕会出现所需的画面，以供设定或更改资料。

② 位置资料设定表示有光学尺参数值（p）、行程设定值（mm）两种。设定行程时，电脑可自动换算出光学尺的数值。

③ 当屏幕画面停留在所需动作的画面时，操作人员不再更改或设定资料，可按下"手动"或"半自动"或"全自动"三个按键中任一个，屏幕即会自动跳回正常运行画面。如果在 30s 内未按任何按键，屏幕也会自动跳回正常运行画面。

3.3.2.4　比例数控参数设定及调整

注塑机系统压力、速度的高低、快慢通过先进的比例控制阀控制。运用比例式调整方法，通过采用百分比数字，极大方便了记录和日后的重新调整工作。

数控压力、速度是电脑根据不同动作而输出不同的电流来控制油路中的比例压力阀和比例流量阀，而各动作的压力、速度参数又是由操作员输入到电脑中去，通过电脑进行控制的。当系统压力在 20～（145 或 175）kgf/cm^2 范围内，其比例压力阀的工作电流范围设定值为 200～800mA；比例流量阀的工作电流设定值为 200～680mA，电脑适用于开环控制方式，不加任何反馈电路，此时比例数控的调整只能通过手动来调节，具体调节方法如下。

① 通电后，电脑处于手动工作方式，此时不要启动油泵。

② 将显示屏幕设置于"射座前后"设定的画面上，当然其他画面也可以，为方便起见，建议采用此画面为宜。

③ 将射座前进的压力、速度都设在"99"上，然后按下"射嘴前进"按键，通过调节 I/O 电子板内的可调电位器 VR1（PG），使电箱内的压力电流表读数为 800mA。用同样的方法，通过调节 I/O 电子板内可调电位器 VR2（SG），使电箱内的速度电流表读数为 680mA。

④ 将射座前进的压力、速度都设置为"00"，然后按下"射嘴前进"按键，通过调节 I/O 电子板内可调电位器 VR3（PO）和 VR4（SO），分别调节，使得压力电流表和速度电流表读数均为 200mA 即可。

⑤ 重复上述两个步骤，使设定值与输出电流呈线性关系（见表 3-11）。

表 3-11   压力、速度与输出电流的关系

压力设定值	输出电流值/mA	速度设定值	输出电流值/mA
00	200	00	200
10	260	10	248
20	320	20	296
30	380	30	344
40	440	40	392
50	500	50	440
60	560	60	488
70	620	70	536
80	680	80	584
90	740	90	632
99	800	99	680

3.3.2.5   调整熔胶背压比例参数

① 电脑显示屏幕上可改变的压力数控值实际上为熔胶背压的数控值，但其电流不能由电流表监视观察，要求 99 时背压为机型要求的最大背压值。

② 实际熔胶压力数控由 VR5（BG）和 VR6（BO）可调电阻来调节，其压力可由背压压力表来监视观察。调整时，可按动手动熔胶按键，其值的大小可调 VR6（BO）调电流压力值到 0.2A，而 VR5（BG）调电流压力值到 0.8A。

3.3.3 CH-2 PC 型注塑机注塑成型操作步骤

CH-2 PC 型注塑机成型操作步骤如下。

① 输入资料操作。

② 工模数据的设定及调校。

③ 比例流量及比例压力的调校。

④ 数控压力与速度的检验及调整。

3.3.3.1 输入工艺技术资料的操作

输入资料的操作，主要是关于锁模原点的调校、射胶原点的调校和重置注塑次数计数器为零的操作。

（1）锁模原点的调校方法 按下"原点"按键→再按手动"锁模"按键→直到快速锁模油缸锁紧，按下"取消"按键，即完成了锁模原点的调整。注意在锁模终止后，是无法改变原点的。

（2）射胶原点的调校方法 按下"原点"按键→再按手动"射胶"按键→直到射胶螺杆顶到射嘴后，不再前进为止，再按下"取消"按键，即完成了射胶原点的调整。

（3）重置注塑次数计数器为零的调校方法 当注塑次数计完时，注塑机控制面板上液晶显示屏幕将显示英文"CYCLE COMPLETED"，表示生产周期次数完毕。这时应按下"氮气/计数复位"按键两次，计数器 CNT1 重置为零。如果在上述显示生产周期次数完毕后，要更改新的注塑次数，则需按如下操作：按"检视"按键→按"计数器 2"按键→按"时间掣 1"按键→按下"输入"按键→再按"氮气/计数复位"按键两次以取消原有的注塑次数。

注意：在注塑机突然停电时或在装拆过光学解码器后，必须再次重新调整原点。在调校射胶原点时，熔胶筒温度必须高到可以很轻松地对空射胶。

3.3.3.2 基本参数的设定及调整

基本参数包括位置、压力、速度等参数。基本参数的设定范围包括设定模号、锁模动作、开模动作的调校，熔胶动作、射胶动作的调校，位置参数的设定以及短射检出及修正、披锋检出及修正等，具体如下。

（1）设定模号   安装一套新的工模模具之后，首先编定一个模号给这一套工模模具，然后再输入选择模号，则以后这个模号就用在这套工模上，接着便进行工模数据调校。

（2）锁模动作调校   锁模之前首先设定一个大约的低压锁模位置，需大于高压锁模的位置，一般设定在2000～5000之间，低压速度约在20～30之间，低压压力则在10～30之间。低压的作用是保护工模以及提供减速速度，使模具更稳定地锁模。快速锁模的速度、压力是在高压锁模一项参数设定里面进行调节的。

通常压力设定在99，速度设定在50～99之间，在锁模力一项参数设定里面，其数据在锁模动作中是没有作用的，只是在自动调模时才起作用，可以不调节。高压锁模的位置一般设定在1300的位置，锁模终止的位置一般设定在0080～0150之间。其锁模位置数值大小比较应按位置次序进行锁定或设置，常用的应是快速锁模>低压锁模>高压锁模。例如，对于一般JM12MKⅡ型注塑机，其设定的锁模位置为

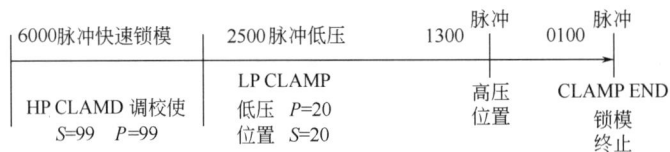

（3）开模动作调校   首先设定由慢速转快速的位置。通常设定在00～1500之间，速度约为30，速度不要设置太高，否则可能会产生噪声和损坏成品。接着将快速开模速度调整在50%上，然后输入开模终止的位置参数，再开模反复进行调试，直至达到所需要开模停的位置，最后再调整开模快到慢动作的位置，这个位置参数通常要小于开模停的位置参数，在2000～2500范围以内，其目的是提供适当的减速距离，使工模以快速开模而稳定地停下，故此快速开模的速度一般是调整到50～99之间。而开模停止的速度是调整在20～30之间，开模位置的设置按位置次序进行设定，常用的是：开模终止>快速转慢速开模>慢速转快速开模。

```
       6000    开模停    4000   快速开模   1500   慢速开模
开模  ←─────────────────────────────────────────────────
               S=30              S=99            S=30
       开模终止          快速转慢速         慢速转快速
       OPEN END        OPEN F TO S       OPEN S TO F
```

（4）熔胶动作调校　首先估计一下工模的熔胶量，然后大致设定一个熔胶位置，而设定这个位置的熔胶量要大于工模型腔的容量。如果发现射胶完毕后，还有很多胶料在熔胶筒内，则可以逐步将熔胶终止位置前移。经过反复调试后，再将熔胶终止设定在所需要的位置上。在设定熔胶参数时应按照位置次序进行，还要注意倒索动作的位置必须大过熔胶终止，否则就没有倒索动作。常用的如下：

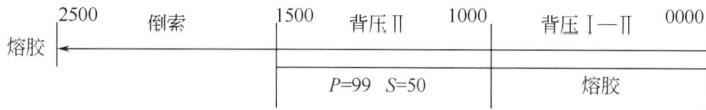

```
       2500   倒索    1500    背压Ⅱ    1000    背压Ⅰ—Ⅱ    0000
熔胶  ←──────────────────────────────────────────────────────
                       P=99  S=50              熔胶
```

（5）射胶动作的调校　射胶动作由方程式五级压力及四级速度控制，每一级的切换均以射胶螺杆的位置控制，配合 TIMID 的保压压力延时，更可将保压压力分成两段，于塑件冷却时，降低保压压力、防止过度注射的现象。适当地调整五级射胶的压力，除了可以减小或改良充填工模时的缩水、流痕、烧焦等现象，还可用较高的射胶速度来完成塑化胶料的充填，以缩短生产周期。调整正确的射胶终点，能使射胶压力准确地由充填动作切换到保压动作，良好、适当的射胶动作的调整校正，可使产品品质得到稳定和提高。

射胶动作位置次序设定应如下：一级射胶>二级射胶>三级射胶>射胶终点。常用的是：

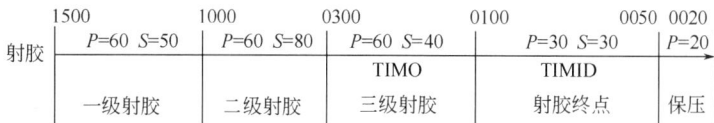

```
       1500         1000         0300         0100        0050  0020
射胶   P=60 S=50   P=60 S=80   P=60 S=40   P=30 S=30    P=20
                                  TIMO        TIMID
       一级射胶     二级射胶     三级射胶     射胶终点     保压
```

例如熔胶位置停止在 1500 脉冲处，而倒索停止在 2000 位置，则射胶便是由 2000 开始向前移动，在设定一级射胶的位置是 1000，二级射胶的位置是 300，三级射胶的位置是 100，射胶终点的位置是 50。自动修正公差是 20。当射胶螺杆移动到 1000 位置时，便由一级切换到二级的速度和压力。当射胶移动到 300 的位置时，便切换三级的速度和压力。当射胶移动到 100 的位置时，切换四级的速度和压力，直至达到射胶终点为止。由于射胶终点的位置是填满工模后射胶螺杆停止的位置，因此射胶终点的位置便是切换到枕压的阶段，使得保压阶段分成二段，以防止过度注射现象。

良好的多段射出调校，是以慢速充填流道及水口后，以高速充填模腔，达到高速成型，最后的充填用较慢的速度，使空气较容易排出模腔，避免烧焦及短射，再以慢充填及低压作保压，能精确地控制射出量，防止披锋粘模等现象。

切换射胶速度、压力的位置可根据以下方法计算。

设熔胶终止为1500，射胶终点为0050，如果需要充填模腔30%后切换二级射胶，则

$$工模射胶量=熔胶终止位置-射胶终点位置$$

$$射胶量=1500-0050=1450$$

$$30\%的射胶量=1450×30\%=435$$

所以切换二级射胶的位置是1500-435=1065。

（6）射胶自动修正 包括短射检出及修正和披锋检出及修正。当射胶时，电脑会记录射胶移动的情况，并会比较射胶各位置设定点。如果假设射嘴或水口堵塞。射胶向前移动距离，无法达到一级射胶的位置，电脑会检出这个情况，并发出警报，直至开模终止，表示射嘴或工模水口有堵塞现象。图3-3是射胶自动修正公差图。

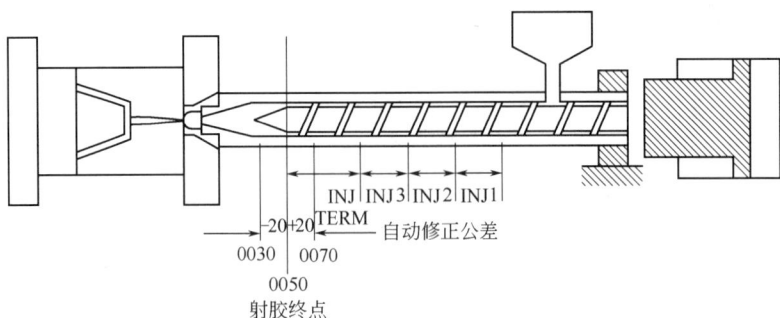

图3-3 射胶自动修正公差图

① 短射检出及修正 如果设定修正公差位置为±20，当射胶移动位置前进超过三级射胶位置，在比较射胶终点前30的位置停止，超出公差范围，电脑便会发出短射警号并记录下来。当这种情况连续发生3次时，表示注射压

力可能因为某种原因而导致压力不足，电脑便会将保压压力加 3%，然后再试，直至射胶的位置移动在 0030～0070 之间的公差范围内才停止调试。

② 披锋检出及修正　如果射胶移动位置超出了负公差，即超出了 30 的范围，表示大于工模所需的胶量被注射到了工模腔内，造成成品披锋。这种情况连续发生 3 次时，表示射胶压力可能因某种原因导致射胶压力过大，电脑便会将保压压力减少 3%，然后再试，直至射胶量稳定在公差范围以内。电脑每次记录射胶量过多时，会发出警报，并以 LED 信号指示灯显示射胶量过多。

3.3.3.3　比例流量、压力的调校

比例流量、比例压力的调校主要是对比例阀的调整，而比例阀又与电子放大板和电脑的输出控制有关，所以比例流量、比例压力的调校就是比例阀输出量和电脑 CPU 控制电压有线性关系。当注塑机注塑预置参数后，通过操作电脑 CPU 的处理和电子放大板的驱动后,注塑机的注塑工作压力和流量由比例阀控制，具体可以用电箱旁的 DPCA 和 DSCA 两电流表来显示比例线性关系。例如预置参数如下：

当 S=00 时，比例流量 DSCA 电流表显示 200mA；

当 S=99 时，比例流量 DSCA 电流表显示 680mA；

当 P=00 时，比例压力 DPCA 电流表显示 200mA；

当 P=99 时，比例压力 DPCA 电流表显示 800mA。

而相对的压力表则在 15～145kgf/cm² 范围内呈线性变化,如表 3-11 所示。而 DSCA 电流表上的电流就是供给比例流量阀线圈的电流，电流表 DPCA 上的电流就是供给比例压力阀线圈的电流。电流的大小又来控制比例阀流量或压力开放多少，两参数还要按一定线性比例关系来变化，一般采用调校方法是保持总压力溢流阀的出厂调校，对电子电路板进行校正，使其比例阀有线性比例关系。具体操作步骤如下。

① 将射胶螺杆运行到底部顶底。

② 将数控四级射胶速度设定在"00"。

③ 开启电源，不启动油泵电机，输入手动射胶信号，按"手动射胶"按键，利用电脑电子板上的"流量限额控制"电位器调节数控流量，控制电

流表 DSCA 指示到 200mA 电流数值为止，顺时针方向转动流量限额控制电位器可增加电流表 DSCA 上的电流指示数值，反之则降低电流表的指示数值。

④ 再将数控四级射胶速度调到"99"，利用"流量限额控制"电位器调整电流表 DSCA 的电流为 680mA 为止，顺时针方向转动电位器可增加电流表的指示数值，反之则降低电流表指示数值，然后停止输入射胶信号。

⑤ 把枕压数控压力调到"99"，再输入射胶信号，利用电脑电子板上的"压力限额控制"电位器进行电流数值调整，使得数控压力控制电流表上 DPCA 有 800mA 的电流数值为止。顺时针方向转动可增加电流表指示数值，反之则降低电流表指示数值，然后停止输入射胶信号。

⑥ 把四级射胶速度调到"50"，枕压压力调到"99"。

⑦ 启动油泵电机，输入射胶信号。

⑧ 把"压力限额控制"电位器向反时针方向转动，直到油压压力表指示最高额定压力 145kgf/cm² 为止。

3.3.3.4 数控速度与压力的检验及调校

正常情况下，注塑机的流量与压力已经过严格的调校，一般不需要再调，在特殊情况下，才需要重新调校电脑 CPU 器电路板上的压力与流量限额控制电位器。

（1）数控速度线性比例控制的检验步骤

① 拆下模具，取消特快锁模操作。

② 取消低压锁模操作。

③ 关上安全门。

④ 把数控高速锁模速度调到"00"的数值，把数控高速开模速度及数控低速开模速度分别调到"40"及"40"的数值。

⑤ 启动油泵电机，用手动操作方式开模，开模终止后，再按锁模按键锁模，这时动模板不应移动，再把数控高速锁模速度调到"10"，调整时，动模板应有缓慢的移动。

⑥ 在电脑 CPU 电路板上，用"流量最低限额控制"电位器去调整，按上述步骤⑤操作并达到要求，数控速度调整适当时，如果把高速锁模速度调到"10"，动模板会开始慢慢移动；当调整到"00"时，移动的动模板会停止。

再转回"10"时动模板又会慢慢开始移动。假如移动模板前进时，振动幅度大，应检查是否未取消特快锁模的操作。

⑦ 如果高速锁模速度是"00"时，动模板移动，可以把"流量最低限额控制"电位器向反时针方向转动，直到动模板停止移动为止。

⑧ 如果高速锁模速度是"10"时，动模板不移动，可以把"流量最低限额控制"电位器向顺时针方向转动，直到动模板慢慢移动为止。

⑨ 重新调整低压锁模的位置及警号时间掣 TIM7 的预调时间。

（2）数控压力线性比例控制的检验步骤

① 电脑 CPU 电路板上的四个流量与压力限额控制电位器的位置应当清楚，以便调校时使用。

② 预置工艺参数，将四级射胶速度 INJ TERM SPEED 调到"50"，而枕压压力 COMP PR 调到"00"。

③ 启动油泵电机，在熔胶筒内加热温度已达到塑料塑化熔化温度时，按手动射胶按键，使射胶螺杆转动顶底，输入射胶信号，油压压力表应指示一个低于 $20kgf/cm^2$ 的压力数值。可以用"压力最低限额控制"电位器来调校，反时针方向转动时，可使压力降低。

④ 可预置枕压参数，把枕压压力按"10"级增加，油压表指示也应按比例增加，当压力数控数值达到"50"时，油压表指示 $87.5kgf/cm^2$，利用"压力最低限额控制"电位器去调整油压表指示。但是如果油压表指示的误差不超过 $2.5kgf/cm^2$，则不用调整。把"压力最低限额控制"电位器向顺时针方向转动可以增高油压表指示，反之则减低油压表指示。当枕压压力数控数值达到"99"时，油压表指示最高为 $175kgf/cm^2$。利用"压力最高限额控制"电位器去调整油压表指示，但是如果油压表指示的误差不超过 $2.5kgf/cm^2$，则不用调整。把"压力最高限额控制"电位器向顺时针方向转动可增高油压表指示，反之则降低油压表指示。注意本机型调试压力为 $175kgf/cm^2$，还有压力为 $145kgf/cm^2$ 的机型，在调校时，压力设置在"50"时，油压力应为 $72.5kgf/cm^2$，其误差精度还是按 $2.5kgf/cm^2$ 进行检测，其余类同。

⑤ 停止输入射胶信号，重复上述步骤②～④，利用"50"及"99"射胶压力数控数值作为检测点，当其中一个检测点如"99"达到所需的压力指示而另一个检测点的压力指示误差不超过 $2.5kgf/cm^2$，则不用再进行调整，

但是在射胶压力数控数值设置在"00"时，油压表的压力指示不可高于 20kgf/cm²，一般约在 5～15kgf/cm² 之间。

⑥ 为避免在枕压"99"的检测点内调整油压指示时间过长，引起油温过热或电机过载、热继电器动作，调校时要迅速准确。如果遇到热继电器跳掣，要等待 2min 后，使得热继电器金属片复位后再按复位键或把射胶压力数控数值调低后再按热继电器的复位键，然后继续调整。

⑦ 当调整设置枕压参数时，对于设置在"05"～"10"以及"90"～"99"范围内，油压表可能有不符合线性比例的压力指示，但如果这些指示值不高于 5～6kgf/cm²，则不需要进行调整。

3.3.3.5 工艺参数预置实际操作内容

工艺参数的设定、预置或修改都在电脑操作按键下进行，如要对射胶条件进行更改，具体操作程序如下。

① 按"读写"按键，再在数字资料及控制键中按"射胶"按键，然后按"输入"按键。

② 此时显示屏幕上将会显示第一级射胶动作的位置、速度及压力（见图 3-4），并有一横游标在位置 P 下边闪亮着，这代表可改变位置 P 的数据，可进行更改参数。画面中 P 代表位置，S 代表速度，PR 代表压力。

③ 如果要改变上述第一级射胶的速度 S 或压力 PR，必须按动电脑控制面板上游标按键"→"使得参数 S 或 PR 下面有一横游标在闪动，这样才可以更改。

④ 若要改变第二级射胶动作的位置、速度及压力，可按动电脑控制面板上另一游标键↓一次，屏幕上即出现第二级射胶动作的位置、速度及压力（见图 3-5）。

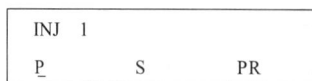

INJ 1		
P	S	PR

图 3-4 第一级射胶动作的位置、
速度及压力

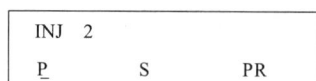

INJ 2		
P	S	PR

图 3-5 第二级射胶动作的位置、
速度及压力

⑤ 如果要改变第三级射胶动作的位置、速度及压力参数，可按照上述④的方法，按动按键↓一次，显示屏上即出现第三级射胶动作的位置、速度

及压力（见图3-6）。

⑥　如果要改变第四级射胶动作的位置、速度及压力参数，可按照上述④的方法，按动按键↓一次，显示屏上即出现图3-7所示画面，其中INJ TERM代表射胶终点，也就是模具腔内填满塑化的塑料时射胶螺杆停止的位置。当工模温度及熔胶筒温度稳定时，而工模无凹陷面等缺陷，可以抵受一定的注射压力下，注射螺杆前进的终点每次都可以停于此预定的位置或在其可接受的范围内。射胶终点的设定位置P通常为50个脉冲，以预留一定的塑料在熔胶筒内作为射胶保压时对塑料收缩的补偿作用。

```
INJ  3
P       S       PR
```

图3-6　第三级射胶动作的位置、
速度及压力

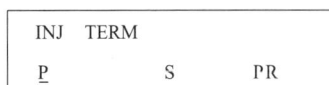

```
INJ  TERM
P       S       PR
```

图3-7　第四级射胶动作的位置、
速度及压力

⑦　如果要测试本机的系统压力是否符合标准，可将上述INJ TERM的注射速度调至50%。

⑧　再按动游标键↓，直到显示屏上出现图3-8所示画面，其中COMP表示射胶保压COMPRESSION PRESSURE，再按动游标键→，使得PR字母下有一横游标闪亮着，可将数字99输入PR的位置，再按"输入"按键即可。

```
COMP
              P R
```

图3-8　射胶保压设置画面

⑨　上述⑦和⑧的调整步骤，目的是要利用本机最高数控速度的一半及最高数控压力来调试本机的最高系统压力。

⑩　此时可按动射台后退，使射嘴离开工模模嘴，并检查熔胶筒的温度，确定温度确已到达胶料所需的熔化温度后，按下"射胶"按钮。

⑪　当射胶螺杆到达最前端位置时，电脑操作面板上的第五级射胶信号灯亮，同时，压力表会显示压力达到$145kgf/cm^2$。

⑫　再将上述步骤⑧的射胶保压，用数字"00"输入PR的位置，再按"输入"按键，预置压力参数为"00"。

⑬　再按下"射胶"按钮，压力表的压力应显示在$20kgf/cm^2$或以下，同

时第五级射胶信号灯亮。

⑭ 如果上述⑪～⑬的调整步骤进行后，未能使第五级的射胶信号灯亮，则表示射胶原点的位置已经变更了，需要进行原点的设置或调整。射胶原点的调整如下。

a. 按"原点"按键。

b. 按"射胶"按键。

c. 当射胶螺杆到达最前端位置时，压力表的压力值显示超过 70kgf/cm²，仍继续保持按着此射胶的按钮不放，而以另一手同时按下另一按键"取消"键。

d. 此时显示屏幕上会出现 ORIGIN END，表示射胶原点的调整已经完成。

⑮ 其他最高、最低的压力及速度数控百分比与电流值应当按表 3-12 进行调整。

表 3-12　最高、最低压力及速度的数控百分比与电流值

项　　目	符　　号	数控百分比			
数控速度	DSCA	200mA	0	680mA	99%
数控压力	DPCA	200mA	0	800mA	99%

⑯ 如果要有射胶自动修正功能，需要先调校好该产品容许接受的误差范围，常用的接受误差范围为 20 个脉冲，其操作程序如下。

a. 按照上述步骤①，找出第一级射胶的位置、速度及压力资料。

b. 重复按游标按键↓，直到屏幕上出现图 3-9 所示画面为止。

```
SHOT    SIZE    TDLERANCE
P
```

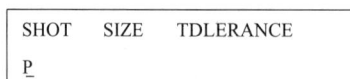

图 3-9　射胶量误差设定

c. 将数据 20 输入到 P 的位置，再按"输入"键确认。其功能如下。

以一台 MKⅡ4 机型为例，其熔胶行程为 125mm，最大脉冲数值为 2540，以注射聚苯乙烯（PS）计算，最大射胶量为 113g，因此，上列所定的可接受误差范围，其质量的计算方法如下。

$$\frac{20}{2540} \times 113g = 0.89g$$

⑰ 按下"自动修正"按键，使得按键右上角的信号灯亮起来。如果因为工模或熔胶筒温度的改变,注射螺杆没有停在射胶终点的容许接受的范围内，例如，射胶终点是 50 个脉冲，容许误差范围为 20 个脉冲，则注射螺杆将熔化的塑料充填满模腔时，注射螺杆应停于 30～70 个脉冲范围内。如果注射螺杆超出此范围，即注射量的误差大于 0.89g，当注射螺杆三次停于大于 70 个脉冲的位置前时，电脑会自动提高 3%的射胶保压。当注射螺杆三次停于少于 30 个脉冲的范围，电脑会自动减少 3%的射胶保压，使射胶螺杆停于上列的可接受范围内，从而可对产品的总质量及品质提供更好的保证。

⑱ 由于本来具有四级射胶速度和五级射胶压力的功能，因此，由第一级射胶开始到射胶终点，其脉冲数值位置的设定必须由大到小方可进行。因射胶到尽头时，其脉冲数值位置是零位，若脉冲数值位置前后对调错误输入，电脑不会接受新的指令，同时还会在显示屏上显示出<DATA ERRORS 字符，以提示操作人员，因为脉冲数值的错误，而需要作适当的修改操作才可接受新的指令或数据。

工艺参数的设定，如要对锁模原点进行调整，两种方法的具体操作程序如下。

（1）锁模原点调整方法一　适用于机器上没有装上工模模具的情况。

① 按"原点"按键。

② 按"锁模"按键，直到机铰完全伸直后，仍然保持按着此按键，最后同时按下另一"取消"按键。

③ 显示屏幕上会出现 ORIGIN END 字样，表示锁模零位已调整完毕。

（2）锁模原点调整方法二　适用于机器上已经安装上工模模具，则必须先将头模板与移动模板之间的距离调宽，其调整程序如下。

① 按下"开模"按键。

② 按"调模开关"按键，使得按键右上角信号灯亮起。

③ 按下"调模厚"按键，将头模板与移动模板之间的距离调宽，目的要使机铰完全伸直后，工模两平面仍然不接触为原则。

④ 再按照上述方法一①～③的操作程序，使显示屏幕上出现 ORIGIN END 字样。

⑤ 重新按下"开模"按键。

⑥ 按下"调模开关"按键，使得按键右上角的信号灯亮起。

⑦ 再按"调模薄"按键，使得头模板与移动模板之间的距离拉近到适当的距离停止。

⑧ 再按"锁模"按键，使锁模压力合乎产品的需求便可生产，若达不到要求，重新按照上述①～③以及⑤～⑧操作步骤进行调校，直至锁模压力符合产品需求为止。

工艺参数的设定，高压锁模起始位置的调整程序如下。

① 按下"取消"按键，再按"读写"按键，接着按下"锁模"按键，再按下"输入"按键，最后按下游标按键↓。

② 显示屏幕上会显示出图 3-10 所示画面。

③ 将位置参数 P 的数据改为 0500，再按"输入"按键。

④ 按下"检视"按键，再按下"4/自动检视"按键。

⑤ 按下"锁模"按键，屏幕上显示图 3-11 所示画面，会记录锁模和射胶的位置的数据；锁模位置 1000 脉冲，锁模速度 50%；射胶位置 2000 脉冲，射胶压力 60%。

H	P	CLAMP
P	S	PR

图 3-10　高压锁模起始位置设定

CLAMP	1000	S50
INJ	2000	P60

图 3-11　锁模和射胶位置数据

⑥ 可将上述锁模位置的数据加上 10 个脉冲的总和，循环地将①～③步骤中的 P 的数据改为此总和数值，再按"输入"按键代替旧数据便可完成起始位置的调整。

工艺参数的设定，增大熔胶终止位置的调整程序如下。

① 按下"读写"按键，再按下"熔胶"按键，最后按下"输入"按键。

② 此时，显示屏幕上会显示图 3-12 所示画面，P 后面的值表示位置参数，S 后面的值表示速度参数，PR 后面的值表示压力参数。

③ 将一个较大的数值代入原熔胶位置（P）的数据，再按下"输入"按键输入新的参数。

④ 此时屏幕上显示图 3-13 所示画面。这表示输入的熔胶终止的数据大于倒索（松退）的位置，电脑便不接受这组数据的输入。

PLAST		
P	S	PR

图 3-12 熔胶参数设定（一）

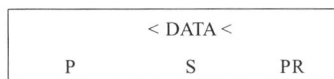

< DATA <		
P	S	PR

图 3-13 熔胶参数设定（二）

⑤ 此时，需要继续按下游标按键↓三次，直到显示屏幕上出现图 3-14 所示的画面来。

⑥ 将一个较大的数值即原本要输入熔胶终止位置的数值加上 60 个脉冲的总和，代替上述 MELT DECOMP P 的位置，再按下"输入"按键便可。

⑦ 按下游标按键↑三次，直到屏幕上出现图 3-15 所示画面。

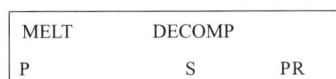

MELT	DECOMP	
P	S	PR

图 3-14 熔胶参数设定（三）

PLAST		
P	S	PR

图 3-15 熔胶参数设定（四）

⑧ 将新的数值代替上述 PLAST P 的位置，再按"输入"按键便可完成调整。

工艺参数的设定，更改顶针资料的操作程序如下。

① 按下"读写"按键，再按"顶针"按键，最后按"输入"按键。

② 此时显示屏幕上会显示出顶针前进的速度及压力参数（见图 3-16）。

③ 按动电脑面板上的游标按键→，使要更改资料的 S 或 PR 下面有一横游标闪动着。便可以进行改变速度或压力的操作。

④ 如果要改变顶针后的速度及压力，可以按动另一游标按键↓，使显示屏幕上出现图 3-17 所示画面。

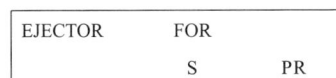

EJECTOR	FOR		
		S	PR

图 3-16 更改顶针资料（一）

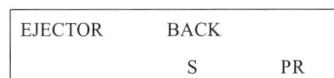

EJECTOR	BACK		
		S	PR

图 3-17 更改顶针资料（二）

⑤ 当一横游标在 S 或 PR 下面闪动着时，便可以改变顶针后退的速度或压力。将一个新的百分数按入后再按"输入"按键即可完成更改资料的操作。

注意：当"锁模"按键按下后，而不能锁模时，需要注意以下几点。

① 顶针后退信号灯是否常亮。

② 压力表是否有约 $50 \sim 70 \mathrm{kgf/cm^2}$ 的压力显示。

③ 数控速度和压力电流表上是否有 400～500mA 的电流值显示。

如果三项值都有，则可能是顶针后退终止行程开关位置已经脱离原位而未能被后退终止动作的触头压下，也可能是顶针油擎有故障，需要进行修理。

3.3.4 SZ-100 型注塑机注塑成型操作步骤

SZ-100 型注塑机成型操作步骤为：①锁模部分的调试。②射胶部分的调试。③注塑成型动作参数的调节。④比例放大板的调节。⑤熔胶速度与背压的调节。

3.3.4.1 锁模部分的调试

锁模部分的调试包括安装模具和锁模力的调节，具体如下。

① 测量模具的厚度。

② 估计模具顶针板最大可行行程。

③ 测量模具表面与顶针板的距离。

④ 用手动操作把机铰伸直，即用手动锁模。

⑤ 合上调模装置的开关，调整头板与二板之间的距离，使它比模具厚度略大，然后断开调模装置开关。

⑥ 用手动操作开模，到开模开尽为止。

⑦ 用手动操作使顶针完全后退。

⑧ 停掉油泵电机。

⑨ 调节顶针活塞杆上的顶出杆突出二板表面的长度，使顶出杆比模具表面与顶针板的距离略短一些。

⑩ 把模具安装固定在头板上。

⑪ 把所有锁模及开模的速度与压力参数调整到 30%～50% 之间，速度不许设置太高，不得使用特快锁模操作。

⑫ 开启油泵电机，手动锁模操作，使机铰完全伸直为止。

⑬ 停掉油泵电机，把模具的另一边安装固定在二板上（即移动模板上）。

⑭ 再开启油泵电机，手动操作开模，使二板后退少许，令模具分开。

⑮ 停机，拧紧模具的固定螺钉，再开机，试用慢速与快速锁模，调节开

模及锁模速度与压力，再调节有关的行程开关，使得开模及锁模的动作协调一致，能顺利进行操作。

⑯ 停机，调节能动顶针前进终止行程开关 LS6，位置要小于模具顶针板最大可行行程，通常是顶针行程可以尽量缩短，以加快生产速度，而且顶针速度不可调得过高，以免造成注塑件品质不良。

3.3.4.2　射胶部分的调试

射胶部分的调试包括射嘴与模具浇口衬套的同轴度调整和射胶量、射台前后行程等调节，具体如下。

（1）射嘴与模具浇口衬套的同轴度调整

① 开启电加热，用于补偿熔胶筒受热膨胀的影响。

② 开启油泵电机，手动操作锁模。

③ 手动操作使射台前进，令射嘴紧贴浇口衬套。

④ 移动行程开关触头，把射台前进终止及射台后退终止行程开关压紧。

⑤ 电热温度到后，进行熔胶、低压射胶、开模动作，清除熔化胶料。

⑥ 再进行锁模、熔胶、低压射胶动作。

⑦ 重复上述步骤⑤、⑥，检查射嘴与浇口衬套之间是否发生溢胶现象。

⑧ 如果发生溢胶现象，可把一张厚纸放在射嘴与浇口衬套之间，再用手动操作使射台前进，从纸被压的痕迹可粗略找出浇口衬套与射嘴口的吻合程度，从而加以调整校核。

⑨ 把射台高度调节螺栓拧紧，则射台升高，反之则射台降低，在拧紧或拧松螺栓前，要先把它的固定螺栓松开后才能调节。

（2）射台前后行程的调节　射台在熔胶或抽胶后后退，是为了加强冷却模具的效果和拉断直浇口，以便脱模，如果并不需要以上的操作程序，可以采用把射台前进、射台后退终止行程开关碰锁在射台前后适当的位置上。

3.3.4.3　注塑成型动作参数的调节

（1）锁模力的调节

① 合上调模装置开关，调整容模厚薄直到模具的两边开始固定为止，然后断开调模装置开关。

② 手动操作开模，到开模开尽为止。启动调模装置，减少模厚以产生锁模力，断开调模装置，慢速锁模操作。模厚的减少度与产生的锁模力成正比，但如果模厚减少太多，则不能锁模，所以，要以渐进的方式来减少模厚。

③ 重复上述②的调节操作，直到机铰与导柱产生足够的锁模力为止，锁模力不要调得太高，只要能保证注塑成型时注塑件或制品不产生飞边即可，这样可以保证机器的使用寿命。

④ 调节锁模力操作时，不能使用特快锁模。

⑤ 在"低压锁模终止行程开关"被松开与"锁模行程终止行程开关"被压合的一瞬间，压力表会指示锁模动作时锁模油缸的工作压力值，显示时间很短，也是不能使用特快锁模的原因。

显示出的工作压力一般比锁模油缸内的真实压力要低，故不要长期使用最高额定工作压力进行锁模操作，以延长机器的使用寿命。通常显示出的工作压力只达到最高额定压力的80%～85%为宜，如145kgf/cm² 的最高压力选用到120kgf/cm² 使用压力较为适当。

⑥ 低压锁模力的调节　为了保持低压锁模的灵敏性，调节低压锁模力时，应由低压锁模力数控数值"00"开始设定，使得低压锁模力略高于锁模时遇到的阻力，同时又能达到启动高压锁模动作。

⑦ 可选用普通或特快锁模操作，要重新调节有关行程开关，以使开模与锁模动作能顺利进行。

（2）射胶量的调节

① 射胶量一般是靠数次调整调节出来的，通常是按注塑制品及浇口的质量，再加上粗略地估计保压胶量，按比例调节触动熔胶终止行程开关的碰块位置而来的。

② 为了防止热降解，应尽量减少留在过胶头前保压用的胶料，当注射黏度高及热敏性的塑料时，要尽可能减少保压用的塑料或延长熔胶延迟时间，使得注塑制品不受变质塑料影响而降低其品质。

③ 为了提高注塑制品质量，成品加浇口质量总值不能大于注塑机额定注射量的90%。注塑制品质量要求越高，百分比率就越小。

（3）射胶速度、压力和时间的调节

① 射胶压力及速度一般都按照塑料原料供应商提供注塑所需参数进行

预置和调节,但是由于模具与注塑机机型的不同,以及注塑制品的厚薄不同,因而每种注塑制品的最佳射胶速度与压力组合要靠不断摸索和尝试。所以注塑员要有注塑成型的经验,还要根据具体塑料和具体注塑塑件来综合考虑,进行试验总结来调节射胶压力和速度参数。

② 射胶时间的调节,按照塑料原料商提供的资料调整数次射胶速度,恢复正常的射胶速度和压力;如果启动二级射胶行程开关碰块位置已经调整好,用手动射胶"记录开始时间",直到射胶螺杆停止向前蠕动为止"记录完成时间"。

③ 射胶时间应在启动二级射胶的上述步骤过程中,所用的时间再加上0.1~0.2s,这是为了确保能完全填满模腔而设置的。射胶时间的调整步骤是在假设浇口没有完全冷却情况下进行的。

(4)启动二级射胶行程开关位置的调节

① 把启动二级射胶行程开关 LS7 碰块移到最左边,进行锁模操作。

② 调整好熔胶终止行程开关 LS9 的触头,手动操作熔胶,直到触动 LS9 触头,熔胶终止。

③ 手动操作低速射胶,把熔化的胶料射进模具型腔内,细心观察射胶螺杆速度,记下射胶螺杆速度突然下降的位置。

④ 射胶螺杆会因熔胶在模腔内冷却收缩而继续向前蠕动,直到射胶螺杆完全停止蠕动。

⑤ 把启动二级射胶行程开关碰块移到射胶螺杆速度突然下降的位置上即完成调节。

3.3.4.4 比例放大电路板的调节

比例放大电路板的调节,要使得预置的参数通过比例放大电路板的输出控制参数有一线性比例关系,再使得输出控制驱动比例流量阀或比例压力阀成一线性比例关系,具体操作步骤如下。

① 停止油泵电机,用手动操作动作执行,先将压力数码拨盘拨到"00",手动操作某一动作,电箱面板上相对动作的指示灯亮,可以调节比例放大电路板上的压力控制电路的最小控制压力电位器,使比例压力输出电压为 1V左右。

② 再将压力数码拨盘拨到"99"，调节比例放大电路板上的压力控制电路的最大控制压力电位器，使比例压力输出电压为 8V 左右。

③ 用同样的方法调节比例放大电路板上的流量控制电路的最小、最大控制流量电位器，使得在流量数码预置"00"时，比例流量输出电压为 2V 左右，而在流量数码预置"99"时，比例流量输出电压为 8V 左右。

④ 调节完毕后，可以启动油泵电机，进行手动操作。将压力拨盘拨到"99"，操作动作的最高压力为 14MPa，此时可以微调压力控制电路的最大控制压力电位器来改变压力数值。至此，比例放大电路板的调节完成。

3.3.5　PC-120 型注塑机成型操作步骤

PC-120 型注塑机成型操作步骤包括：电源总开关及预热熔胶筒的操作；模具安装和模厚的调整；比例电磁阀的调节；比例放大板的调节；射嘴及各个动作压力及流量的调节。

3.3.5.1　电源总开关及预热熔胶筒的操作

（1）电源总开关的操作　先打开电源总闸，检查电压是否符合要求，线电压要求在 360～390V 之间，相电压要求在 200～230V 之间，频率为 50Hz 交流电压。如果电压正常，再合上小电箱内空气开关 D1，合上 PB1 开关，HL1 信号灯亮，表示电源接通。

（2）预热熔胶筒的操作　合上小电箱内空气开关 D3、D4、D5，再合上加热开关 1S，温控器上红灯亮，表示正在加热，如果绿灯亮，表示熔胶筒内达到所需温度。温控器的调校只需拨动数字盘至适当的数值，温控器上的指针则显示电热筒的当前温度。当温度达到预定时，电热线路自动断开，温度下降到预定数值以下时，电热线路则自动接通。

3.3.5.2　比例电磁阀和比例放大板的调节

（1）比例电磁阀的调节　先将比例电磁阀的压力调节螺钉及流量调节螺钉反时针方向旋出，再把压力调节螺钉顺时针方向旋进一圈半，把流量调节螺钉顺时针方向旋进一圈半，此时，比例阀的压力及流量基本上调好。在运行过程中如果发现油路有气体，可以松开比例阀上的排气孔螺钉，将气体排出后，再进行收缩。

（2）比例放大板的调节

① 停止油泵电机，操作进行一个动作，操作面板上相应的指示灯亮，将压力数码拨到"00"时，调节压力 P 通道的可变电位器 MIN，比例压力阀线圈两端电压应在 1V 左右。

② 再将压力数码拨到"99"，调节压力 P 通道的可变电位器 MAX，比例压力阀线圈两端电压应在 8V 左右。

③ 用同样方法，调节流量 S 通道的可变电位器 MIN 和 MAX，在流量数码拨在"00"时，比例流量阀线圈两端电压应为 2V 左右，而在流量数码拨在"99"时，比例流量阀线圈两端电压应为 8V 左右。

④ 再启动油泵，操作进行一个动作，将压力拨码拨到"99"，最高压力为 14.5MPa，此时，可以微调压力通道 MAX 电位器来改变压力数值。至此，比例放大板调节完成。

3.3.5.3　射嘴及各个动作压力及流量的调节

（1）射嘴的调整　要求射嘴和模具要恰当地配合。过高的压力会使模嘴损坏，过低的压力会使射胶过程中漏胶，调校时应从低压力开始进行。

（2）各个动作压力及流量的调节　在操作面板上，已经注明各个动作的压力及流量，每一级都有相应的指示灯，亮灯指示的数码为正在进行动作的压力及流量，可以根据实际情况来调节各个压力及流量。

3.3.6　BYI-320 型注塑机注塑成型操作步骤

BYI-320 型注塑机注塑成型操作步骤包括：启动机器前需要完成的工作；注塑机开始启动步骤；电子放大板的调校。

3.3.6.1　注塑机的操作步骤

注塑机的操作步骤包括启动注塑机前需要完成的工作和注塑机开始启动步骤。

（1）启动注塑机前需要完成的工作

① 连接所有的冷却水管，并先关闭所有的水闸，然后开始供应冷水给机器的热能交换器和分水排。要注意，在开启熔胶筒电热时，必须供应冷水给设于熔胶筒近尾端的运水圈。

② 检查液压油油量是否足够。

③ 将所有动作的压力及速度调校到"00"即最低点。

（2）注塑机开始启动步骤

① 在电热温度控制面板右上角的电源选择掣转动到"ON"的位置。

② 快速按下设于温度控制面板的电机开动按键，并立即按下电机停止按键，此时，电机应该还在继续旋转。注意电机旋转方向，正确的旋转方向是操作人员从电机风扇尾端观看时，风扇应是顺时针方向旋转，如果发现电机旋转方向不正确，应立即停止操作，并互换三相电源电线其中两条，但不要随便更改电箱内和连接到电机处的任何电线。

3.3.6.2　电子放大板的调校

电子放大板的调校步骤如下。

① 不要启动油泵电机，将设于操作控制面板上的选择按键选择到射胶动作，注意不要压合转二级射胶和转保压的限位开关21LS和23LS。

② 此时，一级及二级射胶压力和一级射胶速度数码左上角的发光二极管应发亮。

③ 输入一级射胶压力为"00"，并测量电子放大板的压力输出电压，此时的输出值应等于0V。如果数值不正确，可调校设于电子放大板右下方的电位器Pmin，直至得到正确的电流数值为止。

④ 输入一级射胶压力为"99"，并测量电子放大板的压力输出电压，此时的输出值应等于10V。如果数值不正确，可调校设于电子放大板右下方的电位器Pmax，直至得到正确的电流数值为止。

⑤ 输入一级射胶速度为"00"，并测量电子放大板的速度输出电压，此时的输出值应等于1V。如果数值不正确，可调校设于电子放大板右下方的电位器Vmin，直至得到正确的电流数值为止。

⑥ 输入一级射胶速度为"99"，并测量电子放大板的速度输出电压，此

时的输出值应等于 10V。如果数值不正确，可调校设于电子放大板右下方的电位器 Vmax，直至得到正确的电流数值为止。

⑦ 低压锁模的压力控制是使用流量控制阀 S3，此控制阀安装在 H-102 油掣板上，当放松此控制阀的螺钉时，会得到比较低的低压锁模压力，反之则增加。

⑧ 射台移动速度是在电子放大板中的电位器 Vsin1 中进行调校。

⑨ 高压锁模速度是在电子放大板中的电位器 Vsin2 中进行调校。

⑩ 调模压力是在电子放大板中的电位器 Psin1 中进行调校。

注意：通常情况下不要随意调校比例压力及流量电子放大板。

3.4 日钢注塑机的调校

日钢注塑机的调校包括：螺杆料筒的温度设置；模具的安装/拆卸步骤；控制器 UPACS-3000 的操作和功能参数调整；注塑机各动作速度、压力、行程的参数调整。

3.4.1 螺杆料筒的温度设置

日钢注塑机螺杆料筒提供了 5 段加热控制区和控制电路，以确保熔胶料筒头部具有稳定的塑料树脂塑化温度。单独设置在熔胶筒头部温度的功能，还增加了塑化树脂的稳定性能。

① 具有冷启动保护电路，以确保射胶螺杆、料筒和螺杆头部免受损坏。

② 加热胶筒的时间约 30min，另外还需用 30min 或更长一些时间使螺杆料筒加热均匀。

③ 在冷启动保护时间内，安装在操作面板上的信号灯亮，保护时间终止，红色信号灯熄灭，启动螺杆已准备就绪。冷启动保护时间设置为 30min，注意检查参数设置。

④ 对于循环冷却水的接入，在接通加热器电源开关前，总是先打开冷

却水系统，通过料斗下面的胶筒法兰，打开料斗/排水阀门，让冷却水通过。如果没有冷却，料斗可能会发生架桥现象（即结块），这种现象的产生取决于加热料筒的温度范围和模塑循环周期。

⑤ 加热器接通电源，设置熔胶筒温度参数，具体操作步骤如下。

a. 接通电源，将控制电源开关 CS11 拨到"ON"位置，加热器通/断选择开关（CS61）拨到"ON"位置。CS61 开关选择在"ON"位置，所有加热器加热，CS61 开关选择在"OFF"位置，只有 NH 和 H4 加热器加热。利用这个开关，移动加热射嘴和胶筒。图 3-18 是温度控制器选择布置图。

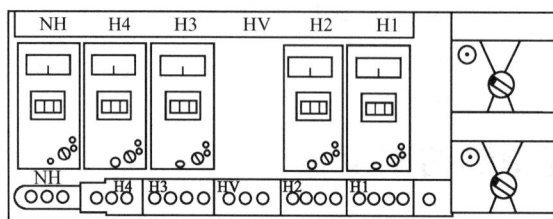

图 3-18   温度控制器选择布置图

b. 温度控制开关接通后，红色电源信号灯亮，当已达到设定的温度时，绿色控制信号灯亮，然后绿色信号灯和红色电源信号灯都熄灭。

c. 可以通过检查加热器与加热器电源指示灯是否断开来判断，如果加热段的温度控制灯（红灯）亮则相对应的加热器是断开的，红灯不亮则证明相应的加热器处于加热状态。

d. 加热温度设定要按照塑料的技术特性及注塑工艺要求进行温度的设定。

e. 当加热结晶型树脂如 PA 尼龙类胶料时，射嘴与熔胶筒头部的温度设置要高出预定温度 15～20℃。开始注塑成型加工后，再将温度调回到预定温度。

f. 紧固加热器。如果熔胶筒与加热器之间有间隙，加热器会局部变热，影响使用寿命，尤其在机器装配好后，加热器初次加热使用后，要再次锁紧安装螺栓。

3.4.2 模具的安装/拆卸步骤

（1）模具的安装

① 模具的安装和拆卸也称作上模和下模。在操作时，先使油泵电机停

止，有时可能在料筒预热时上模，则要将料筒温度调至稍低于模塑温度，料斗下料口的熔胶筒螺杆安装法兰处，始终要有循环冷却水冷却。

② 检查模具安装环状孔的塑模进入固定模板中心孔位置。标准中心孔直径为 120mm，如图 3-19 所示。

③ 检查浇口衬套的球半径和射嘴的孔径，标准射嘴孔径为 ϕ4mm，球半径为 R10mm，如图 3-20 所示。

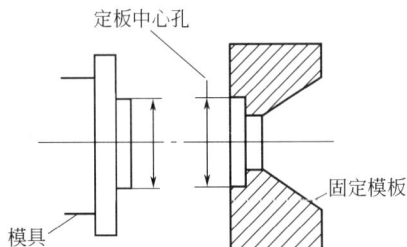

图 3-19　带环状孔的塑模定位

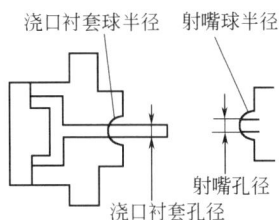

图 3-20　浇口衬套孔径示意

④ 确认顶针与模具成一条直线。顶针顶棒要在模具中心位置，提供四个射胶棒，如果它们进不了模具孔，则按下列方法调整。

a. 把顶针棒调到最初位置，参考调节程序进行。

b. 停止油泵电机。

c. 借助辅助工具，拆下不需要的顶针棒，如图 3-21 所示。

d. 在需要的位置上旋入顶针棒，刚性固定紧以防松脱。

e. 重新启动油泵电机，退回顶针棒，这时检验顶针棒在模具安装面的后面是否如图 3-22 所示。顶针棒距模具安装表面约有 5mm 的深度，当顶出注塑件时，要小心顶出，顶力要平稳地作用于顶针棒上。

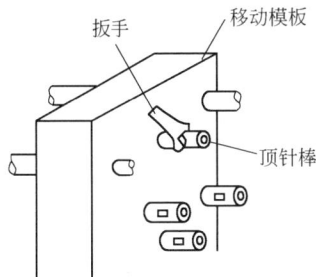

图 3-21　拆卸顶针棒示意

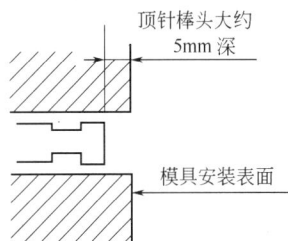

图 3-22　顶针棒安装距离示意

⑤ 检验顶出行程是否足够。模具确定后，顶针行程应如图 3-23 所示。

注意：有时需要的顶出行程不确定，可以在顶针棒头部加上一个螺栓，如图 3-24 所示，这样减少了顶出空行程和时间。从机器上取下模具时，要小心别碰弯了顶针棒。

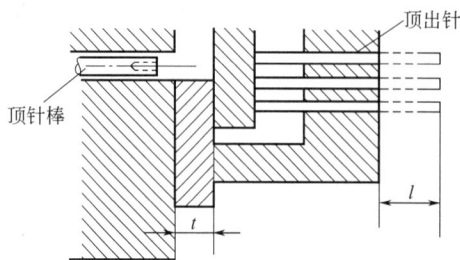

图 3-23　顶针行程调节示意

t—装模区厚度；l—顶针行程

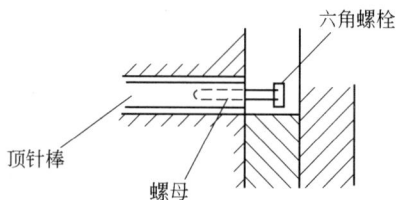

图 3-24　加螺栓调节行程示意

⑥ 彻底擦净安装模具的移动模板和固定模板，检查模板上没有缺损和毛刺。

⑦ 将操作开关 CS17 拨到"L.P.MAN"位置上。

⑧ 将射嘴前进/射嘴后退开关 CS31 拨到"RET"位置上，退回射胶单元。

⑨ 模具开模/锁模开关 CS21 拨到"CLOSE"位置，向前移动活动模板直到肘板完全伸长为止。

⑩ 按照锁模厚度调节程序，调节模板之间的距离，使其值大于模具厚度 1～2mm。

⑪ 顺时针方向转动锁模油缸的开模行程调节手柄，直到锁死为止，这样可使模具开到最大行程。

⑫ 将开关 CS21 拨到"OPEN"位置，抽回动模板（模具打开后）。

⑬ 在动模板、静模板之间，用吊绳吊起模具，模具上的锁紧吊环与动板中心孔成直线，让模具紧贴在静模板上，安装螺栓为 M16。图 3-25 是模具安装示意，螺栓长度约 25～30mm。**注意：**用螺栓锁紧模具时，应当停下油泵电机进行操作。

⑭ 关闭安全门，将开关 CS17 拨到"L.P.MAN"的位置，将开关 CS21 拨到"CLOSE"位置，然后移动活动模板直到肘板完全伸直为止。

⑮ 按下安装盒顶部的锁模距离调节按钮开关 BS21F，在锁模距离调节

电机转动后，活动模板压合模具一段时间，锁模距离调节电机会自动停止。

⑯ 停下油泵电机，将动模固定在动模板上，用螺栓固定连接（见图3-26）。

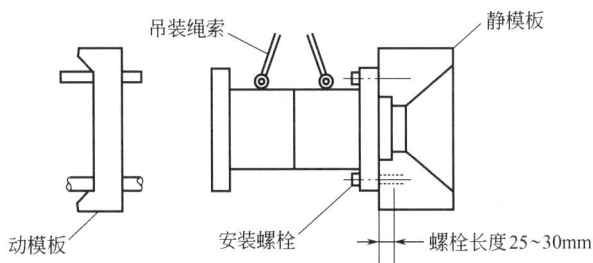

图 3-25 模具安装示意   图 3-26 固定动模的示意

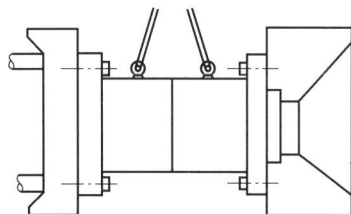

⑰ 取下吊装的绳索。

⑱ 重新启动油泵电机，将开关 CS17 拨到"L.P.MAN"的位置，开关 CS21 拨到"OPEN"的位置。并把模具打开 50～100mm。

⑲ 用锁模距离调节手轮调节锁模力和调节模具保护装置。

⑳ 将开关 CS21 拨到"OPEN"的位置，开模行程接触开关 LS26 动作，开模动作到动模板停止。

㉑ 逆时针方向将锁模距离调节手轮旋到底锁死，这样用机械的方法限制开模距离。

㉒ 接上模具冷却水管，这时应停止油泵电机，连接好加热器电线。

㉓ 再关闭安全门，将开关 CS17 拨到"L.P.MAN"的位置，拨动操作开关 CS21 进行开模动作，这时可检查电线和冷却水管在锁模时有没有和门架之间相互干扰或其他危险。

㉔ 调节锁模/开模速度和行程接触开关的靠板位置；调节液压顶出动作的距离。

㉕ 将开关 CS17 拨到"L.P.MAN"的位置，将 CS21 拨到"CLOSE"位置进行锁模动作。

㉖ 将开关 CS31 拨到"ADV"位置，移动射胶台，顶紧射胶嘴，与模具浇口衬套成一直线。

㉗ 调节射胶台的停止位置。

㉘ 调节射嘴的接触靠板，检查限位开关 LS31 的位置和射胶台，以及返

回限位开关 LS32 的位置，这样就完成了模具的安装与调节。

（2）模具的拆卸步骤

① 将操作开关 CS17 按到"L.P.MAN"的位置。

② 射台前进/射台后退开关 CS31 拨到"RET"的位置，退回射胶台。

③ 将锁模/开模操作开关 CS21 拨到"CLOSE"的位置，进行"L.P.MAN"锁模操作。

④ 按下急停开关 BS11，停止油泵电机。当油泵电机停止后，将开关 CS17 转到"OFF"的位置。

⑤ 取下模具冷却水管和加热器电线。

⑥ 用吊装绳索吊起模具。

⑦ 卸下人工安装的固定螺栓，为保证安全，先卸下模具下面的螺栓。

⑧ 转动旋转启动急停开关 BS11，启动油泵电机。

⑨ 将开关 CS17 拨到"L.P.MAN"的位置。

⑩ 将开关 CS21 拨到"OPEN"的位置，进行开模操作。

⑪ 吊起模具、移到指定的位置。

⑫ 将开关 CS21 拨到"CLOSE"的位置，进行锁模操作。

⑬ 压下急停开关 BS11，停止油泵电机。

3.4.3　日钢注塑机的调整及操作

注塑机各种动作参数的设置和调整包括锁模距离和锁模力的调节，模具保护装置、锁模油缸的机械限位机构、液压顶出、射台位置的调节，锁模速度、开模速度、射台行程、熔胶和倒索行程、射胶和熔胶行程等参数的预置和调节。具体调整如下。

（1）锁模距离的调节　本机模具厚度为 220～450mm，要安装在机器上，有必要依据模具的厚度调节锁模距离，应按下列步骤进行锁模距离的调节。

① 将安装在操作盒上的操作开关拨到"L.P.MAN"的位置。

② 在刻度尺上移动模厚定位靠板，使其与设计的模厚相配，靠板在刻度尺上的刻度线由限位开关的末端线来确定，所设定的厚度尺寸要比模具厚度大 1～2mm，具体可参见图 3-27。

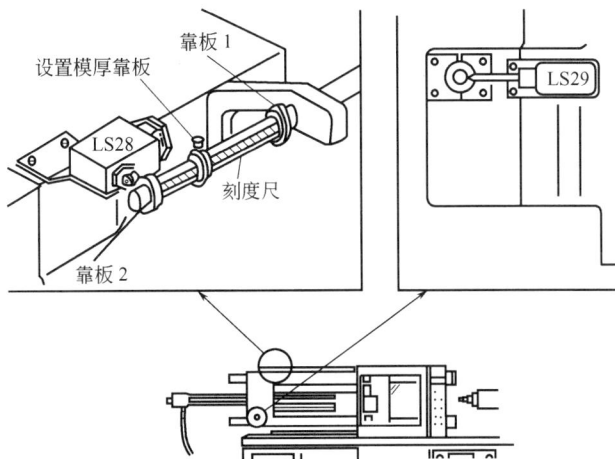

图 3-27 模厚尺寸的设定

③ 按下操作盒顶部的锁模距离调节开关 BS23 IIR 或 BS21F，转动锁紧力调节手轮，限位开关 LS29 和安全装置工作，即使开关压下，电机也不会启动，模厚尺寸设定靠板碰击限位开关 LS28 后，延迟一会儿电机停止，按下开关 BS22 也能停止电机转动。

④ 将开关 CS21 拨到 "CLOSE" 位置，锁模动作，动板向前移动，直到肘板完全伸展为止。

⑤ 用尺测量动板和定板之间的距离，测量比较是否比预设的模具厚度大 1～2mm。

注意：靠板 1 和靠板 2 用于防止脱轨，在任何情况下，不要移动其固定的位置。

（2）锁模力的调节 确认模具紧固在静模板上后，可调节锁模力，调节步骤如下。

① 确认操作开关 CS17 在 "L.P.MAN" 位置上。

② 将模具锁模/开模操作开关 CS21 拨到 "CLOSE" 位置进行锁模操作，直到肘板完全伸直，动板与模具之间的间隙是 1～2mm。

③ 移动设定模厚靠板，松开限位开关 LS28。

④ 按下模厚调节按钮开关 BS21F，移动动板，当抵触到模具时，锁模厚度调节电机自动停止，锁模力完全调零，依靠调模力调节手轮进行锁模力调零，转动手轮使动板抵触模具压紧，手轮突然变得沉重，至此停下手轮。

⑤ 用螺栓将动模固定在动板上。

⑥ 将开关 CS21 拨到"OPEN"位置开模操作，退回动模板 50～100mm。

⑦ 将锁模力调节手柄插入柄架内，要插入足够的深度，以便使限位开关 LS29 可靠地工作。顺时针转动手柄（见图 3-28），锁模板的背面可以显示手柄转动的转数，锁模力调零后，转动重置钮，直至为零。如果手柄转动，将会记录其转动的圈数。图 3-29 所示为锁模力手柄转动计数器。

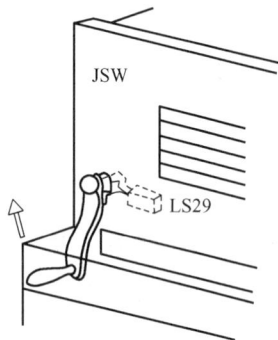

图 3-28   调节手柄示意   图 3-29   锁模力手柄转动计数器

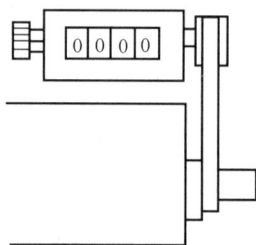

设置锁模力时应注意如下。

a. 在一切情况下，手柄转数限制在 18 圈之内，如果超过，例如锁紧棒之类的主要部件可能会有受损坏的危险。

b. 模塑时，模温在常温之上，此时要依模塑温度调节锁模力。

⑧ 锁模力调整好后，可在表面上画一条红色安全警告线，再锁上碟形螺母。

（3）模具保护装置的调节   包括模具保护开关靠板、模具保护压力和模具接触开关、模具保护装置调节，以避免模具夹住其他材料而使模具受损，其调节方法如下。

① 调节模具保护开关靠板   调节方法是将要装在开关轨上的保护开关靠板固定在刻度尺 10～20mm 处，把三角形螺栓锁紧，这样可使得模具安装前，开关 LS21 大致在 10～20mm 处，因而液压变成模具保护压力。图 3-30 是刻度尺调节示意。

② 模具保护压力调节   注塑机出厂前模具保护压力大致设置在 15kgf/cm² 以内，但是，当模具上使用了附加弹簧或模具没有完全闭合或希望减小模具

接合力时，可按下面步骤对 MOULD PROTECT P 进行调整，压力可以在 7～30kgf/cm^2 范围内调节，步骤如下。

a. 控制开关 LS17 拨到"L.P.MAN"位置。

b. 逆时针旋转接触限位开关 LS22 的调节螺杆，LS22 停止工作，模具接触信号灯 PL22 不亮，使得模具处在闭合状态，如图 3-31（a）所示。

c. 关闭安全门锁模操作，LS21 在"CLOSE"位置。

d. LS21 限位开关在锁模位置，用数字键调节模具保护压力[见图 3-31（b）]，同时看操作箱上的压力表 IG1，并检查主油路压力，将三通开关 IV1 拨到"ON"位置，检查主回路压力，再将开关拨回"OFF"位置，具体见图 3-31。

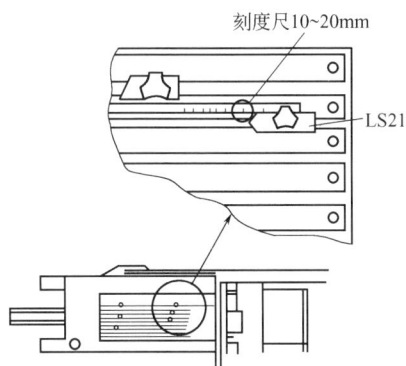

图 3-30 刻度尺调节示意

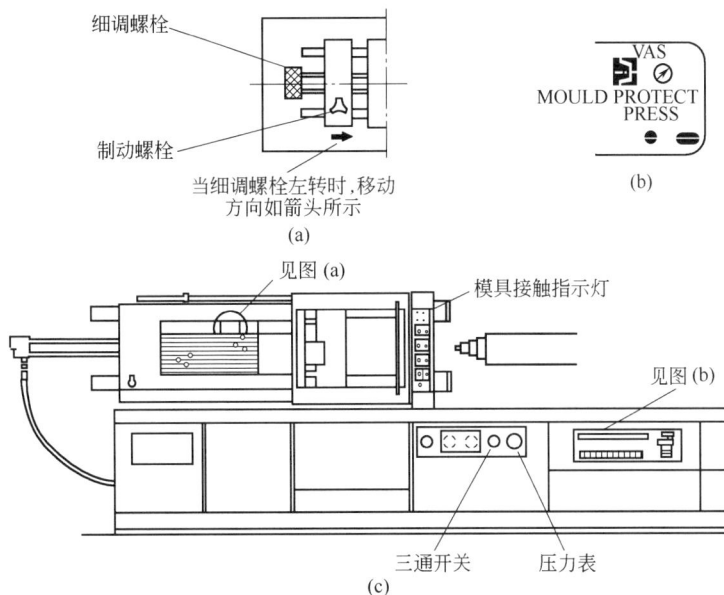

图 3-31 模具保护压力调节示意

③ 模具接触开关的调节　按上述步骤调节好压力，开关 CS21 拨到"CLOSE"位置锁模，顺时针旋转 CS22，调节螺杆，直到信号灯 PL22 亮，再顺时针旋转半圈，并用螺栓固定，模具状态重新设置后，锁模力也要重新调整。

（4）锁模油缸机械限制器的调节　锁模油缸机械限制器用于减小开模终端位置的变化，常用于自动取出产品或模具结构所决定的需要精确开模终端位置的场合。机械限制器结构如图 3-32 所示。

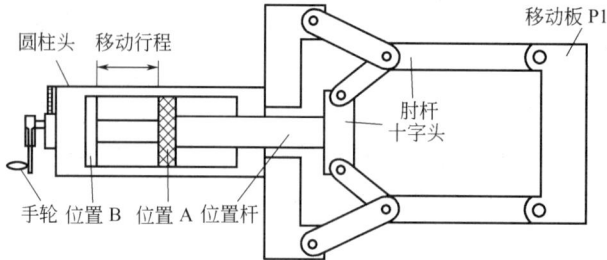

图 3-32　机械限制器结构

转动调节行程手柄，从位置 B 向右移动，以改变位置 B 和位置 A 之间的距离。因为改变了开模行程，而开模行程又由位置 B 确定，位置 B 又用机械方法与锁模油缸相连接，所以可实现精确地开模定位，其可调节的各行程范围约在 100～400mm 内，具体按如下操作。

① 减少开模行程时的操作步骤

a. 将操作模式转换开关 CS17 拨到 "L.P.MAN" 的位置，开模限位开关 S26 的靠板向右移，确定开模终止位置。

b. 用六角扳手松开杯头螺栓、螺母。

c. 逆时针方向转动螺母，使油缸头与螺母之间有一间隙。

d. 锁紧调节丝杆上的杯头螺栓和螺母。

e. 逆时针方向转动手柄，位置 B 向左移动。

f. 当手柄突然停止转动时，位置 B 接触到油缸头部，停下手柄并反向顺时针转 1/8 圈。

g. 松开杯头螺栓，顺时针方向旋转螺母，直到其与油缸头部接触，锁紧调节丝杆，这样手柄不会转动。

h. 轻轻紧固杯头螺栓，以免振动时松开。

注意：如果手柄长时间没有使用，开始转动时会有些困难，这时，可以轻轻敲击手柄。

② 增加开模行程时的操作步骤

a. 将操作模式转换开关 CS17 拨到 "L.P.MAN" 位置进行锁模操作，仅让动板向前移动一点。

　　b. 用六角扳手松开杯头螺栓、螺母；逆时针转动螺母，使油缸头与螺母之间有一间隙。

　　c. 顺时针转动手柄，位置 B 向右移动，手柄转一圈，开模行程大约增加 3mm，如果开模行程需要增加 50mm 时，手柄必须转动 50/3≈17 圈，手柄要稍微多转一点，以便开模行程有点余量。

　　d. 将限位开关 LS26 的靠板向左移，来确定开模的终止位置。

　　e. 将开关 CS17 拨到"L.P.MAN"位置，开模直到动板停下。

　　f. 完成上述①中 f~h 项的操作。

　　（5）液压顶出的调节　注塑机提供了一个基本的液压回路，在开模后，可以进行顶出动作，依据模具腔型和模塑条件，调节顶出时间、次数、行程、速度和时间参数，具体顶出操作步骤如下。

　　① 顶出开始时间的调节　顶出开始时间由接触开关 LS71 的信号所决定。通过调节开关 LS71 的靠板位置，便可调节顶出开始时间，在开模过程中也可以完成顶出动作。当模塑产品可以落下时，在开模过程中完成顶出，这样可以减少模塑周期。

　　② 顶针开/关的选择　为了选择顶针的动作，可按下控制器 UPACS-3000 操作面板上的数字设置按键 CNT72，在数字窗内会有显示。数字为"0"时，没有顶出动作，仅在手动操作时可顶出，数字设置为 1~9 中任一数，都有顶出动作。顶出次数设定可以按图 3-33 中的数据设置键进行顶出次数的设置，在数字窗内输入 1~9 中的任一数字。

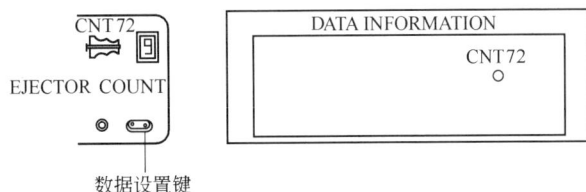

图 3-33　顶出动作参数设置

　　③ 顶出持续时间的调节　按下控制器 UPACS-3000 操作面板上时间区内的数据设置键，数据窗内显示 TX72，设置的数字在 0~999s 之间为有效，可以根据塑件落下或取出的时间，调整锁模动作的持续时间。

④ 手动顶出操作　当碰到顶出启动开关 LS71 或开模行程开关 LS26 时，可采用手动操作顶出动作。

⑤ 顶出行程的调节　顶出行程要以刻度尺移动行程调节靠板，斜着调到所需要的顶出行程，还要注意模具装配时的顶针行程。

注意：在调节过程中，不要调节行程开关 LS73，在机器出厂时，已将它调整好，顶出返回和锁模设计成互锁形式，只有顶出返回终点限位开关 LS73 动作后，才能进行锁模动作（见图 3-34）。

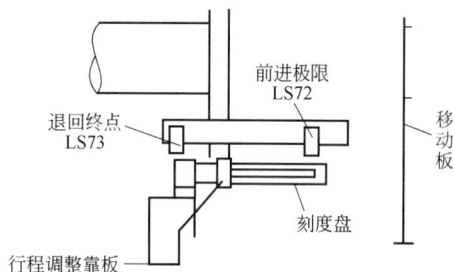

图 3-34　顶出行程调节示意

⑥ 顶出速度的调节　包括标准动作和复合操作。标准动作是开模动作结束后再顶出动作，而复合动作是在开模动作过程中顶出动作。具体操作如下。

a. 标准动作　按下控制器 UPACS-3000 操作面板上的数字设置键 EJV，在数字窗内有所显示，输入设置值，调节顶出速度。图 3-35 是顶出速度参数设置。

注意 1：打开操作板上的盖，并将阀 7F1 的流量完全打开（见图 3-36）。

注意 2：在全自动-半自动的操作中，不要将开关 LS71 的靠板置于开关 LS26 的靠板右边。

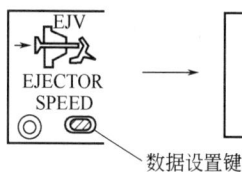

图 3-35　顶出速度参数设置

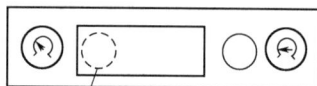

图 3-36　控制阀示意

b. 复合操作　将开关 CS17 拨到"MAN"的位置，将开关 LS71 的靠板置于开关 LS26 的靠板右边。在开模动作时，操作开关 LS71 动作，在这种条件下，由 CS71 来控制顶出时间和调节阀 7F1 来控制顶出速度。

（6）射台位置的调节

① 调节准备工作　将开关 CS17 拨到"L.P.MAN"的位置，将射嘴前进/后退操作开关转到"AND"位置，向前移动射胶台，使得射嘴与模具连接在

一起，并且检查其是否与模具成一直线，检查加热胶筒加热情况，在锁模状态下进行调节。

② 垂直调节　要使用调节螺钉进行调节，具体步骤如下。

a. 松开两个固定转盘座与机床的螺栓（见图 3-37）。

b. 调节固定螺栓两边的调节螺钉进行垂直调节。

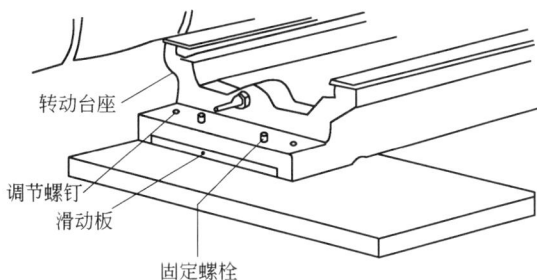

图 3-37　垂直调节示意

③ 水平调节　向右或向左移动转盘座进行水平调节，具体步骤如下。

a. 松开转盘前部的两个固定螺栓（见图 3-38）。

b. 松开后面的止停螺栓（即防松螺母的制动螺栓），转动转盘座，直到射嘴中心转到最后面。

c. 调节制动螺栓，移动转盘座直到射嘴与模具对直，用防松螺母锁紧为止。

④ 检验　完成了上述垂直调节和水平调节以后，将开关 CS17 拨在"L.P.MAN"的位置上，开启射胶台前移并且检查射嘴与模具是否对正。然后，紧固转盘座固定螺栓，紧固两个螺栓时要交替进行，这样转盘座固定得平稳。

（7）射台行程的调节　要调节前进限位器和调节前进/后退行程，具体方法如下。

① 调节前进限位器　将开关 CS17 拨在"L.P.MAN"的位置上，让射嘴与模具连接，调节射台向前，直到射台向前的限位止停器动作，这时油泵仍在运行，不要将手放在限位止停器与射台之间，具体见图 3-39。

② 调节前进/后退行程　射台的退回行程由限位开关 LS32 所控制，在这个循环中，开关 CS17 可选择在"L.P.MAN"或"MAN"的位置。如果操作

开关 CS31 转到 "RET" 的位置时，射台退回到最后端，而与限位开关 LS32 无关。限位开关 LS31 用于检查射嘴是否接触。如果在自动操作状态下，射台将依次序开始动作。图 3-40 是调节前进/后退行程。

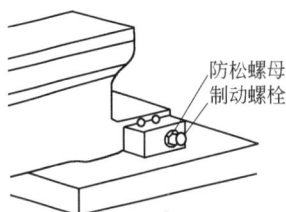

图 3-38   水平调节示意

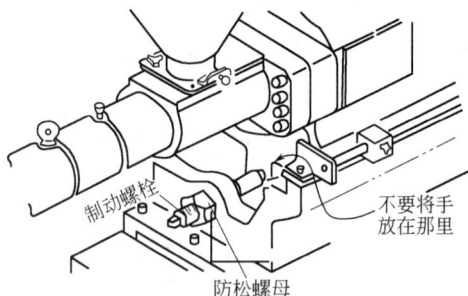

图 3-39   调节前进限位器

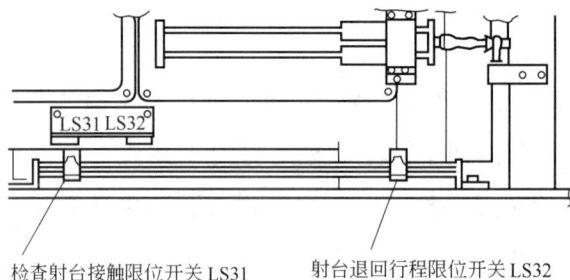

检查射台接触限位开关 LS31   射台退回行程限位开关 LS32

图 3-40   调节前进/后退行程

（8）锁模速度的调节   高速锁模速度由数字开关 MC2 控制，低速锁模速度由数字开关 MC3 控制。把操作开关 CS17 拨到 "MAN" 位置，进行高压操作，调节速度等级，反复锁模，具体见表 3-13。

表 3-13   锁模速度的调节程序

序号	动　　作	调　　节
1	调节低速锁模靠板（对限位开关 LS20）	在还没有接触开关 LS21 时，以设定的速度 MC3 低速锁模，如果增大了高速锁模速度，操作开关 LS20，也会进行低速锁模，因此，LS20 开关的靠板安装在左边，让 LS20 开关动作，再反复锁模，使模具慢慢将靠板朝右移动
2	调节模具保护开关 LS21 和模具接触开关 LS22	开关 LS21 和 LS22 的功能和调节程序同上，操作开关 LS22 锁模压力增高，延续到锁模工序为止
3	调节锁模终止限位开关 LS23	锁模终止开关安装在背面，不需要调整（出厂前已经调好）

（9）开模速度的调节　是从控制器 UPACS-3000 操作键盘输入设置的参数，对 MO1、MO2 和 MO3 进行控制，控制其低速开模速度和高速开模速度。将开关 CS17 拨到"MAN"的位置，进行高压力操作，重复开模动作，调节开模速度，具体见表 3-14。

表 3-14　开模速度的调节程序

序号	动　作	调　　节
1	调节高速开模靠板（对限位开关 LS24）	当从开模启动到 LS24 开关压合，动板以 MO1 内设定的速度运动。当碰下开关 LS24 后，以 MO2 设定的高速度运行，依模具定限位开关 LS24 的靠板位置
2	调节低速开模靠板（对限位开关 LS25）	当压合 LS25 时，以 MO3 内设定的低速度开模。若增加高速开模速度，由于惯性，即开关 LS25 确实动作，也不一定会降低开模速度。因此，先将开关 LS25 的靠板装在右边的位置，反复进行开模动作，同时将其慢慢向左移动，锁定在最佳位置。如果在开模时，顶出启动开关 LS71 动作，开模速度变低，固定小流量泵，调节开关 LS25 的靠板，在顶出之前，可以看到低速工序过程
3	调节开模行程靠板（对限位开关 LS26）	将开关 CS17 拨到"L.P.MAN"的位置进行开模操作。调整模具所需要的开模行程，再逆时针旋转开关终端位置上锁模油缸的行程调节把手，当手柄上突然变得很沉重时，便确定了开模行程。如果没有使用机械限位装置，便不使用转动调节手柄。如果开关 CS17 在"L.P.MAN"的位置上，已经确定了开模行程之后转换到"MAN"的位置上，并且是在高压下开模，开模行程会稍微有些增加，因此，将限位开关 LS20 的靠板稍微向左移动一点，其值等于前面所说的行程增加量

（10）锁模/开模压力和控制开关　图 3-41 是锁模/开模速度调节限位开关示意。锁模过程压力、速度分布如图 3-42 所示，图 3-42 中影线部分是控制器 UPACS-3000 设置的控制变化范围，在低压手动模式状态下，锁模/开模动作是指用小传送泵在低速、低压状态下工作。

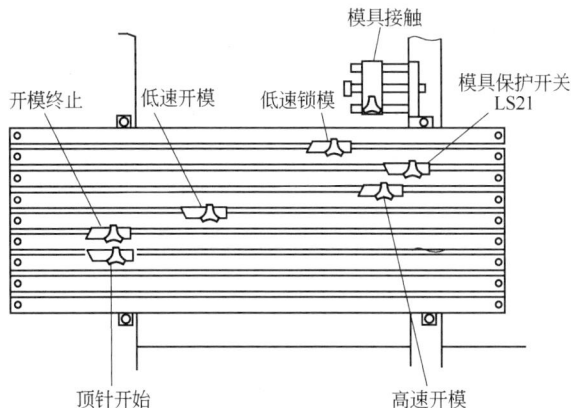

图 3-41　锁模/开模速度调节限位开关示意

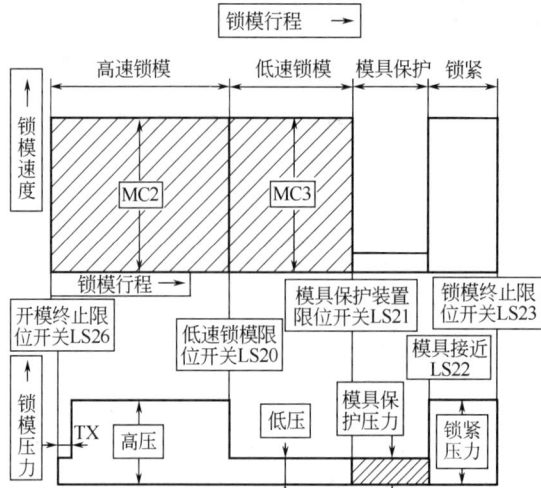

图 3-42   锁模过程压力、速度分布

图 3-43 是开模过程压力、速度分布，当限位开关 LS71 工作时，MC2 控制不变。

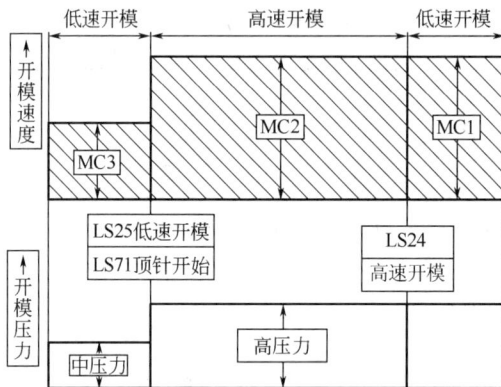

图 3-43   开模过程压力、速度分布

（11）螺杆转速和背压的调节   调节螺杆转速时，要确认熔胶筒已加热到设定的温度值，并且树脂料已准备就绪。注意如果螺杆高速旋转而熔胶筒表面内没有塑化的树脂料，可能会损坏螺杆和熔胶筒。其调节的方法如下。

① 选择液压马达扭矩

a. 配合使用树脂模塑工艺和需要的转速，选择液压马达扭矩选择杆的位置。扭矩和扭矩选择杆及转速的关系见表 3-15。

表 3-15 扭矩和扭矩选择杆及转速的关系

扭矩杆位	扭 矩	转速/(r/min)
↑ 拉	高	0～205（0～170）
↓ 压	低	0～350（0～292）

注：括号内表示是 50Hz 工频电压控制。

b. 高扭矩用于模塑高黏度的树脂。例如 PC、PMMA 等或用于 205r/min 或最低转速时的注塑成型操作。

c. 低扭矩用于模塑低黏度的树脂。例如 PP、PE 等或用于超过 205r/min 时的注塑成型操作。

d. 通常增加螺杆背压容易改善混料性能，但延长了熔胶时间。如果降低螺杆背压，其影响相反。在这种场合下，调节背压在 5～15kgf/cm² 比较合适。

② 熔胶和清扫

a. 注意清胶时的塑化状态条件。完成上述各项调节，射胶台后退，重复熔胶和清胶动作。

b. 将开关 CS17 拨在"L.P.MAN"的位置来完成熔胶和清胶，可以避免树脂散射（因为是在低压、低速下进行）。在进行清胶时，会在控制器 UPACS-3000 所设定的速度和压力下进行。

c. 一般清胶速度和压力总是设定为 50%，尤其对于本机型，在"L.P.MAN"位置时清胶，其射胶速度为高速。

③ 螺杆转速的调节

a. 螺杆一级转速是高转速，调节方法如下。

● 用控制器 UPACS-3000 控制面板上的数据设置键 R1 来调节一级高速转速，注意显示的转速读数值。

● 在低转速下（30～40r/min）启动螺杆，并慢慢提高转速。注意螺杆的"咬合"、"配合"情况。

b. 螺杆二级转速的调节方法如下。

● 用控制器 UPACS-3000 控制面板上的数据设置键 R2 来设置二级转速，熔胶计量完成之前是低转速。

● 二级转速设置在熔胶计量开始时的设置速度 R1 的 50%，在慢性连续注塑时，调节 R2 和低转速时的行程 S6，要注意熔胶位置和熔胶周期的稳定性。

④ 螺杆背压的调节　要用控制器 UPACS-3000 控制面板上的数据设置键来调节螺杆背压，用 BP1 键设置一级背压，用 BP2 设置二级背压。调节时注意压力表 IG1 的读数。在本机型中，注意当到射胶压力的数字显示时，可调节背压，当只需一级背压时，将 BP1 和 BP2 的设置调为相等即可。

（12）熔胶和倒索行程的设置

① 熔胶行程的设置方法

a. 熔胶行程由控制器 UPACS-3000 控制面板上的数字开关 S0 来决定。

b. 在模塑开始时，熔胶行程设置得偏小一点，在工作过程中一点点地增加，观察树脂塑化的供给情况，防止熔胶过多。

c. 在模塑前如果知道塑件的质量，其行程设置为略小于下面给定的参数值，并慢慢调到正确位置。

$$S_0 = \frac{10W}{A\rho\eta}$$

式中　S_0——需要熔胶的行程，mm；

　　　W——塑件质量，g；

　　　A——螺杆横截面积，cm^2；

　　　ρ——树脂密度，g/cm^3；

　　　η——射胶力。

② 倒索行程的设置方法

a. 倒索行程是由控制器 UPACS-3000 控制面板上的倒索行程数值控制按键 SUCK BACK 所设置。

b. SUCK BACK 读入的数据显示于熔胶完成 S_0 的距离之后，倒索行程过大，会促使空气从射嘴与模具接触处吸入，导致产生气泡和银丝。一般情况下，倒索行程大约在 5mm 时比较合适。

c. 当使用针阀时，不需要倒索，此时，将倒索行程设置为 0.0mm。

d. 从数字键盘 SUCK BACK SPEED 可调节倒索速度。

（13）控制器 UPACS-3000 的操作　控制器 UPACS-3000 是日钢厂发展起来的高效能的射胶控制器，它采用了微机控制和高精度的感应器，利用 CPU 分配处理和绝对线性码，增加了信号的处理速度，提高了模塑产品的精度和它的可重复性，而且，控制器还提供了一组高效能的功能，如注塑条件监视功能、实际数值的数字显示功能、自我诊断功能和工艺过程诊断功能，因此使得机器容易维护并且射胶成型时容易检查。控制器 UPACS-3000 的控制由工序控制和工艺控制两部分组成，每个部分包括三个印刷电路板进行设置，另外控制器还配备有工序稳定时间调节器和稳定调节器，以方便调校，具体如下。

① 稳定调节器　稳定调节器共有 64 个调节器即 64 个调节电位器，都固定在控制器 UPACS-3000 操作箱的侧面，它们具有机器类型选择和最大压力流动控制，在出厂前都设置到最合适的位置，调整到机器的最佳状态。一般情况下不要随意调节和改动设置，确实需要调整的情况下，应按照厂家的说明进行。图 3-44 是稳定调节器的布局。

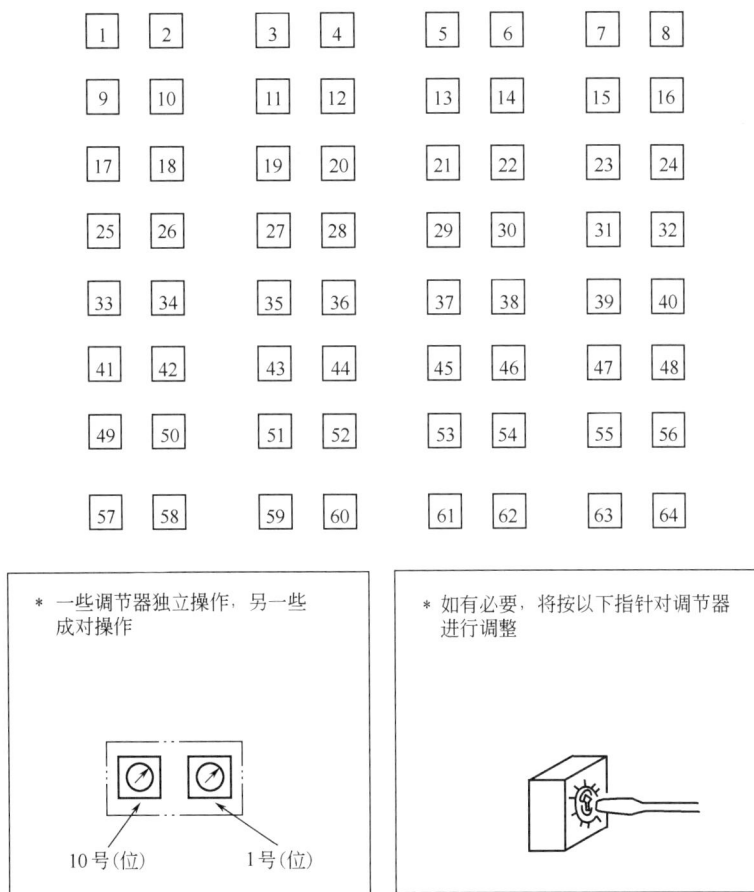

图 3-44　稳定调节器的布局

② 稳定时间调节器 共有 16 个调节器，即 16 个调节电位器，都固定在控制器 UPACS-3000 操作箱的背板上。每个稳定时间调节器用于控制一个顺序动作的时间，在出厂前都已调整到最佳的时间设置，一般情况下不要随意调节和改动，确实需要调整的情况下，应按照厂家的说明进行。图 3-45 是时间调节器的布局。

	Timer Symbol	Name(Use)	Channel
L1 ○ VR1 ◎	TX25	MOULD PROTECTION	1100
L2 ○ VR2 ◎	TX20	INTIAL MOULD CLOSE	1101
L3 ○ VR3 ◎			1102
L4 ○ VR4 ◎	TX281	LUBRICATION	1103
L5 ○ VR5 ◎	TX46	INJECTION DELAY	1104
L6 ○ VR6 ◎	TX45	NOZZLE RETRACT DELAY AT COMPOUNDMODE	1105
L7 ○ VR7 ◎	TX53	SCREW ROTATIONDELAY	1106
L8 ○ VR8 ◎	TX28	CLAMP DELAY (MANUAL)	1107
L9 ○ VR9 ◎	TX47	SHUT-OFF DELAY	1110
L10 ○ VR10 ◎	TXBZ	OPERATION SOUND	1111
L11 ○ VR11 ◎		CUSHION DISPLAY (ONLY-J-SAI)	1112
L12 ○ VR12 ◎			1113
L13 ○ VR13 ◎			1114
L14 ○ VR14 ◎			1115
L15 ○ VR15 ◎			1116
L16 ○ VR16 ◎	TX282	LUBRICATING INTERVAL	1117

图 3-45 时间调节器的布局

　　（14）报警、重置开关的操作　重置按钮装在控制器 UPACS-3000 的操作前板的控制板上，报警与重置并联连接，报警项目和报警动作见表 3-16。报警检查动作和监视周期及重置步骤见表 3-17。

表 3-16　报警项目和报警动作

报警文件	报警项目	报警动作				
		液晶显示	蜂鸣器和机械动作	油泵	电源	外部信号
质量问题监视器	射胶时间、熔胶计量时间、缓冲及射胶压力问题	偏高/偏低信号灯亮	如果问题连续发生的次数达到设置的报警值，在完成一个周期开模位置后，便会自动停机，随即蜂鸣器发出报警声音	连续工作	"ON"连续	是
机器问题监视器	同期时间问题	偏高/偏低信号灯亮	一旦机器检查到出错，机器马上停下来，并报警	停止工作	"ON"连续	是
	模具保护问题	液晶显示制式报警过程02	一旦机器检查到出错，在全自动/半自动操作时，机器便会在完全开模后自动停止，油泵停止，蜂鸣器响；在手动制式下，油泵停止，蜂鸣器响	停止工作	"ON"连续	—
	缺少润滑油	液晶显示制式报警过程01	灯亮，蜂鸣器响，开模后机器停止	连续工作	"ON"连续	—
	非释放锁模问题	液晶显示制式报警过程03	在液晶显示器上显示制式并且报警。注意：如果在油泵电机停止前就断电，那么系统不会报警	—	—	—

表 3-17　报警检查动作和监视周期及重置步骤

报警元件	检查动作	监视周期				重置步骤
		全自动	半自动	手动	低压手动	
质量问题监视器	在全自动操作时，任何实测值偏离了设置的最高/最低极限范围，送出信号进行外部处理，并累计连续发生的次数，如果是非连续发生的，会重置所有计数	0	0	—	—	①按下重置按钮，停止蜂鸣，关掉报警显示②将开关 CS17 自 "AUTO" 拨到 "OFF" 重置条件，再将其 "OFF" 拨到需要的操作周期
机器问题监视器	在全自动操作时，任何实测值偏离了设置的最高/最低极限范围，机器停止信号输送（在缺少材料时熔胶时间出错或周期时间出错等）	0	—	—	—	①按下重置按钮，停止蜂鸣②将开关 CS17 从 "AUTO" 拨到 "OFF" 重置条件，将开关从 "OFF" 拨到手动并准备操作

续表

报警元件	检 查 动 作	监 视 周 期				重 置 步 骤
		全自动	半自动	手动	低压手动	
机器问题监视器	在全自动、半自动、手动制式操作时，模具的保护时间运作，始自低速锁模限位开关 LS20，且除非模具接触限位开关 LS22 在设定的时间以内，否则机器会停止动作，发出信号	0	0	0	—	①按下重置按钮，停止蜂鸣 ②在更正错误后将开关 CS17 处于"OFF"位置，启动油泵，将开关拨回，重新开机
	用油标开关探测出润滑油罐的油位，低落油位的位置会发出报警	0	0	0	0	①按下重置按键，停止蜂鸣报警 ②填满润滑油后，指示灯灭
	如果模具锁紧时，油泵电机停止工作，便会立即报警	0	0	0	0	①按下重置按键，停止报警 ②重新启动油泵电机，迅速松弛锁紧状态

操作开关的重置方法见表 3-18。

控制器 UPACS-3000 诊断错误显示码及显示内容见表 3-19。

表 3-18　操作开关的重置方法

序号	出错报警	油 泵	加热器	蜂鸣器	信号显示	重置方法
1	模具保护出错	开模动作后断开	ON	ON	02	开关 CS17 拨到"OFF"或"MAN"，按下报警重置键"ALARM RESET"
2	润滑油短缺	一个周期完成后停止转动	ON	ON	01	加满润滑油后按下重置键"ALARM RESET"
3	非松弛锁模出错	OFF	ON	ON	03	按下重置键"ALARM RESET"
4	循环时间出错	仅在全自动操作时于开模后断开	ON	ON	U-3000（LED）	将开关 CS17 拨到"OFF"或"MAN"之后，按下重置键"ALARM RESET"
5	射胶时间出错	仅在全自动操作时"N"次后停止	ON	ON	U-3000（LED）	万一出错，在下次锁模时重置
6	塑化时间出错	"N"次后停止	ON	OFF	U-3000	万一出错，在下次锁模时重置
7	缓冲出错	"N"次后停止	ON	OFF	U-3000	万一出错，在下次锁模时重置
8	加热器脱落报警	一个周期完成后停止	ON	ON	16	

续表

序号	出错报警	油　　泵	加热器	蜂鸣器	信号显示	重置方法
9	射胶压力最高/最低极限	"N"次后停止	ON	OFF	U-3000（LED）	万一出错，在下次锁模时重置
10	射胶压力极限	"N"次后停止	ON	OFF	U-3000（LED）	万一出错，在下次锁模时重置
11	"N"次停止	完成一个周期后停止	ON	ON	↑	开关CS17拨到"OFF"或"MAN"，按下重置键"ALARM RESET"
12	液压油温度出错	完成一个周期后停止	ON	ON	05	排除原因后，按重复键"ALARM RESET"
13	液压油位出错	立即停止	ON	ON	06	排除原因后，按重置键"ALARM RESET"
14	模温出错	完成一个周期后停止	ON	ON	14	排除原因后，按重置键"ALARM RESET"
15	料筒温度出错	完成一个周期后停止	ON	ON	11	排除原因后，按重置键"ALARM RESET"
16	伺服阀过滤阻塞报警	完成一个周期后停止	ON	ON	04	排除原因后，按重置键"ALARM RESET"

表 3-19　控制器 UPACS-3000 诊断错误显示码及显示内容

显示码	显　示　内　容
0106	预防螺杆冷启动的装置在工作（T*63）
0110	前安全门未关（LS11 限位开关）
0111	后安全门未关（LS13 限位开关）
0113	锁模联锁动作（机械手等）
0114	开模联锁动作（机械手等）
0203	在射胶时，（锁模完成）限位开关 LS23 未动作
0207	在射胶时，（射胶到位）限位开关 LS31 未动作
0212	在模塑时，（顶针前进位置）限位开关 LS72 未动作
0213	在模塑时，（顶针退回位置）限位开关 LS73 未动作
0310	在射胶/旋转时，（防尘罩）限位开关 LS46 未动作
3012	发生异常循环
3013	累计次数重复
3106	因控制器 UPACS-3000 油泵不能启动
4602	在开模过程中（检验模芯分离）限位开关 LS84A 未动作
4605	在锁模过程中（检验模芯插入）限位开关 LS82A 未动作
4606	在锁模过程中（检验模芯分离）限位开关 LS84A 未动作

显示码	显 示 内 容
4606	在开模过程中（检验模芯插入）限位开关 LS82B 未动作
4611	在开模过程中（检验模芯分离）限位开关 LS84B 未动作
4615	在锁模过程中（检验模芯分离）限位开关 LS84B 未动作

3.5　电动注塑机的调整及操作

3.5.1　模具安装

（1）确定模具的最小尺寸　当锁模力 100%时，机器中要使用最小尺寸的模具。使用的模具太小会导致模板变形；在 100%锁模力下，最小模具尺寸应为拉杆间距的三分之二（水平和垂直方向）。拉杆间距可以是两个拉杆中心孔之间的距离，也可以是两个拉杆之间距离再加一个拉杆的直径。不要安装小于拉杆间距 66%的模具。

注意：测量拉杆中心距之前，关闭并闭锁总电源开关。如不遵从这些指令，则会导致严重的人身伤害。

（2）安装模具步骤

a. 启动电机，然后关闭前安全门，按下循环复位按钮。

b. 按键将机器设置为模具设置模式运行。

c. 按键选择模具并按住不放直到动模板达到完全前移位置。双曲肘连杆必须完全撑开。

d. 打开前安全门。

e. 将模具定位在定模板和动模板之间。

f. 用定模板上的模具定位圈对准模具。

g. 确保模具顶部与模板上的螺栓孔平行，安装模具。

（3）调整动模板　如果两个模板之间的距离小于模厚，必须调整动模板的位置。

a. 确保键被激活。

b. 按键选择调模机构回退。这使得调模板和动模板缓慢回退，离开定模板。当动模板回退到给安装模具留出足够位置时松开该键。

c. 关闭电机。

d. 将模具定位在定模板和动模板之间。

e. 用定模板上的模具定位圈对准模具。用螺栓将模具牢靠地固定到定模板上。

螺栓：使用合格制造商提供的安装螺栓。螺栓直径/间距要符合要求且在安装前清洁螺栓。

模板：模具安装孔不使用时要定期用丝锥清洁。

工艺：模板内螺纹啮合深度应为螺栓直径的 2 倍。模板上螺纹的深度为螺栓直径的 2.5 倍。

f. 用螺丝将顶出拉杆拧到顶出杆上。

注意事项：

1）模具的顶部必须与螺栓孔平行，以使顶出拉杆与动模板上的模具安装孔正确对准。

2）确保模具安装螺栓尺寸符合模板螺纹尺寸且最小螺纹啮合是螺栓直径的 2 倍。

3）不要使用浮动顶杆。浮动顶杆会引起模板安装孔内的非正常磨损。

（4）安装动模板

a. 再次打开电机。

b. 确保键被激活。

c. 然后激活键直到动模板位于完全前移位置，与模具背面相接触。

d. 关闭电机。

e. 用螺栓将模具牢靠地固定到动模板上。

f. 拆除将两半模具固定在一起的夹具。小心在合模时要确保顶杆与动模板上的顶出孔对准。确认顶出装置按照模具制造商的要求进行安装。在合模时要确保顶杆与动模板上的顶出孔对准。

g. 启动电机。

h. 确保键被激活且开模。

ⅰ. 彻底清洁模具并连接水管、气管和抽插芯管路。

3.5.2 模具安全设置

（1）确认运行参数

1）合模减速位置（模具保护开始点）不小于模具接触位置。

2）特殊模具的模具保护压力的值不应设置得太高。

3）模具保护计时器的值不应设置得太高。

（2）模具安全设置步骤

1）选择合模菜单并根据模具设计/复杂性输入模具保护压力。

2）选择模减速位置：在模具设置模式下合模直到模具安全所要求的位置，例如导销进入导套的位置。参照模具实际位置并选择合模菜单然后在合模减速位置输入此位置。

3）让机器进入自动锁模力设置。

4）空循环运行机器，且只有合模侧运行，即只有合模、锁模和冷却。逐步减少模具保护时间直到发出"模具保护计时器时间结束"警报。时间输入在合模菜单中模具保护计时器选择框中。可以设置最佳模具保护时间。

（3）调整喷嘴与模具上的主浇套正确对中

1）在功能/计时器菜单上打开射台控制并按下键，使射移单元前移碰到模具的主浇套。

2）设置喷嘴接触力压力开关在喷嘴碰到模具主浇套之后打开。否则半自动或全自动模式下注射在喷嘴碰到主浇套之前发生。小心确保喷嘴头直径为0.5mm，小于主浇套的直径。如果大于主浇套直径，喷嘴头和主浇套之间将发生泄漏。

（4）自动锁模力设置步骤

1）按下合模部分的调模，到自动锁模力菜单，在锁模力选项框中输入特定模具的锁模力要求。

2）在模厚选项框中输入正确模厚。

3）按键回退调模机构2~3mm。

4）激活键并打开调节模锁模力选项框。

5）合模且报警灯打开表示自动锁模力功能打开了。菜单底部的机器状态显示自动锁模力正在进行中。

6）经过 2～3 次循环后模板运行停止，开模后当要求的锁模力达到时，报警灯关闭，屏幕上的循环变为"无循环模式"（在设置、手动、工艺、半自动和全自动键上没有指示灯亮）。

7）合模部分菜单上的自动锁模力运行之后，PLC 将自动计算模具接触点。

8）确认双曲肘连杆机构闭锁。模半球接触时必须达到模具接触设定点。

3.5.3　合模单元参数设置

在所有相关的设置值与合模运行建立关联之前，必须使机器保持在模具设置状态。如不遵从此项指令，则会导致机器损坏。

1）激活键。

2）在合模菜单、顶出菜单和抽插芯设置菜单（选项）上输入所有位置和速度设定点的适当值。这些设定点的设置应符合下列原则：

① 输入的开模极限数字应比其他位置的设定值都要大。

② 合模减速（模具安全）设置点应比模具接触点设定值大。

③ 快速开模距离应比模具接触距离大。

④ 开模减速设置点应比快速开模设定值大，但比开模极限小。

⑤ 与模具供应商一起检查下列有关设定值的规格或建议：快速开模、前移极限（顶出装置）、后退极限（顶出装置）、插芯合模位置和抽芯合模位置。尤其模具为多板模或齿条（导轨）型模具时，一定要遵循模具供应商的建议。

3.5.4　注射单元参数设置

选择功能/计时器页并打开注射功能。

1）在注射单元菜单上输入所有位置、速度和压力设定点的适当值。清料防护罩门必须关闭，为了允许使用注射功能，相关限位开关必须激活。给高速注射定时器（注射单元菜单）设置足够的时间，以确保这段时间在传送设置点到达以前不会结束。在高速注射时间结束之后，无论选择哪一种切换方式，注射都会从速度模式切换到压力模式。

2）接通供水管并确认水正通过加料口板水管进行循环。如果工艺过程要求在提高的料筒温度下（供应商推荐的温度范围的高温区域）对材料进行塑化，则应在较低的温度下就开始运行，在物料流入并建立注射循环期间应逐步增加料筒的加热设置温度。塑料过热会产生气体，气体会引起喷嘴产生泼溅声，在极端情况下会通过加料口和料斗吹回。

3）通过温度菜单为注射单元的各个区域建立所要的运行温度，然后接通功能/计时器菜单上的料筒加热功能。所有注射功能都被控制禁止直到达到各个温度设定值。不要绕过料筒均热计时器。根据不同的加工物料保持相应的料筒均热时间。

4）在所有加热区域都达到温度设定点值之后，激活屏幕上的手动运行模式键。以下操作步骤均在料筒内没有原料且料斗关闭的情况下进行。

5）按下键稍微回退螺杆。

① 第一次回退螺杆时，不要旋转。先回退一小部分，让螺杆顶端不再碰到上次运行遗留在料筒中的物料。

② 避免螺杆在料筒内空转。

③ 在清料后停机前，通过回抽使螺杆回退 30～40mm。重新启动时如没有达到要求的温度，不要移动螺杆。

具体操作步骤如下：

① 输入 20mm/s 作为高速注射行程阶段 1 的速度设定值。

② 按下射胶键使螺杆前移。

③ 然后短时按下熔胶键，以确定功能是否正确运行。

④ 将螺杆移到其前面极限位置。

⑤ 料斗空时加些料。

注意：在将材料放入料斗时，要小心不要去碰注射料筒或加热护罩以免烫伤。

6）料斗上装磁力架。

为了确保料斗上装有磁力架，需要在料斗上进行装磁力架操作，具体如下：

① 打开料斗加料，让原料进入料筒。

② 按下熔胶键，使材料通过螺杆的旋转而被送到料筒前端。按住该键不放，直至螺杆退回到注射量设置点。

③ 观察喷嘴端开口。如果喷嘴顺畅，则机器运行准备就绪。关闭模具，将注射座底板向前移动，直至喷嘴接触模具主浇套。现在机器已准备好半自动或全自动运行。绝不能用加热或施压的方法来清除喷嘴内的堵塞，绝不能在没有后退螺杆就对喷嘴区域进行减压的情况下尝试清除堵塞。只能使用前述的操作步骤来清除喷嘴内的堵塞。如不遵从此项指令，则会导致严重的人身伤害。

3.5.5 运行模式

机器有三种不同的运行模式：手动、单循环和连续循环。

（1）手动模式 按下手动键可实现屏幕上的所有手动功能。但是某些机器功能必须在激活相关的手动键运行功能前通过功能/计时器菜单进行接通。

（2）单循环模式 当机器在单循环运行模式时，按半自动方式运行。在循环结束之后，机器将停止所有运动。设置机器单循环运行的步骤如下：

1）使用上述菜单建立机器的运行参数（设置点）。

2）启动电机。

3）激活手动键，在模板菜单上将模板打开到极限设置点。

4）如果只需要循环模板，确保注射单元和注射在注射/塑化菜单上被关闭并跳到步骤9）。

5）如果需要合模与注射单元都循环，在功能/计时器菜单上打开料筒加热、注射及射台控制。

6）将料筒加热到运行温度。

7）确保料筒内有料，然后用熔胶键人工注射一次。

8）在注射单元前移前合模。

9）按住射台前移键不放直到喷嘴接触到模具中的主浇套。

10）开模到打开设定点。

11）打开前安全门。

12）按下半自动键。

13）关闭安全门，开始单循环运行。

14）锁模力、注射、塑化等之后，开模且循环停止。

15）在每次循环之后，机器操作人员须打开和关闭前安全门以启动下一次循环。或者按半自动循环按钮。

（3）连续循环模式 机器在连续循环模式时按全自动方式进行运行。一旦机器进入该模式，机器将连续运行直至停止，或直至被控制系统检测到有故障。

设置机器连续循环运行的步骤如下：

1）通过相应菜单为机器建立运行参数（设置点）。

2）启动电机。

3）激活手动键，在合模菜单上将模板打开到极限设置点。

4）如果只需要循环模板，确保注射单元已关闭（参见功能计时器菜单）并跳到步骤 9）。

5）如果需要合模与注射单元都循环，在功能/计时器菜单上打开料筒加热、注射及射台控制。

6）让料筒加热到运行温度。

7）确保料筒内有料，然后用熔胶键人工注射一次。

8）按住射台前进键不放直到喷嘴接触到模具中的主浇套。

9）打开前安全门并按下半自动键。

10）关闭安全门，开始单循环运行。随着模板前移，然后按下半自动键。机器将自动运行。

3.5.6 更换物料或颜色

清出原物料（或颜色），往料斗中注入新的物料。

最好将温度设置到制造商推荐的温度范围最低值清出原物料，这样做有助于料筒内部的清洗和清洁。

1）如果原物料是热敏感型的，而新的物料要求较高的温度，则使用中间物料直到之前的物料完全从料筒中清出。然后用新的物料替代中间物料。

聚丙烯酸、聚丙烯和聚苯乙烯都可作为中间物料。

2）如果是从一个高温材料换成低温材料，低温时清洁料筒。必要时使用中间物料。

3）同种或相似材料更换颜色时，应彻底清洁料斗和喂料口。遗留在料斗中的零散物料，尤其是非常细小的物料，将导致排出原有颜色延迟。

每种材料都要求有不同的工作温度范围。参考材料供应商提供的所使用的材料的具体工作温度范围。超过或没达到供应商推荐的温度范围时，不要从料筒中清料。

在注射单元周围工作时要始终穿戴好防护服、防护手套和防护眼镜，避免高温引起灼伤。

3.6 注塑机机械手应用

3.6.1 注塑机机械手机械结构

注塑机采用的主要是悬臂式伺服机械手，代替人工取出成型产品，具有省时、省力、安全、稳定的优点。常用的悬臂式伺服机械手有中型变频气压、大型变频气压、CNC 伺服等类型。机械手基本结构如图 3-46 所示。

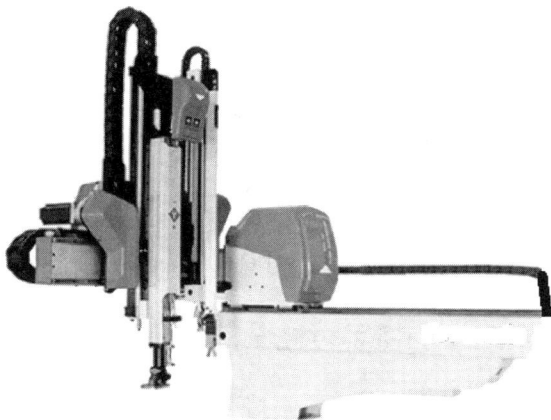

图 3-46 机械手基本结构

悬臂式伺服机械手基本结构如图 3-47 所示，由电控部分、基座部分、手臂部分、引拔部分、夹具、气阀箱、操作器和治具组组成。

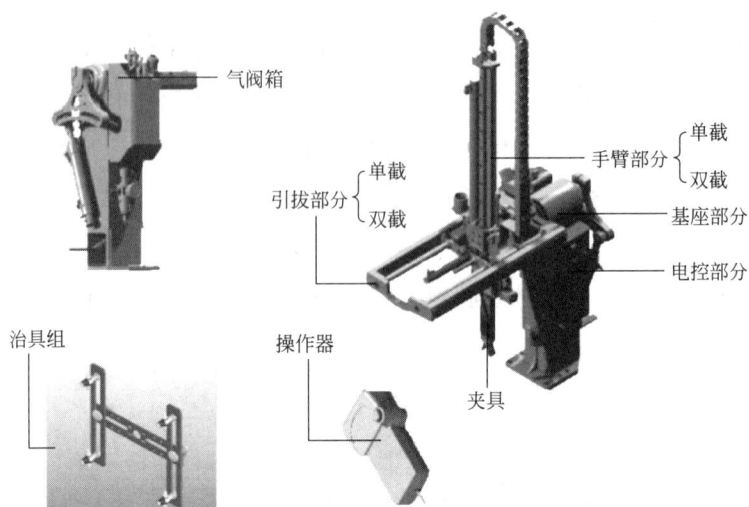

图 3-47   悬臂式机械手基本结构

悬臂式机械手（一）如图 3-48 所示，包括料头臂组、成品臂组、引拔臂、侧姿部分、夹具、气阀箱组、横行部分。

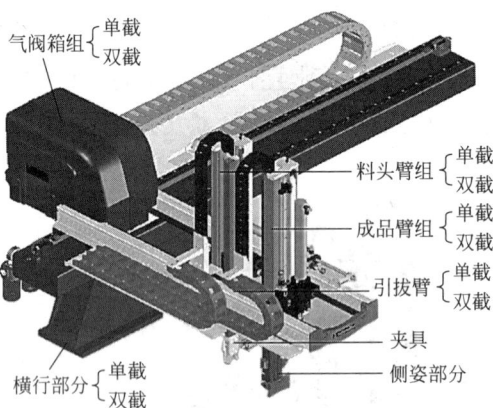

图 3-48   悬臂式机械手（一）

悬臂式机械手（二）如图 3-49 所示，为中型变频气压型，包括料头臂、成品臂、引拔臂、侧姿部分、夹具、气阀箱、横行部分等。料头臂和成品臂（单截和双截）、侧姿部分有尺寸范围要求。

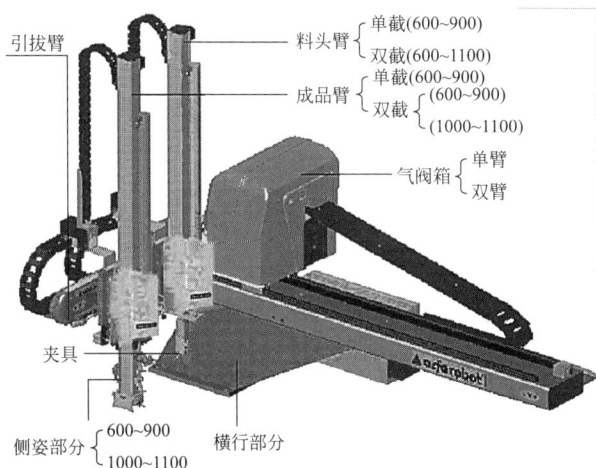

图 3-49 悬臂式机械手（二）

单位：mm。

悬臂式机械手（三）如图 3-50 所示，为大型变频气压型，包括料头臂、成品臂、引拔臂、侧姿部分、夹具、气阀箱、横行部分、电控箱等。该机械手提供 4 种尺寸规格满足生产需要。料头臂有 3 种规格；气阀箱有 2 种尺寸规格；引拔臂有 4 种尺寸规格；横行部分有 4 种尺寸规格；侧姿部分有 4 种尺寸规格；成品臂有 4 种尺寸规格。

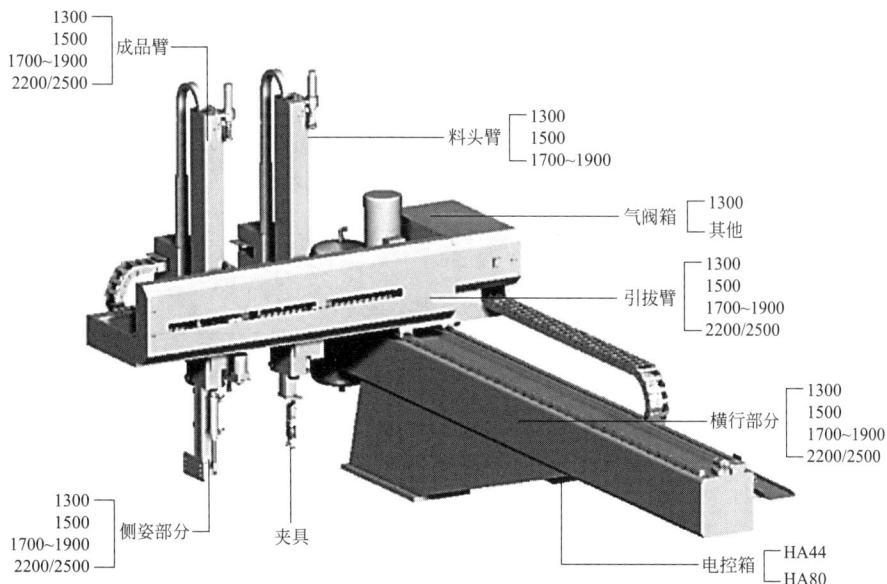

图 3-50 悬臂式机械手（三）

单位：mm。

悬臂式机械手横行部分如图 3-51 所示。

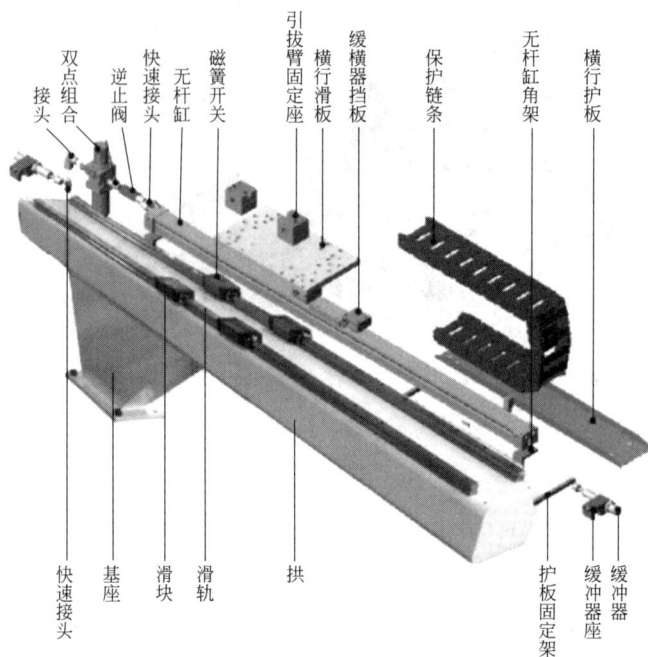

图 3-51　悬臂式机械手横行部分

3.6.2　伺服机械手治具结构

伺服机械手的治具是直接与产品接触，实现产品取出的执行元件。治具分为吸治具、抱治具、夹治具和混合型治具。其部件通常有气缸、金具、吸盘、附件、接头、开关、铝挤型材等。P 系列治具如图 3-52 所示，部件如表 3-20 所示。

表 3-20　P 系列治具部件　　　　　　　　　　单位：mm

序号	型号	名称	数量
1	JB01S011	固定板 1	1
2	JB02S011	固定板 2	2
3	M10×30L×1.5P	螺栓	2
4	¢10	弹簧垫片	2
5	M10×1.5P	螺母	2
6	JE20-B040	金具	4
7	JE07-10S1（可替换）	吸盘¢10	4

吸治具如图 3-53 所示，部件如表 3-21 所示。

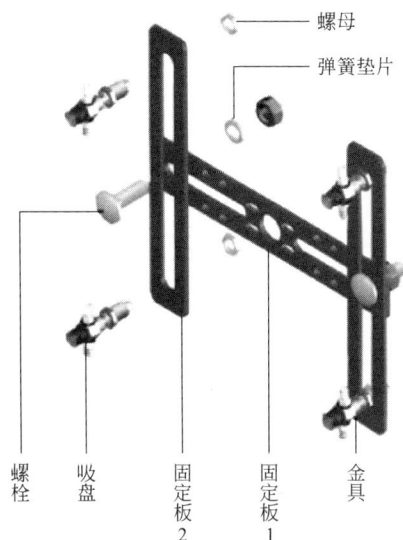

图 3-52　P 系列治具

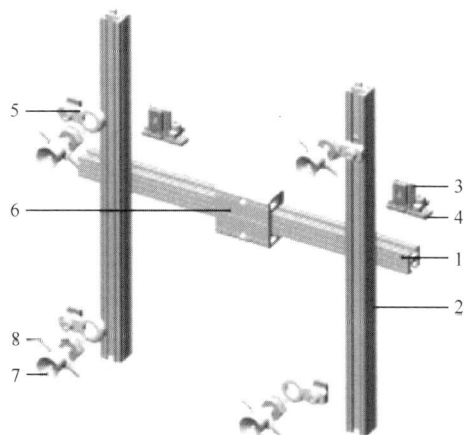

图 3-53　吸治具

表 3-21　吸治具部件　　　　　　　　　　　　　　单位：mm

序号	型号	名称	数量
1	MF018-300	铝挤型材 300	1
2	MF018-300	铝挤型材 300	2
3	JE40B011	L 型固定板	2
4	JE40B020	固定螺母	2
5	JE20A010	金具固定块ϕ12	2
6	JE20-B010	金具	4
7	JE10-20S1（可替换）	吸盘ϕ20	4
8	JE40A041	连接固定块	1

抱治具如图 3-54 所示，部件如表 3-22 所示。

表 3-22　抱治具部件　　　　　　　　　　　　　　单位：mm

序号	型号	名称	数量
1	MF018-300	铝挤型材 300	1
2	MF018-300	铝挤型材 300	2
3	JE40B011	L 型固定板	2
4	JE40B020	固定螺帽	2

续表

序号	型号	名称	数量
5	JE20A010	金具固定块φ12	2
6	JE20-B010	金具	4
7	JE10-20S1（可替换）	吸盘φ20	4
8	JE40A041	连接固定块	1

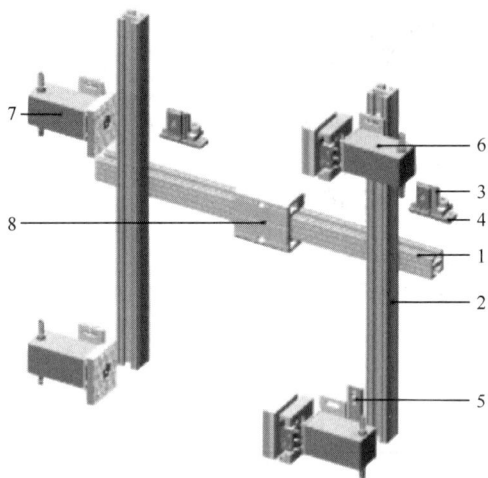

图 3-54   抱治具

3.6.3   注塑机机械手参数设置

3.6.3.1   机械手控制系统参数设置

机械手控制系统参数设置包括操作面板、主页面、手动页面、手动参数设定页面、电动参数设定页面、基本功能设定页面、特殊功能设定页面一、特殊功能设定页面二、特殊功能设定页面三等。

（1）操作面板   如图 3-55 所示，机械手控制系统操作面板由彩色显示屏、紧急停止开关、运行指示灯和各种功能按键区域等组成。

（2）主页面   如图 3-56 所示，可以对运行状态、信号监视、警报信息进行显示。

（3）手动页面   图如图 3-57 所示，横行模式可以按 ⏎ 输入 键选择手动模式或寸动模式。

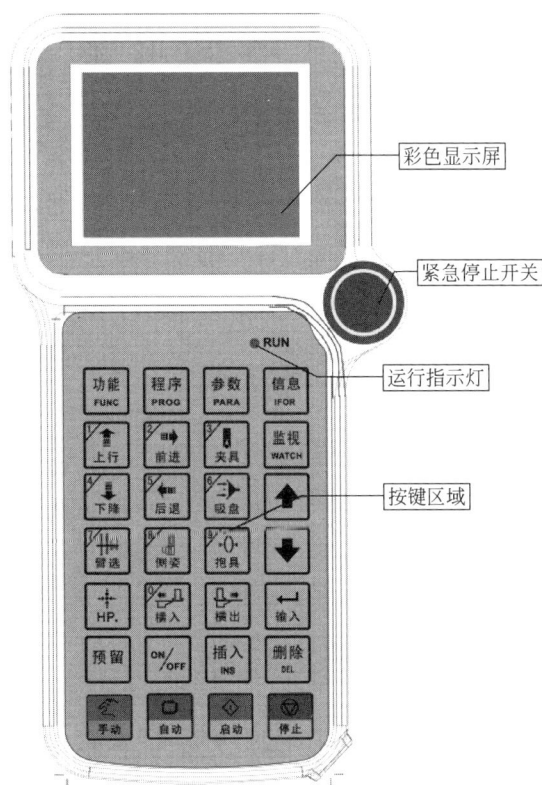

图 3-55　操作面板

图 3-56　主页面

　　手动模式：按一次横出键，机械手横出至手动位置即停止，按一次横入键，机械手横入至取物位置即停止。

　　寸动模式：按住横出（横入）键，机械手执行横出（横入）动作，当放开手时，机械手即停止。

图 3-57　手动页面

手动速度：监视机械手手动横行的设定速度。

手动位置：监视机械手手动横出的设定位置，以 mm 为单位。

寸动速度：监视机械手寸动模式横行的设定速度。

实际成品：实际取物完成的产品数量。

（4）手动参数设定页面　如图 3-58 所示。

图 3-58　手动参数设定页面

手动速度：设定手动模式下横行的速度，将光标移到此位置可以更改设定值。

手动位置：设定手动横出的终点位置，将光标移到此位置可以更改设定值。

寸动速度：设定寸动模式下横行的速度，将光标移到此位置可以更改设定值。

取物位置：监视当前设定的取物位置。

设为取物位置：将光标移到此位置，按输入键可更改取物位置。

（5）电动参数设定页面　如图 3-59 所示。

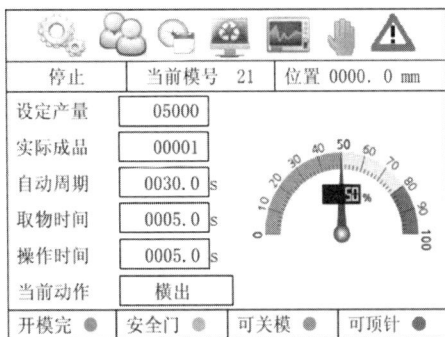

图 3-59　电动参数设定页面

设定产量：设定预计的生产数量，当实际成品到达设定模数时会报警。

实际成品：实际取物完成生产的数量。

自动周期：记录当前自动循环所用的时间。

取物时间：自动运行时，禁止注塑机关模到允许注塑机关模的时间。

操作时间：实际动作运行的时间。

当前动作：当前所执行的动作。

（6）基本功能设定页面　如图 3-60 所示。

图 3-60　基本功能设定页面图

语言：按输入键可选择中文或其他语言显示。

设定模数：计划生产的产品数量，当实际生产的产品数量超过此设定值时，则报警。

开模延时：设定开模停止后到禁止开模的延时时间。

顶针延时：设定延时顶针时间，时间到后开启顶针输出信号。

主夹检测：正相：夹具开关正相检测，夹具取物成功，则夹具开关信号为 ON。反相：夹具开关反相检测，夹具取物成功，则夹具开关信号为 OFF。若不使用，夹具开关不检测，夹具取物不管成功与否，均不检测夹具开关信号。

副夹检测：同主夹检测。

真空检测：使用时，检测真空开关信号，吸盘取物成功，则确认开关信号为 ON。不使用时，不检测真空开关信号。

抱具检测：同真空检测。

产品清零：设定为开时实际产品为零，正常使用应设为关。

按键音开：按键时有按键音；按键音关：按键时无按键音。

（7）特殊功能设定页面一　如图 3-61 所示。

图 3-61　特殊功能设定页面一

周期时间：机械手动作监视时间，机械手动作完成后，等待注塑机开模完成信号再次输出，若时间超过周期设定值则报警。

顶针：不使用时，允许顶针信号一直输出；使用时，开模到位后延时，输出允许顶针信号。

安全门：全程检测，机械手在自动运行过程中一直检测注塑机安全门信号，无信号则警报；模内检测，机械手仅在模内动作时检测安全门信号，无信号即警报，其他动作时不检测注塑机安全门信号；不检测，机械手不检测注塑机安全门信号。

中板模：不使用时，机械手下降取物时，不检测中板模信号；使用时，机械手下降取物时，会检测中板模信号。

待机姿势：垂直，机械手自动待机时，治具在垂直位置。水平，机械手自动待机时，治具在水平位置。如果受制于模具而无法垂直待机时可选水平待机，注塑机开模完成后，机械手先垂直，再下行取物，完成置物后仍作水平动作待机。

待机位置：型内，机械手在模具上方待机取物；型外，如果受制于模具而无法型内待机时，可选择型外待机；自动时，手臂横行至型外待机位置待机。

停止状态：禁止锁模，停止状态时，为确保机器安全，开模到终止位置时，切断允许开、关模信号，开、关一次安全门后再次输出允许开、关模信号；允许锁模，停止状态时，允许开关模信号一直输出。

门开警报：关门停止，自动运行中发生安全门开报警时，关上安全门警报器停止报警，机械手不可以继续自动运行，必须按停止键后重新启动自动；关门继续，自动运行中发生安全门开报警时，关上安全门，机械手继续自动运行。

取物位置：机械手在型内下降取物时的横行轴位置。

模内嵌件：使用时，可教导机械手程序从型外取物放至型内。

（8）特殊功能设定页面二　如图 3-62 所示。

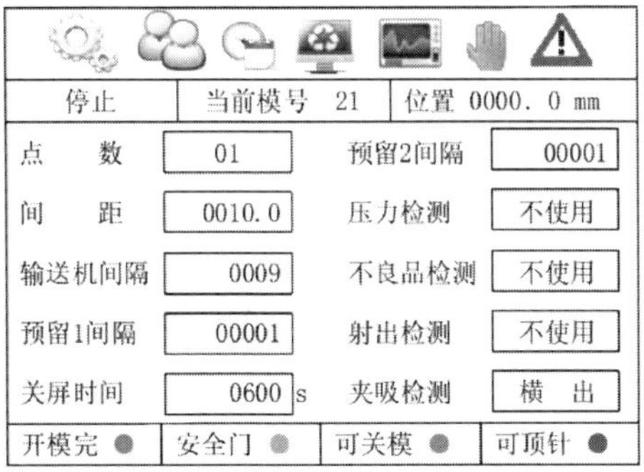

图 3-62　特殊功能设定页面二

点数：当设定循环排列置物时的置物点数，最多可设定 99 点，不使用循环排列置物时应设为01。

间距：当设定循环排列置物时每两个置物点之间的间隔距离。

输送机间隔：程序教导输送机动作时，自动运行时输送机每隔设定模数后输出一次。

预留1间隔：程序教导预留1动作时，自动运行时预留1每隔设定模数后输出一次。

预留2间隔：程序教导预留2动作时，自动运行时预留2每隔设定模数后输出一次；

压力检测：不使用时，机械手不检测进气压力；使用时，机械手检测进气压力，当进气压力值低于设定压力时报警。

不良品检测：不使用时，控制器不检测不良品信号；使用时，控制器检测不良品信号，当检测到不良品信号时，运行模号44程序。

夹吸检测：横出，模内及横出过程中均检测夹、吸确认信号；模内，只有模内才检测夹、吸确认信号；全程，机械手整个自动运行过程中均检测夹、吸确认信号。

（9）特殊功能设定页面三 如图3-63所示。

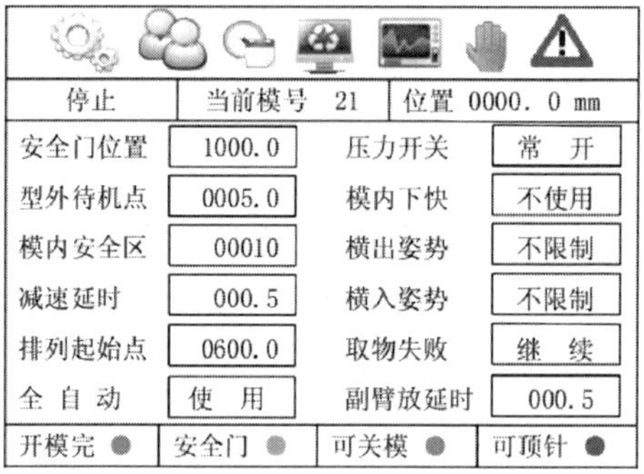

停止	当前模号 21	位置 0000. 0 mm	
安全门位置	1000.0	压力开关	常 开
型外待机点	0005.0	模内下快	不使用
模内安全区	00010	横出姿势	不限制
减速延时	000.5	横入姿势	不限制
排列起始点	0600.0	取物失败	继 续
全 自 动	使 用	副臂放延时	000.5
开模完 ●	安全门 ●	可关模 ●	可顶针 ●

图3-63 特殊功能设定页面三

安全门位置：设定安全门的位置，机械手的置物位置必须大于此设定值。

型外待机点：当待机位置设定为型外时，机械手在型外的待机位置。自动时，手臂横行至型外待机位置待机。

模内安全区：机械手在模内允许下降和横行的最大范围，超出此位置手臂不能在模内下降和横行。

减速延时：横出、入时快速横行的时间，时间到即输出减速信号，机械手慢速横行至终点/起点位置。用于变频横走机械手，伺服机械手无此功能。

排列起始点：设定机械手循环排列置物的起始位置，同时排列置物的主臂或副臂置物位置设定一致。

全自动：不使用时，机械手不检测注塑机全自动信号；使用时，机械手检测注塑机全自动信号，自动时若无全自动信号则报警。

压力开关：常开，使用气压检测时压力开关为常开型信号；常闭，使用气压检测时压力开关为常闭型信号。

模内下快：不使用时，不使用主臂模内快速下降功能；使用时，使用主臂模内快速下降功能。

横出姿势：不限制，机械手横出时不限制治具的垂直或水平姿势；垂直，机械手横出时治具必须垂直才能横出，水平横出时将报警；水平，机械手横出时治具必须水平才能横出，垂直横出时将报警。

横入姿势：不限制，机械手横入时不限制治具的垂直或水平姿势；垂直，机械手横入时治具必须垂直才能横入，水平横入时将报警；水平，机械手横入时治具必须水平才能横入，垂直横入时将报警。

取物失败：门开继续，取物失败报警时，开关安全门机械手继续走完当前循环；门开复归，取物失败报警时，开关安全门机械手放开夹具、吸盘，复归至自动待机状态，等待下一次开模完信号下降取物。

副臂放延时：横出/入过程中检测到中位置物信号开始计时，时间到即执行副臂夹放动作。用于变频横走机械手，伺服横走机械手无此功能。

3.6.3.2 伺服机械手控制系统参数设置

（1）操作面板 如图 3-64 所示，包括显示屏、显示 LED、CF 卡插口和各种功能按键等。显示 LED 有电源 LED、自动 LED、报警 LED 等。功能按键有电源开关、紧急停止按键、使能按键等。

操作面板按键如图 3-65 所示。

1）电源开关 启动取出机系统的电源开关,选择 OFF 关闭系统，选择 ON 启动系统。

2）手动使能键 执行手动操作时使能按键。

3）液晶触摸屏 显示各设定用画面及信息。因为是触摸屏方式，也可以进行各设定画面的操作。

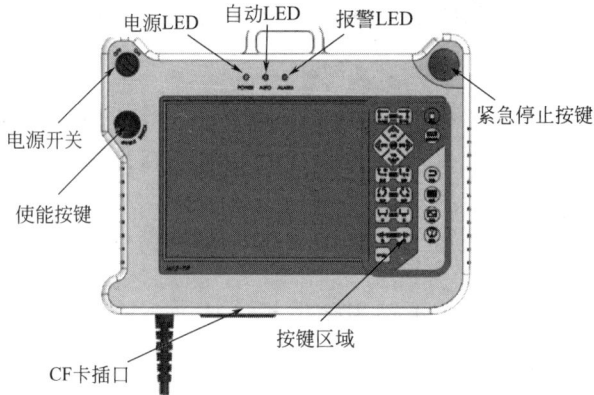

图 3-64   伺服机械手控制系统操作面板

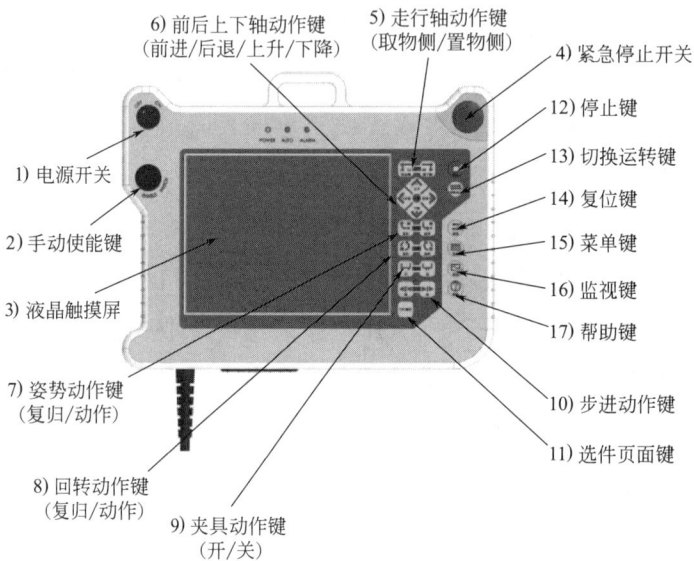

图 3-65   操作面板按键

4）紧急停止开关   进行取出机的紧急停止。解除紧急停止时，顺时针方向转动按钮解除制动。

5）走行轴动作键   移动走行轴到取出侧/落下侧。

6）前后上下轴动作键   执行主臂/副臂前后和上下操作。

7）姿势动作键   执行夹具板的姿势复归/动作。

8）回转动作键   执行夹具板的回转复归/动作（扩展按键）。

9）夹具动作键   执行夹具板开/关。

10）步进动作键　执行步进操作。

11）选件页面键　跳转到选件操作页面。

12）停止键　退出自动/步进/原点状态，返回到手动状态的按键。

13）切换运转键　返回手动/原点/步进/自动状态切换画面。

14）复位键　清除现在显示的警报。另外，从各个画面返回初期画面。

15）菜单键　跳转到菜单画面。

16）监视键　跳转到输入输出的 I/O 监视画面。

17）帮助键　对现在显示的画面显示提示帮助信息。

伺服机械手控制系统手动操作键如图 3-66 所示。手动操作键可以实现上升、下降、前进、后退、落下、取出、旋转复归、旋转动作、姿势复归、姿势动作、夹具开和夹具闭等各种动作。

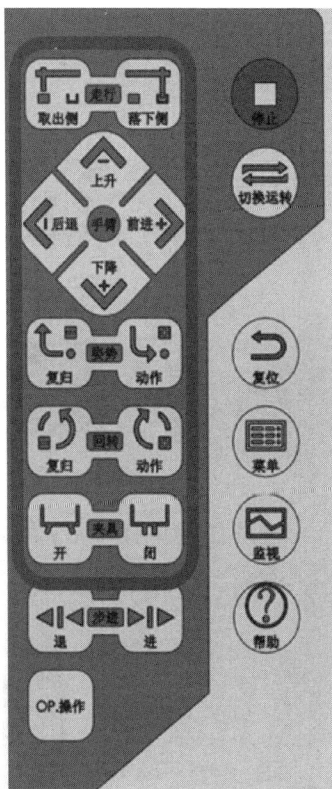

图 3-66　手动操作键

（2）主画面　如图 3-67 所示，具有状态显示、状态切换、周期及其轴状态、快捷操作按钮、速度调整和语言切换等功能。

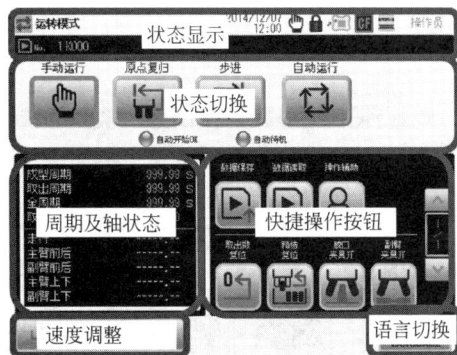

图 3-67　主画面

状态显示图如图 3-68 所示,图中信息有当前模组、日期时间、状态图标、密码状态、使能键状态、CF 卡状态、电脑连接状态和操作权限状态等。

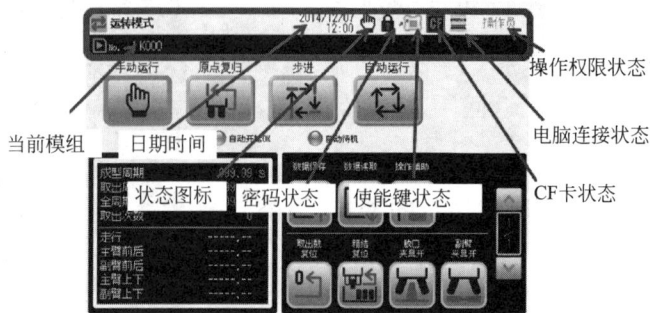

图 3-68 状态显示

状态切换如图 3-69 所示,图中信息有手动切换、原点复位、步进切换、自动切换、自动开始状态、自动待机状态等。

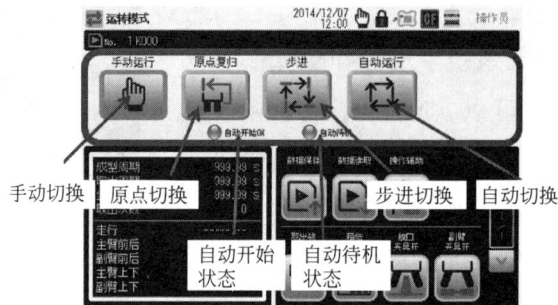

图 3-69 状态切换

周期及轴状态如图 3-70 所示,图中信息有成型周期、取出周期、全周期、取出次数、各轴状态等。

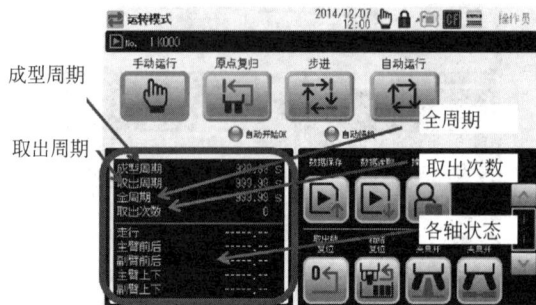

图 3-70 周期及轴状态

3.6.4　注塑机伺服机械手安装调试和运转

伺服机械手控制系统安装调试包括原点复归、手动操作、运转、手动运转、步进运转等。

（1）原点复归　为了使机械手能够正确地自动运行，每次打开电源后，必须在停止状态下进行原点复位动作。原点复归动作将驱动机械手电动轴复归到原点位置，真空和夹具复归到关闭状态。

在停止状态下，按 ⊞ HP. 键，即可进行原点复归，原点复归后才可以进行自动运行和手动操作。原点复归时，用户不可以对机械手进行手动、自动操作和参数设定，遇到紧急情况可按停止键停止原点复归或按下紧急停止开关。

在电源投入时和自动运转开始时，需要进行原点复归。原点复归步骤如下：

1）在初始画面下，把运行模式转换为"原点复归"；

2）按住动作使能键的同时，点击"开始"键；

3）"原点复归完了"的信息被显示，原点复归完成。

模内有上下臂原点复归步骤：　模内有上下臂（运转中模内发生了警报时），用自由操作把上下臂上升到位。

模内有上下臂时，如果电源投入后，已经原点复归完成，轴位置全部被设定，即使模内有上下臂，也能原点复归。

1）用自由操作使主臂上下臂或副臂上下臂移动到与模具不干涉的位置；

2）用自由操作使主臂上下臂或副臂上下臂上升至手臂的安全限位；

3）确认在模外的位置，执行原点复归操作。

（2）手动操作

按 ⛑ 手动 键后，进入手动画面，可进行手动操作，操作机械手各自单一动作及调整各部分机械。手动操作时确认有开模完成信号再进行操作，并确保不得碰触模具。为确保机械手及注塑机模具安全有下列几项限制情形：

1）机械手型内下降后，不能作垂直或水平动作。

2）机械手下降后，不能做横行动作（型内安全区范围内除外）。

3）无开模完成信号，机械手不能做型内下降动作。

调整屏幕亮度：在停止画面下，按三次键进入屏幕亮度调节画面，在此画面按光标上、下按键可调节屏幕背光的亮度。

（3）运转

1）电源的启动

① 把电源插头插入供电箱。

② 使取出机控制侧断路器 ON。

③ 操作盒的电源开关打到 ON，在操作器上显示电源投入的画面。

④ 在操作器上显示下述画面，进入初期检验；初期检查后，没有异常就形成初期画面。

⑤ 操作器的启动完成，显示初期画面。

注意：确认取出机的操作范围内无人之后再进行系统启动。

2）电源的停止　第一步确认取出机停止；第二步操作盒的电源开关打到 OFF；第三步取出机控制侧断路器 OFF；第四步客户供电箱电源 OFF。

（4）手动运转　在手动运转时，能操作选择轴的移动、阀的 ON/OFF 和姿势控制，也可以进行调校。

注意：进行手动运转时，请一定确认移动范围内没有人员和障碍物，手动运转中不进入移动范围内。

手动运转步骤如下：

① 进行原点复归；

② 把运行模式切换为"手动运行"；

③ 注塑机切换为手动运转；

④ 按住动作使能按键同时按手动操作键，实行各手动操作。

注意：手动操作发现异常时，马上松开动作使能键和手动操作键，停止手动操作。

利用手动操作键的操作如图 3-71 所示。

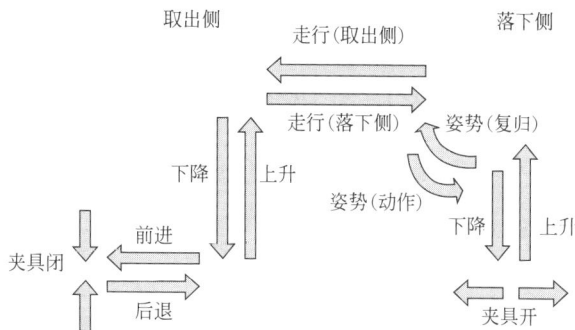

图 3-71 利用手动操作键的操作

手动操作时，通过利用手动使能键的启停可以进行更细小动作。

在菜单画面按"选件操作"按钮，跳转到选件操作画面，如图 3-72 所示。按住动作使能按键，同时操作各按钮。选件操作按钮功能如表 3-23 所示。

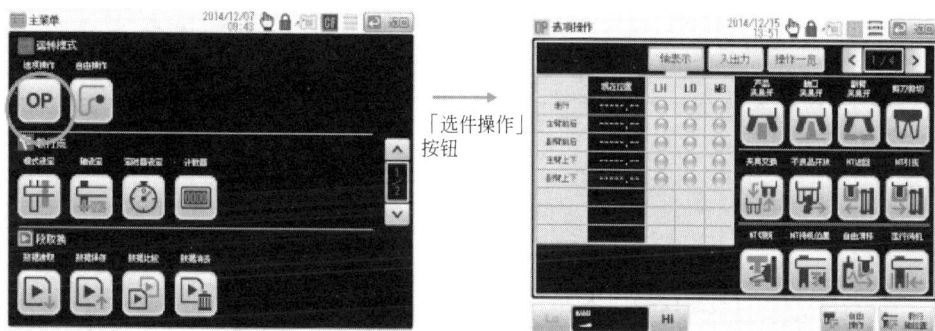

图 3-72 跳转到选件操作画面

表 3-23 选件操作按钮功能

名称	功能	名称	功能
产品夹具开	产品夹具开放	NT 引拔	NT 牵引动作引拔
胶口夹具开	胶口夹具开放	NT 切断	NT 剪刀切断动作
副臂夹具开	副臂夹具开放	NT 待机位置	移动到 NT 待机位置
剪刀剪切	夹具内剪刀剪切动作	自由滑移	模内执行自由滑移动作
夹具交换	移动到夹具交换位置	走行待机	移动到模外待机位置
不良品开放	移动到不良品开放位置	夹具 1 开	产品夹具 1 开放
NT 返回	NT 牵引动作返回	夹具 2 开	产品夹具 2 开放

图 3-73 是模式说明，包括主臂取出和副臂取出，通过箭头表示方向和位置。各模式动作、标记、名称及其功能如表 3-24 所示。

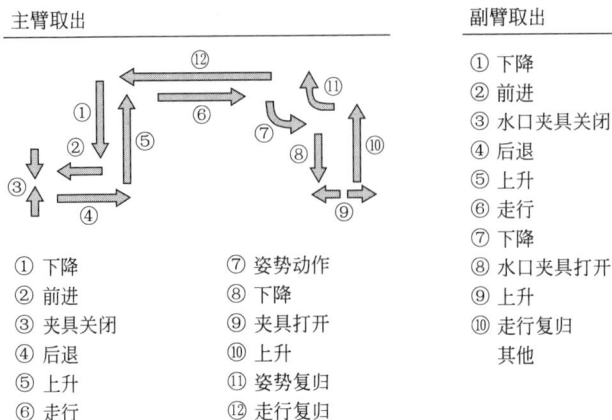

主臂取出

① 下降
② 前进
③ 夹具关闭
④ 后退
⑤ 上升
⑥ 走行
⑦ 姿势动作
⑧ 下降
⑨ 夹具打开
⑩ 上升
⑪ 姿势复归
⑫ 走行复归

副臂取出

① 下降
② 前进
③ 水口夹具关闭
④ 后退
⑤ 上升
⑥ 走行
⑦ 下降
⑧ 水口夹具打开
⑨ 上升
⑩ 走行复归
其他

图 3-73   模式说明

表 3-24   各模式代号、名称及功能

代号	名称	说明	动作
FCW	主臂取出	当使用主臂取出功能时，该模式是 ON 的状态 当副臂取出（FCS）OFF 的时候，只有主臂单独动作	 FCW-ON
FCS	副臂取出	当使用副臂取出功能时，该模式是 ON 的状态 当主臂取出（FCW）OFF 的时候，只有副臂单独动作	 FCS-ON

续表

代号	名称	说明	动作
FCCS2	自由滑移取出	模具通过滑移装置在夹取产品后为使机械臂移动而让产品滑移取出时使用此模式 滑移次数在 1~10 之间	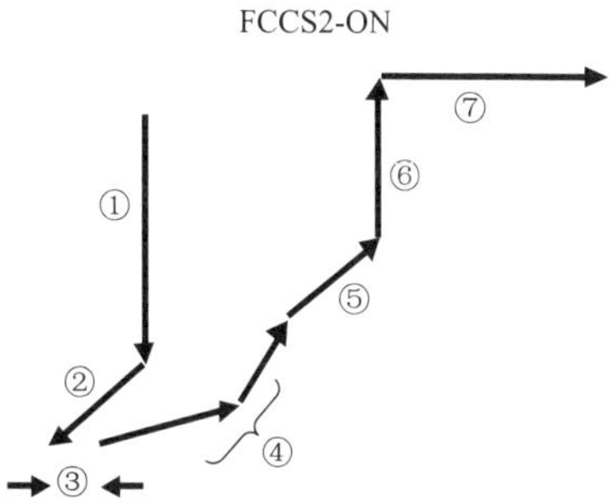 FCCS2-ON （图示动作①～⑦）
FC2K	产品 2 位置开放	标准装箱的动作是只能在等间距条件下放置产品,在因产品形状不同,等间距无法装箱的情况下使用此模式	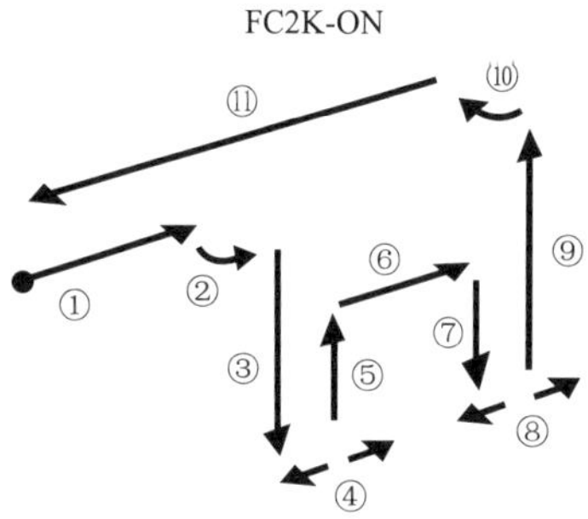 FC2K-ON （图示动作①～⑪）
FCPF	自由装箱点	标准装箱的动作是只能在等间距条件下放置产品,在因产品形状不同,等间距无法装箱的情况下使用此模式	
FCSK	副臂模内开放	将此模式设定为 ON,可以将水口从模具取下并在模具内直接开放	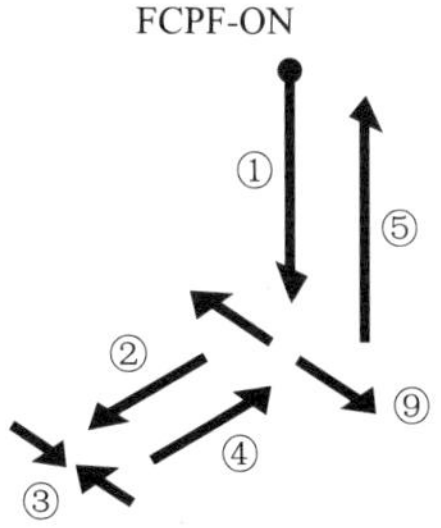 FCPF-ON （图示动作①～⑨）

（5）步进运转 步进运转是用于实际生产前的调试模式。 按照被设定的数据步进/连续步进运转。

1）步进运转步骤

① 把运行模式转换为"手动运行",确认动作模式和各教导程序的设定。

② 进行原点复归。

③ 把运行模式转换为"步进"。

④ 把注塑机安全门关闭,模具打开。

⑤ 按动作使能键,点击"步进-进"按钮,执行单步动作,动作完成再点击"步进-进"按钮执行下一步进动作。

步进过程中,发现异常时,同时松开动作使能键和"步进-进"按钮暂停步进动作。

⑥ 把运行模式转换为"手动运行"或按"停止"按键,退出步进运转。

2)连续步进运转步骤

① 把运行模式转换为"手动运行",确认动作模式和各教导程序的设定。

② 进行原点复归。

③ 把运行模式转换为"步进"。

④ 把注塑机安全门关闭,模具打开。

⑤ 按动作使能键,同时按"连续步进"按钮,执行单周期连续步进运转。

步进过程中,发现异常时,同时松开动作使能键和"连续步进"按钮暂停步进动作。

⑥ 把运行模式转换为"手动运行"或按"停止"按键,退出步进运转。

(6)自动运转   自动运转用于实际生产前的调试模式后。按照被设定的动作模式和参数设定运转后,再进行自动运转操作,也就是正常生产。重复上述连续步进步骤后,执行如下操作:

① 把运行模式转换为"手动运行",确认动作模式和各教导程序的设定。

② 进行原点复归。

③ 把运行模式转换为"自动运行"。

④ 执行注塑机自动运转。

⑤ 按"开始"按钮,开始自动运转。

⑥ 把运行模式转换为"手动运行"或按"停止"按键,停止自动运转。

复习思考题

1. 什么是注塑成型加工?

2. 注塑成型主要参数有哪些?

3. 常用塑料（PS、ABS、PP、PA、POM）的模温和料筒温度是多少？

4. 常用塑料的加工条件有哪些？

5. 常用塑料（PS、ABS、PP、PA、PC、POM）的加工条件是什么？

6. 简述注塑机操作的工作步骤。

7. 简述注塑机锁模部分调整工作内容。

8. 简述注塑机射胶部分调整工作内容。

9. 简述注塑机锁模力调校方法。

10. 简述注塑机射胶量调校方法。

11. 如何调整注塑机系统压力和流量？

12. 注塑成型动作的调校主要有哪些？

第4章

注塑成型常见故障处理

4.1 注塑成型工艺技术参数设置

注塑成型工艺技术参数主要包括压力参数、速度参数、温度参数、冷却参数及时间参数,这些参数要根据塑料原料特性、模具设计制造特点、成型条件和注塑机技术参数等综合进行设置。

(1)压力参数的设置 注塑成型工艺技术最主要的就是射胶部分和锁模部分,而注塑成型工艺技术压力参数是最主要的参数,它包括了射胶压力、锁模压力、保压压力和熔胶压力等参数。射胶压力的设置要从一级射胶开始,有的机器需要进行一级射胶、二级射胶、三级射胶,直到射胶终止为止;有的机器则需要进行一级射胶、二级射胶、一级保压和二级保压参数的设置,这些都需要实际工作经验,设置动作参数综合具体情况而定,如使用的塑料的特性、模具的型腔设计、机器的使用情况及操作人员的技术水准等。其功能是在熔料射入型腔内还没有完全冷却时,对熔料施加一定的压力作用。如果保压时间过长会增加循环周期时间,影响生产率;如果保压时间设置过短,注塑制品表面可能会形成缺陷,影响产品品质。

锁模压力的设置,是从设置低压锁模开始,再到高压锁模,直到锁模终止为止。锁模参数设置要将锁模动作分三个阶段,锁模开始后采用快速移动模板以节省循环时间,当模具即将闭合时,为了保护模具而将锁模压力降低,调整压力约在 1MPa,当模具完全闭合后,则增加压力以达到预期的锁模力。

对动作压力进行设置或更改,还可以使动作和速度更加协调,尤其对于采用比例压力和流量电磁阀的机型,设置或更改简捷方便,可以方便地调校参数,使得注塑机工作在最佳工作状态下,保质保量完成生产操作。

(2)速度参数的设置 注塑成型工艺技术速度参数也是重要的参数,它包括射胶速度、熔胶速度、锁模速度和开模速度等参数。射胶速度的设置也是从一级射胶开始,经过二级射胶、三级射胶,直到射胶终止为止。射胶速度的设置会对注塑制品产生重大的影响,射胶速度慢、射胶压力低会造成产品表面粗糙和不光滑,而射胶速度快,又可能造成制品产生气泡或出现银纹。所以射胶速度的参数设置,要结合塑料原料特性、注塑成型模具设计等多种情况,结合注塑成型制品品质情况,综合具体情况来设置。

锁模速度基本上与锁模压力设置相同,开模动作的速度也分三个阶段,为了减少机械振动,在开模动作开始阶段,要求动模板的移动缓慢。由于注塑成型塑件留在模具型腔内,如果运动的开模速度过快,就有可能损坏塑件和产生巨大的声浪。在开模中间阶段,为了缩短循环周期时间,动模板应快速移动,直到动模板在接近开模终止位置时,才减慢速度,最后停止开模动作。所以开模速度的设置要按照这三个阶段来设置。

(3)温度参数的设置 主要是对射嘴和加热熔胶筒的温度设定,加热熔胶筒温度设定一般按照塑料胶料提供的温度进行参数设定,尤其要注意熔胶筒的前端、中端和后端加热区的温度差值,对于射嘴温度控制采用恒温控制器,在注塑成型塑件制品过程中,温度参数设定合适较为重要,温度设定不合适,会使注塑制品出现不良现象,造成废品。总之,温度设定的目的是熔融胶料,进行塑化,且不能烧焦、烧糊胶料,使胶料降解,液压油温度设置不应超过 50℃,如果温度过高,可使用冷却水降低液压油温度。

(4)冷却参数的设置 这在注塑机安装调试过程中已经阐明,冷却系统十分重要，尤其是冷却模具温度和料斗下料口与熔胶筒端部的运水圈的温度控制，要靠经验进行。使用塑料种类不同，模具温度不同，注塑成型制品不同，注塑机射胶量不同，进行冷却的速度也不同。冷却速度快慢依靠闸阀开启大小来控制和调节，当然仍要依据注塑成型的制品情况来设置或调节冷却水的进水量即冷却速度。

（5）时间参数的设置 注塑成型工艺技术时间参数是保证注塑成型产品的重要参数，它包括射胶时间、冷却时间、保压时间、循环时间、低压时间、熔胶延迟时间、锁模延时时间等参数设置，机型不同时间参数设置也不同，但重要的时间参数是相同的，具体如下。

① 射胶时间 常由射胶动作开始计时，包括射胶及保压时间。一般都采用时间继电器来控制和调节，电脑机型则在键盘上输入射胶时间参数，以供计算机控制射胶动作时间。

② 冷却时间 常由射胶时间计时完毕开始冷却时间计时，直到开模动作开始止的时间段。一般机型采用时间继电器来控制和调节冷却时间，电脑机型则在键盘上输入冷却时间参数，以供计算机控制冷却时间。

③ 低压锁模时间 由快速低压锁模开始计时，直到锁模完成，慢速高压开模前终止计时，一般机型采用时间继电器来控制和调节低压锁模时间。如果模具内有杂物，机铰不能伸直，时间超过低压锁模设定的时间，就会开始报警。电脑机型则在键盘上输入低压锁模时间参数，以供计算机控制低压锁模时间。

④ 周期循环时间 由油压顶针操作完毕开始计时，直到锁模动作又一个循环开始止的时间。周期循环时间可用时间继电器或电眼信号来进行计时，电脑机型则在键盘上输入周期循环时间参数，以供计算机控制循环时间而进行下一循环的动作。

注塑机注塑成型工艺技术参数的设置较为复杂，综合因素较多，就射胶动作来说，可以采用四级射胶，也可以采用二级射胶。即使是同一台机器，不同的操作员进行调校，也有一些差别。总之，参数预置应本着从实际出发、结合生产经验设置工艺条件、注塑成型合格产品、保证机器正常运行的原则，生产出合格产品，节约能源，并减少机器损耗。表 4-1 是震雄注塑机注塑成型工艺技术资料。

表 4-1　震雄注塑机注塑成型工艺技术资料

动　作	行　程	速　度	压　力
低压锁模	2100	99	99
高压锁模	1800	99	99
锁模力	1500	99	99
入芯开始	0000	00	00
锁模终止	0050	50	79
射台前进		30	40
射胶 I — II	1320	60	65
射胶 II — III	0100	60	50
射胶 III — IV	0050	00	00
射胶终止	0050	00	00
保压压力			30
熔胶	2500	99	99
背压	0000		40
倒索	2510	60	35
射台后退		40	40
开模慢至快	0900	90	99
开模快至慢	6300	99	99
开模终止	6500	50	99
出芯	0000	00	00
顶针前进		60	50
顶针后退		55	55
射胶量公差位置	0030	00	65
锁模部分原点		50	50
射胶部分原点		50	50
自动调模		30	10
TIM NO=0	2.1		
1	2.4		
2	0		
3	65.5		
CNT NO=0	1		
CNT NO=1	65.535		
TIM NO=4	0.0		
5	0.0		
6	0.0		
7	2.5		

续表

动　作	行　程	速　度	压　力
8	0.4		
9	20		
10	0.1		
CNT NO=2	100		
3	100		
4	100		
5	100		

从工艺技术参数设置来看，注塑成型的射胶采用了二级射胶，对缩水、披锋警告的自动修正，射胶时间设置 2.1s；冷却时间设置 2.4s；周期警告时间 65.5s；低压时间设置 2.5s；熔胶延时时间设置 0.4s；周期时间显示设置 20s；保压延时时间设置 0.1s；顶针次数设置为 1 次；成型次数设置为 65535 次；各动作压力、速度、行程参数根据注塑条件而具体设置。

4.2　注塑成型工艺技术参数与产品质量

注塑成型工艺技术参数包括压力、速度、行程、时间、次数等。工艺技术参数的设置直接影响注塑产品的质量，在注塑成型操作过程中，每个工艺技术参数都与注塑产品的品质关系密切,工艺技术参数相互配合、互相弥补、良好配置及最佳组合是注塑成型产品的质量保证。工艺技术参数的压力参数主要涉及锁模压力、射胶压力、熔胶压力和保压压力等；工艺技术参数的速度参数主要涉及锁模速度、射胶速度、熔胶速度和开模速度；工艺技术参数的时间参数主要涉及冷却时间、射胶时间、低压锁模时间和循环延迟时间；工艺技术参数的次数参数主要涉及顶针次数和成型次数；工艺技术参数的行程参数主要涉及锁模动作过程中行程变化的设置、开模动作过程中行程变化的设置、射胶动作过程中各级射胶行程变化的设置和熔胶动作过程中背压和倒索行程的设置。以上这些参数设置，除了要按照注塑机本身的注塑成型工艺技术条件要求外，还要结合实际情况，根据塑料原料的塑化情况及工艺技术和工作经验，对注塑成型产品进行参数设定，并进行注塑成型的操作，通过调试和试注塑运行，发现存在的不良缺陷问题，对设置的参数进行调整校正，以使注塑机正常运行，注塑成型出符合质量要求的产品。

工艺技术参数的设置要适当，符合工艺技术要求，在对参数进行调校时，要严格操作，遵守工艺流程规则。在调节参数试运行过程中，应当避免存在以下问题。

① 压力参数设置低而流量参数设置高。

② 保压压力设置高而流量参数设置低。

工艺技术参数设置要适当，不恰当的设置会造成注塑成型产品存在不良缺陷。常见的压力、速度参数问题如下。

① 压力参数设置不足和速度参数设置太慢，会导致注塑成型产品存在不良缺陷，如制品的凹痕和气泡；制品表面波纹、熔接不良、接痕明显；制品表面肿胀、流纹和波纹；制品发脆；浇口成层状等状况。

② 压力参数设置过大和速度参数设置过大，会导致注塑成型产品存在制品变色、黑点、黑线等缺陷。

③ 压力参数设置过高会导致注塑成型产品存在物料溢边、飞边过大、漏胶、粘模及脱模不良、破裂或龟裂等缺陷。

④ 压力参数设置太低会导致注塑成型产品存在射胶不足或模具不充满、尺寸不稳定、银丝或斑纹、制品表面粗糙等缺陷。

⑤ 速度参数设置太低会导致注塑成型产品存在制品表面粗糙不光滑、翘曲变形等缺陷。

⑥ 压力参数设置太低、速度参数设置较大，会导致注塑成型产品存在制品透明度不良、塑件制品不良等缺陷。

常见的时间参数设置有如下状况。

① 射胶时间设置过短，会导致注塑成型产品存在不良缺陷，如射胶不足或模具不充满、凹痕或气泡、银丝或斑纹、制品尺寸不稳定、制品发脆、塑件不良等状况。

② 射胶时间设置过长，会导致注塑成型产品存在如制品溢料、漏胶、制品粘模或直浇道粘模、浇口成层状、脱模不良等缺陷。

③ 冷却时间设置过长，会导致注塑成型产品存在如主流道粘模、裂纹

等缺陷。

④ 冷却时间设置过短，会导致注塑成型产品存在如翘曲和变形、制品尺寸不稳定、水口堵塞塑件或浇口粘模、塑件脆弱等缺陷。

⑤ 保压时间设置太短，会导致注塑成型产品存在如制品尺寸不稳定、制品银丝或斑纹、制品凹痕或气泡、制品发脆等缺陷。

注塑成型产品质量除了与上述工艺技术条件有密切关系，还与塑料原料、注塑成型模具等相关，这些因素也影响着工艺技术参数的设置和加工工艺技术。例如塑料原料，在使用时的混合比例配料配方的试验，塑料含有杂质成分和含有水分的情况、注塑成型使用前原料的干燥情况，都对注塑成型加工工艺技术有直接的影响。模具的设计制造、模具的强度和光洁程度、型腔、主浇道、浇口的设计、注塑成型加工工艺技术要考虑，塑件的尺寸、形状、厚薄、熔胶筒温度区段的加热，具体的射嘴形状、参数选择使用，以及脱模剂的使用，模具的冷却温度调节等都是注塑成型工艺技术方面涉及的问题，均要综合全面地考虑、分析、调整、试运行。塑件产品上发现具体问题，进行参数校正或修改，试运行，修改直至注塑成型出合格的产品为止，这才完成一个步骤，然后可以进行生产，还要随机抽查产品，以防止随机出现其他问题。

4.3 注塑成型常见产品缺陷与处理办法

注塑成型产品缺陷是造成产品质量不合格的根源，产品缺陷又和注塑员、注塑机维修员的技术水平有关。保证产品质量，要求注塑员对注塑成型的机器和工艺技术有丰富的实践经验；要对所使用的注塑机器性能熟悉了解，全面掌握并使用；要对注塑成型工艺技术全面掌握，从塑料原料到产品包装的各个环节的全过程设置和调校。

在注塑成型操作过程中，常见的产品缺陷也有一定的趋向，通常做法是通过对产品缺陷的正确判别诊断，综合分析可能产生的原因，结合实际工作经验，摸索出一套规律，通过对塑料原料、各温度参数、压力参数、速度参数、行程参数、时间参数的设置，针对具体情况如模具、射嘴、熔胶筒、螺杆以及润滑剂、脱模剂等进行合理的参数预置和修改，结合实际对工艺技术参数进行调节和校正，通过调校试运行，防止产品缺陷产生，保证产品质量合格。

注塑成型常见产品缺陷的原因和解决方法见表4-2。

表4-2　注塑成型常见产品缺陷的原因和解决方法

产品缺陷	可 能 原 因	解 决 方 法
制品凹痕	（1）模腔胶料不足，引起收缩	
	①填充入料不足或加料量不够	①增加加料或开大下料口闸板
	②浇口位置不当或浇口不对称	②限制熔胶全部流入直浇道浇口，不流入其他浇口
	③分流道、浇口不足或太小	③增多分流道和增大浇口尺寸
	④制品壁厚或厚薄不均匀，在厚壁处的背部容易出现凹痕	④可对工模模具进行修改或增加注射压力
	（2）工艺技术参数调节不当	
	①射胶压力小，射胶速度慢	①调节增大射胶压力和射胶速度
	②射胶时间设置太短	②增加射胶时间设定值
	③保压时间设置太短	③增加保压时间设定值
	④冷却时间设置太短	④增加冷却时间设定值
	（3）塑料过热	
	①塑料过热，熔胶筒温度设置太高	①降低熔胶筒的温度设定值
	②模具温度过高	②降低模温，调节冷却系统进水闸阀
	③模具局部过热或制品脱模时过热	③检查工模冷却系统或延长冷却时间
	（4）料温太低或塑化不良，使熔融料流动不良	增加熔胶筒各段加热区温度，检验塑化胶料的程度
成品不满	①物料在料斗中"架桥"使加料量不足	①检查运水圈冷却系统，消除"架桥"现象
	②注射量不够，塑化能力不足以及余料不足	②减小注射量来保持固定料量进入以及增强塑化能力
	③分流道不足或浇口小	③加多分流道或扩大浇口尺寸
	④流入多型腔工模的熔胶流态不能适当平衡	④改正不平衡流态的情况
	⑤模腔熔胶量大过注塑机的射胶量	⑤用较大注塑机或减少工模内模型腔数目
	⑥模具浇注系统流动阻力大，进料口位置不当，截面小、形式不良，流程长而且曲折	⑥改进或修改模具浇注系统，包括进料口位置、截面、形式和流程等方面

续表

产品缺陷	可 能 原 因	解 决 方 法
成品不满	⑦空气不能排出模腔	⑦增加排气道数目或尺寸
	⑧塑料含水分、挥发物多或熔融料中充气多	⑧塑料注塑成型前要干燥处理,保证混料比例,减少杂质
	⑨射嘴温度低,料筒温度低,造成堵塞,或射嘴孔径太小	⑨增加料筒、射嘴温度,保证充分塑化,更换大孔径射嘴
	⑩注射压力小,注射速度慢	⑩增加注射压力和速度参数值
	⑪射胶时间设置太短	⑪增加射胶时间参数的设置值
	⑫保压时间设置太短	⑫增加保压时间参数的设置值
	⑬塑料流动性太差,产生飞边溢料过多	⑬校正温度设置的参数值,防止溢料产生
	⑭模具温度太低,塑料冷却太快	⑭调节模温和冷却时间
	⑮脱膜剂使用过多,型腔内有水分等	⑮合理控制脱模剂用量,防止过多水分
	⑯制品壁太薄,形状复杂并且面积大	⑯尽力降低制品复杂程度
制品拔锋	①制品投影面积超过注塑机所允许的最大制品面积	①选用较大的注塑机或选用合适面积的制品模具
	②模具安装不正确或单向受力	②检查模具安装情况并固定压紧
	③注塑机模板不平行或拉杆变形不均	③检查模板及拉杆是否平行,并进行校正,消除变形
	④模具平行度不良或模边有阻碍	④清洁或打磨模边,检查模具平行度
	⑤模具分型面密合不良,型腔和型芯偏移或滑动零件的间隙过大	⑤检查模具分型面是否干净无杂物,校正偏移或间隙,或更换零件
	⑥塑料流动性太大,且加料量太大	⑥加料量控制合适
	⑦型腔料温高,模温过高	⑦控制加热熔胶筒的温度和模具温度
	⑧注射压力过大,注射速度过快	⑧降低射胶压力、速度参数值的设定
	⑨锁模力不恒定或锁模力不均匀	⑨调校锁模力参数或修正工模两边对称
熔接不良	①浇口系统形式不当,浇口小,分流道小,流程长,料流阻力大,料温下降快	①改进浇口系统,增大浇口或分流道,减小流程及料流阻力,保持料温幅度
	②料温度太低或模温太低	②增加熔胶筒和工模温度
	③塑料流动性差,有冷料掺入,冷却速度快	③对于流动性差的料,防止冷料加入加速冷却,影响流动速度
	④模具内有水分或润滑剂,熔融料充气过多,脱模剂过多	④检查排气孔,擦干工模内壁,或按工艺技术标准使用塑料、添加剂等
	⑤注射压力太小或注射速度慢	⑤增加射胶压力和速度设置值
	⑥制品形状不良,壁厚薄不均匀,使熔融料在薄壁处汇合	⑥改善制品形状或增加注塑成型周期时间
	⑦模具冷却系统不当或排气不良	⑦检查冷却系统和排气孔情况
	⑧塑料内掺有不相溶的料、油质或脱模剂不当	⑧检查塑料有无污染,擦净工模壁,涂上适当的脱模剂

续表

产品缺陷	可　能　原　因	解　决　方　法
制品裂纹	①塑料有污染、干燥不良或有挥发物 ②塑料及回料混合比例大，使塑料收缩方向性过大或填料分布不均 ③不适当的脱模设计，制品壁薄，脱模斜度小，有尖角及缺口，容易产生应力集中 ④顶针或环定位不当，或成型条件不当，应力过大，顶出不良 ⑤工模温度太低或温度不均 ⑥注射压力太低，注射速度太慢 ⑦射胶时间和保压时间设置太短 ⑧冷却时间调节不适当，过长或过短 ⑨制品脱模后或后处理冷却不均匀，或脱模剂使用不当	①检查塑料是否有污染掺杂等 ②严格掌握塑料回料及废料掺入比例，使得塑料能良好地塑化 ③修改工模设计，消除斜度小、尖角及缺口 ④调校安装顶针装置，使顶针顺利顶出制品而不发生冲撞 ⑤调节工模温度，保持正常或提高模温 ⑥增加射胶压力和速度参数设定值 ⑦增加射胶时间和保压时间参数的设定 ⑧根据制品具体情况，合理调节冷却时间 ⑨合理使用脱模剂，保证制品脱模后冷却状态均匀
制品变形	①塑料塑化不均匀，供料填充过量或不足 ②浇口位置不当、不对称或数量不够 ③模具强度不够，易变形，精度不够，有磨损，定位不可靠或顶出位置不当 ④脱模系统设计不良或安装不好，脱模时受力不均匀 ⑤塑料料温太低，模温低，射嘴孔径小，在注射压力、速度高时应力大 ⑥料温高，模温高，填充作用过分，保压补缩过大，射胶压力高时，残余应力过大 ⑦制品厚薄不均，参数调节不当，冷却不均或收缩不均 ⑧冷却时间参数设置太短，脱模制品变形，后处理不良或保存不良 ⑨模具温度不均，冷却不均，对壁厚部分冷却慢，壁薄部分冷却快，或塑件凸部冷却快，凹部冷却慢	①调节螺杆后退位置，减少入料，降低射胶压力或增加压力 ②更改浇口或在浇口控制流动速度 ③检查或修改模具或安装校正使之定位准确，精度良好，顶出位置适当 ④可更改设计或再安装调试，使制品脱模时受力均匀 ⑤增加熔胶筒的温度及模具温度，减小射胶压力和速度以防止切应力过大 ⑥降低熔胶筒的温度及模具温度，减小射胶压力和保压补缩，以防残余应力过大 ⑦检查模具受热是否均匀，或修改模具使之厚薄均匀，或合理调节参数使收缩均匀 ⑧增加冷却时间参数设定值，调节其他参数，加强后处理工序和保存堆放合理，免受外力作用而变形 ⑨调节模具冷却系统对模具温度的控制并均匀分布，避免冷却不均造成温度不均而使塑件温度不均，收缩不均，发生变形
制品银纹	①塑料配料不当或塑料粒料不均，掺杂或比例不当 ②塑料中含水分高，有低挥发物掺入 ③塑料中混入少量空气 ④熔胶在模腔内流动不连续	①严格塑料比例配方，混料应粗细均一，保证塑化 ②对塑料生产前进行干燥，避免污染 ③降低熔胶筒后段的温度或增加熔胶筒前段的温度 ④调正浇口要对称，确定浇口位置或保持模温均匀

续表

产品缺陷	可 能 原 因	解 决 方 法
制品银纹	⑤模具表面有水分、润滑油，脱模剂过多或使用不当	⑤擦干模具表面水分或油污，合理使用脱模剂
	⑥模具排气不良、熔融料薄壁流入厚壁时膨胀，挥发物汽化与模具表面接触液化生成银丝	⑥改进模具设计，尽量严格塑料原料的比例配方和减少原料污染
	⑦模具温度低，注射压力小，注射速度慢，熔融料填充慢、冷却快，形成白色或银白色反射光薄层	⑦增加模温，增加射胶压力和速度，延长冷却时间和注塑成型周期时间
	⑧射胶时间设置太短	⑧增加射胶时间的参数设定值
	⑨保压时间设置太短	⑨增加保压时间的参数设定值
	⑩塑料温度太高或背压太高	⑩由射嘴开始，减小熔胶筒的温度，或降低螺杆转速，使螺杆所受的背压减少
	⑪料筒或射嘴有障碍物或毛刺影响	⑪检查料筒和射嘴，浇注系统太粗糙，应改进和提高
制品变色	①塑料和颜料中混入杂物	①混料时避免混入杂物
	②塑料和颜料污染或降解、分解	②原料要干燥，设备干净，换料时要清除干净，以免留有余料
	③颜料质量不好或使用时搅拌不均匀	③保证所用颜料质量，使用搅拌时颜料要均匀附在料粒表面
	④料筒温度、射嘴温度太高，使胶料烧焦变色	④降低熔胶筒、射嘴温度，清除烧焦的胶料
	⑤注射压力和速度设置太高，使添加剂、着色剂分解	⑤降低射胶压力和速度参数值，避免添加剂分解
	⑥模具表面有水分、油污，或使用脱模剂过量	⑥擦干模具表面水分和油污，合理使用脱模剂
	⑦纤维填料分布不均，制品与溶剂接触树脂溶失，使纤维裸露	⑦合理设置纤维填料的工艺参数，合理使用溶剂，使塑化良好，消除纤维外露
	⑧熔胶筒中有障碍物促进物料降解	⑧注意消除障碍物，尤其对换料要严格按步骤程序进行，或使用过渡换料法
制品表面波纹	①浇口小，导致胶料在模腔内有喷射现象	①修改浇口尺寸或降低射胶压力
	②流道曲折，狭窄，光洁程度差，供应胶料不足	②修改流道和提高其光洁程度，使胶料供应充分
	③制品切面厚薄不均匀，面积大，形状复杂	③设计制品使切面厚薄一致，或去掉制品上的突盘和凸起的线条
	④模具冷却系统不当或工模温度低	④调节冷却系统或增加模温
	⑤料温低、模温低或射嘴温度低	⑤增加熔胶筒温度和射嘴温度
	⑥注射压力、速度设置太小	⑥增加射胶压力和速度参数设定值
制品粗糙	①模具腔内粗糙，光洁程度差	①再次对模具型腔进行抛光作业
	②塑料内含有水分或挥发物过多，或塑料和颜料分解变质	②干燥塑料原料，合理使用回收料，防止杂质掺入

续表

产品缺陷	可 能 原 因	解 决 方 法
制品粗糙	③供料不足，塑化不良或塑料流动性差	③检查下料口情况以及塑胶料塑化情况，再调节参数
	④模具壁有水分和油污	④清洁和修理漏水裂痕或防止水汽在壁面凝结，擦净油污
	⑤使用脱模剂过量或选用不当	⑤正确选用少量的脱模剂，清洁工模
	⑥熔融料在模腔内与腔壁没完全接触	⑥可通过加大射胶压力、提高模温、增加供料来改善
	⑦注射速度慢，压力低	⑦增大射胶压力和速度设定，增加熔胶温度，增加背压
	⑧脱模斜度小，脱模不良或制品表面硬度低，易划伤磨损	⑧修改模具斜度，合理选用顶针参数，操作时精心作业
	⑨料粒大小不均，或混入不相溶料，产生色泽不均、银丝等	⑨混料时注意料粒大小要均匀，防止其他料误入
制品气泡	①塑料潮湿，含水分、溶剂或易挥发物	①注塑前先干燥处理胶料，也要避免处理过程中受过大的温度变化
	②料粒太细、不均或背压小，料筒后端温度高或加料端混入空气或回流翻料	②对细料粒或不均匀料，设置好料筒各区端温度，以防止注塑成型时有空气介入
	③模腔填料不足或浇口、流道太小	③扩大浇口、流道尺寸，检查下料口或射胶动作参数
	④注射压力和速度设置太低	④增加射胶压力、速度设定值
	⑤射胶时间设置太低	⑤增加射胶时间参数设定值
	⑥模温低或温度不均匀，射嘴温度太高	⑥检查模具冷却系统，重新排列，使工模温度一致，降低射嘴设定温度值
制品粘模	①浇口尺寸太大或型腔脱模斜度太小	①修改模具浇口和型腔设计尺寸
	②脱模结构不合理或工模内有倒扣位	②模具结构应合理，除去倒扣位，打磨抛光，增加脱模部位的斜度
	③工模内壁光洁程度不够或有凹痕划伤	③对工模型腔内壁再次抛光，打磨处理凹痕划伤后再抛光
	④料温过高或注射压力过大	④降低料温温度和减小射胶压力，降低螺杆转速或背压
	⑤注射时间参数设置太长	⑤减少射胶时间参数设定值
	⑥冷却时间参数设置太短	⑥增加冷却时间参数设定值
	⑦模内制品表面未冷却硬化或模温太高	⑦延长保压时间并加强工模冷却，降低模温温度
	⑧射嘴温度低，射嘴与浇口套弧度不吻合或吻合不良	⑧降低射嘴温度，调校或修理使射嘴与浇口套吻合
	⑨射嘴孔径处有杂质或浇口套孔径比射嘴孔径小	⑨清除射嘴孔与浇口套处的杂质，更换射嘴孔径或修改浇口套孔径
浇口粘模	①浇口锥度不够或没有用脱模剂	①增加浇口锥度，使用适量的脱模剂
	②浇口太大或冷却时间太短	②延长冷却时间，缩小浇口直径

续表

产品缺陷	可 能 原 因	解 决 方 法
浇口粘模	③料温高，冷却时间短，收缩不良	③降低料温，增加冷却时间，使收缩良好
	④工模表面有损伤或凹痕	④修理工模型腔，表面进行抛光
	⑤射胶压力过大，使制品脱模时没有完全顶出，或剩余部分断开模具内的断胶	⑤调校工艺技术参数，如降低射胶压力和顶针动作参数，预防断胶
	⑥射胶压力过大，复杂型腔的孔被堵塞，形成胶柱，引起断针	⑥调校工艺技术参数，降低射胶压力或速度，以防止断针
制品飞边	①塑料温度、工模温度太高	①降低塑料加热筒温度及工模温度
	②注射压力太高或塑料流动性太大	②降低射胶压力或速度
	③工模两边不对称或锁模力不均	③调校工模模具对称，调校锁模力参数
	④模板不平衡或导柱变形，使模具平行度不良	④调整校核模具、模板平衡，使四边受力均衡
	⑤注射时间设置太长	⑤减少射胶时间参数值的设定
	⑥模边有阻碍，使分型面密合不良，或型腔、型芯部分滑动，零件间隙过大	⑥清洁或打磨模边，修理更换间隙过大的零件
制品透明度不良	①塑料中含有水分或有杂质混入	①塑料注塑前应干燥处理，并防止杂质混入
	②浇口尺寸过小、形状不好或位置不好	②修改模具浇口尺寸、形状或位置，使之合理
	③模具表面不光洁，有水分或油污	③擦干水分或油污，表面进行抛光
	④塑料温度低，或模温低	④提高塑料熔胶筒温度或模温温度
	⑤料温高或浇注系统剪切作用大，塑料分解	⑤降低料温温度，防止塑料降解或分解
	⑥熔融料与模具表面接触不良或模具排气不良	⑥合理调校射胶压力、速度参数，检查排气道排气状况
	⑦润滑剂不当或用量过多	⑦适量使用润滑剂
	⑧塑料塑化不良，结晶性料冷却不良、不均或制品壁厚不均	⑧合理调整工艺技术参数，防止结晶性料冷却不良或不均匀
	⑨注射速度过快，注射压力过低	⑨调节射胶速度和压力，使之合适
制品尺寸不稳定	①机器电气系统、液压系统不稳定	①检查和调校机器的电气、液压控制系统，使控制稳定正常
	②注塑成型工艺技术条件不稳定	②检查工艺技术参数是否稳定，加料系统是否正常，温度控制系统是否正常，螺杆转速是否正常，背压是否稳定，注塑成型各动作液压系统是否稳定正常等
	③注塑成型工艺技术条件设置不当	③检查注射压力是否正常，射胶和保压时间设置是否正常，生产周期是否稳定以及注塑成型各动作压力、速度参数设置是否合适
	④模具强度不足，导柱弯曲或磨损	④检查导柱是否有磨损或弯曲变形

续表

产品缺陷	可 能 原 因	解 决 方 法
制品尺寸 不稳定	⑤模具锁模不稳定，精度不良，活动零件动作不稳定，定位不准确	⑤检查模具精度和零件动作及定位情况，消除不良因素，使各动作稳定正常
	⑥塑料加料量不均或颗粒不均，塑料塑化不良或机器熔胶筒与螺杆磨损	⑥检查机器性能，熔胶与螺杆间隙过大或磨损严重时应更换或修理
	⑦制品冷却时间设置太短，脱模后冷却不均匀	⑦延长冷却时间，检查冷却系统的运行状况
	⑧制品刚性不良，壁厚不均及后处理条件不稳定	⑧检修模具或调节工艺参数，加强后处理条件稳定
	⑨塑料混合比例不当、塑料收缩不稳定或结晶性料的结晶度不稳定	⑨合理搭配回料或废料的比例，对结晶度不稳定的料要通过工艺、原料等进行弥补
制品出现 斑点、黑 线条等	①熔胶筒内壁烧焦，胶块脱落，形成小黑点	①清除熔胶筒内壁焦料；用较硬的塑料置换料筒内存料，以擦净料筒壁面；避免胶料长时间受高温
	②空气带来污染或模腔内有空气，导致焦化形成黑点	②塑料要封闭好并在料斗上加盖；工模排气道要改好；修改工模设计或制品设计或浇口位置；增加或减小熔胶筒和工模温度，以改变胶料在模内的流动形态；降低射胶压力或速度的设置
	③产生黑色条纹	③分别按以下方法处理
	a. 料筒、螺杆不干净，或原料不干净	a. 清理料筒及螺杆，使用无杂质、干净的原料
	b. 料筒内胶料局部过热	b. 降低或均匀地加热熔胶筒，使温度均匀
	c. 冷胶粒互相摩擦，与熔胶筒壁摩擦时烧焦	c. 加入有外润滑剂的塑料；再生回料要加入润滑剂；增加熔胶筒后端的温度
	d. 螺杆中心有偏差，使螺杆与熔胶筒壁面摩擦，烧焦塑料	d. 校正螺杆与熔胶筒间隙，使空气能顺利排出熔胶筒；避免用细粉塑料，避免螺杆与熔胶筒壁面间形成摩擦生热，细料塑料应造粒后使用
	e. 射嘴温度过热，烧焦胶料	e. 降低射嘴的温度或控制温度变化范围
	f. 胶料在熔胶筒内高温下滞留时间太长	f. 尽量缩短成型循环时间；减小螺杆转速、加大背压或在小容量注塑机上注塑；尽量让塑料不在熔胶筒内滞留
	④产生棕色条纹或黄线等	④分别按以下方法处理
	a. 熔胶筒内全部或局部过热	a. 降低熔胶筒的温度设定；降低螺杆旋转速度；减少螺杆背压设定值
	b. 胶料粘在熔胶筒壁或射嘴上以致烧焦	b. 对熔胶筒内壁、射嘴内径等一并进行清理，擦除干净
	c. 胶料在熔胶筒内停留时间过长	c. 更改工艺参数，缩短注塑成型周期

续表

产品缺陷	可 能 原 因	解 决 方 法
制品出现斑点、黑线条等	d. 料筒内存在死角 ⑤注射压力太高，注射速度太大 ⑥熔胶筒内胶料温度太高或射嘴温度过高 ⑦螺杆转速太高或背压太低 ⑧浇口位置不当或排气道排气不良	d. 更换螺杆 ⑤降低射胶压力和射胶速度的设定值 ⑥降低熔胶筒的温度和降低射嘴温度的设定值 ⑦增加背压和减小螺杆转速 ⑧检查模具的排气孔情况，改变浇口位置
制品分层脱皮	①塑料混入杂质，或不同塑料混杂，或同一塑料不同级别相混合 ②塑料过冷或有污染混入异物 ③模温过低或料冷却太快，料流动性差 ④注射压力不足或速度太慢 ⑤射胶时间设置过长 ⑥塑料混合比例不当或塑化不均匀	①要使用同一级别的塑料，避免杂质或其他特性的塑料相混杂使用 ②增加熔胶筒的温度，清洁熔胶筒 ③提高模温和料温 ④提高射胶压力和速度 ⑤减少射胶时间设定值 ⑥塑料和回料混合比例要适当，调节工艺参数使塑化均匀
制品僵块	①塑料混入杂质或使用了不同牌号的塑料 ②注塑机塑化能力不足，注塑机容量接近制品质量 ③塑料料粒不均或过大，塑化不均 ④料温和模温度太低 ⑤射嘴温度低，注射速度小	①防止杂质混入和防止料误加入 ②调整注塑机机型，使注塑容量与机型塑化能力相匹配 ③调节工艺技术参数，使塑化均匀 ④增加熔胶筒温度和工模温度 ⑤增加射嘴温度，增加射胶速度
制品脆弱	①塑料性能不良，或分解降聚，或水解，或颜料不良和变质 ②塑料潮湿或含水分 ③塑料回用料比例过大或供料不足 ④塑料内有杂质及不相溶料或塑化不良 ⑤收缩不均、冷却不良及残余应力等，使内应力加大 ⑥制品设计不良，如强度不够、有锐角及缺口 ⑦注射压力太低，注射速度太慢 ⑧注射时间短，保压时间短 ⑨料温低，模温低，射嘴温度低	①采用性能良好、无变质、分解的塑料 ②对塑料进行干燥处理 ③合理选用回用料的比例，保证供料 ④清除原料中的杂质和不相溶料 ⑤调节工艺技术参数，消除应力 ⑥修改工模模具设计，消除锐角和缺口 ⑦增加射胶压力和速度的设定值 ⑧增加射胶时间、保压时间的设定值 ⑨增加熔胶筒和射嘴的温度及工模温度

复习思考题

1. 注塑成型工艺的压力参数如何设置？
2. 注塑成型工艺的流量参数如何设置？
3. 注塑成型工艺的温度参数如何设置？
4. 注塑成型工艺的时间参数如何设置？
5. 注塑成型工艺参数与产品质量的关系是什么？
6. 设置工艺参数应当避免的问题有哪些？
7. 简述由于时间参数设置不当产生的质量问题。
8. 简述由于原料配方不当产生的质量问题。
9. 简述制品缩水产生的主要原因及解决办法。
10. 简述制品披锋产生的主要原因及解决办法。

第5章

注塑机的维护保养

　　注塑机的保养和定期检查、维护修理，主要是对注塑机的液压部分、电气控制部分、机械传动部分进行日常保养和定期检查维护工作。注塑机的保养和定期检查维护是注塑员、注塑机维修员的职责范围，涉及机器、原料、工艺技术、电气控制、机械传动、液压驱动等多方面知识，正确地进行预防性工作和检查，预防机器事故发生，减少停机时间，才可有效地提高生产效率。

　　注塑机为了达到提高生产率的目的，要进行一系列的预防性工作和检查，以免机器发生故障。将突然出现导致停机的故障转为可预见的及可以计划的停机修理或大修，能及时发现或更换损坏的零件，防止联锁性的损坏，这就是保养工作的范围和要达到的目的。

5.1　液压部分的维护保养

　　液压部分包括液压油量、液压油温度、液压油质量、液压油更换、滤油器清洗和冷却器清洗，具体如下。

（1）液压油量　常用机型油箱都设有油量指示，应每月检查并加入足够的油量，油量不足会导致油温过高及冷空气较容易溶入油中，影响油的质量。油量不足的原因通常是漏油、渗油或在修理时油流失。

（2）液压油温度　液压系统理想的工作温度应在 45～50℃ 之间。液压系统是依据选定的液压油黏度而设计的，但黏度会随着油温的高低而变化，从而影响系统中的工作元件（如油缸、液压阀等），使得控制精度降低。液压油温过高会加速密封元件的老化，使其硬化、碎裂，液压油温过低则加大能量损耗及使运转速度减慢。

（3）液压油质量　液压油应经常保持于良好状况，即保持清洁、不浑浊及没有老化现象。水和空气是液压油变浑浊的成分，小于 1%水分就足以产生影响，但是水与空气的混入是容易被察觉出来的，常取出部分液压油置于一透明容器内，若有空气混入油中，则隔一段时间在容器底部会形成云状沉淀而上部则会变回清澈，如有怀疑，则可将此油温升到 100℃，观察是否有蒸汽排出。液压油老化一般较难辨别，但可以从油箱底部及液压油本身的颜色转深色而显示出来。

（4）液压油更换　通常液压油工作超过 6000h 应更换一次，若水分太多或有污染物存在时应立即更换。具体更换步骤如下。

① 先将油箱内液压油全部抽出。

② 清洗滤油器。

③ 清洗油箱内壁（注意不要用碎布，防止遗留下的毛屑堵塞滤油器的过滤网）。

④ 加入足够油量，在机器重新启动后，若油量降低则应再加上。

⑤ 运转机器，将油管内的空气排走后再恢复正常生产。

（5）滤油器清洗　滤油器应经常注意清洗过滤网，每隔三个月清洗一次或更换过滤网，以保持油泵吸油管道畅通无阻。

（6）冷却器清洗　冷却器应每半年或 5000h 清洗一次，冷却器的内部堵塞将影响冷却效果。

5.2　电气部分的维护保养

电气控制部分主要包括电源接驳、电机、发热筒、温度表和电磁继电器、接触器等，具体如下。

（1）电源接驳　可接入三相四线制电源，地线要牢固接好，接地电阻要低于10Ω，电线接驳不良、不紧固会使接驳位置上产生高温或火花而损坏，电磁接触器上的接驳会因振动而较容易松开，造成触点导线接驳不良，发热和烧坏接头，应定时检查及收紧紧固连接。

（2）电机　电机应按规定的顺时针方向旋转，一般电机都是利用空气冷却形式进行冷却，太多的尘埃积聚会造成散热困难，所以每年应清理一次，保证电机散热良好。

（3）发热筒　熔胶筒上附着的发热筒应定期检查，保证有效的传热。

（4）温度表　温度表也称温控仪，温度表由热电偶采集熔胶筒上的温度信号，应该定期检查安装位置是否适当、安装接触是否良好，设置温度表温度，调整校正实际温度，否则会影响温度测定和控制，影响产品质量和产品稳定性。

（5）电磁继电器、接触器　电磁继电器主要指控制继电器、时间继电器等，接触器主要是交流接触器，用于电加热部分的接触器或继电器或其他动作时间继电器因动作次数较频繁，其损耗速度也较快，若发现有过热现象或发出响声则表示有故障或损坏，应尽早更换。

5.3　机械部分的维护保养

机械部分主要有模板平行度、模厚薄调整、中央润滑系统、机械传动平稳和轴承检查等，具体如下。

（1）模板平行度　模板平行度最能反映出锁模部分的状况，模板不平行会产生不合格产品和增加零件磨损程度，应检查注塑机的动模板、静模板、导柱以及机铰配合间隙、磨损程度等。

（2）模厚薄调整　由调模装置和调模模板组成的系统应定期进行检查，也就是将模厚从最厚调到最薄来回调一次，以检验动作是否畅通顺利，尤其在长期使用同一模具生产的机器,此项检查工作必须进行,以避免产生故障。

（3）中央润滑系统　所有机械活动部分都需要有适当的润滑，中央润滑系统的油量应注意经常加满或在需要的位置加入润滑油脂，油管堵塞或泄漏时应及时更换及修理，锁模系统采用集中润滑，拉动手动泵数次以确保每个润滑点都有油供应，每班最少加油两次。调模螺母、拉杆螺纹、上下夹板和射台部分黄油嘴处的润滑都应有具体实施的记录或检查。

（4）机械传动平稳　应保持机械传动各动作畅通顺利。各动作振动和不顺畅常可能由速度参数调节不当造成，这类振动会使机械部分加速磨损或使已紧固的螺钉松动，只有保持机械传动平稳，才可避免和减少振动。

（5）轴承检查　轴承部分在转动时发出异常声音或温度急剧升高则表示轴承已磨损，应及时检查、诊断和更换。

5.4　常见故障的成因分析及解决方法

与保养工作有关的常见故障有油温过高、噪声过大、液压油变质、成品生产不稳及不合格等，通过故障成因的分析判断，诊断出原因并进行维护保养、维修更换，具体见表 5-1。

表 5-1　常见故障的产生原因及解决方法

常 见 故 障	产 生 原 因	解 决 方 法
油温过高	冷却系统不正常	①检查冷却水供应是否正常，例如水闸是否完全打开 ②检查水压是否充足（供水与回水管应有 0.3～1MPa 压力差） ③检查水泵流量与所需要的流量是否匹配 ④检查管道是否堵塞(如过滤网冷却器或水管是否堵塞) ⑤检查冷却水温是否过高(如冷水塔散热是否不足、损坏或温度过高)

续表

常见故障	产生原因	解 决 方 法
油温过高	液压系统产生高热	①油泵可能损坏，泵内部零件磨损，高速转动时产生高热 ②压力调节不适当，液压系统长期处于高压状态而过热 ③液压元件内部渗漏，如方向阀损坏或密封圈损坏，使高压油流经细小空间时产生热量
液压油变质	液压油出现泡沫，常因空气进入所致	①检查油箱的液压油是否高于油泵，若低于油泵高度应补充液压油，以免油泵吸入空气 ②检查吸油管法兰是否上紧，吸油管软喉箍是否上紧，以免吸入空气 ③检查回油喉是否浸入液压油面之下，以免回油时溅出许多气泡
	液压油呈乳白色，可能是油中进水	①检查冷却器是否漏水，如漏水维修或更换 ②天气潮湿，水分进入液压油里，应定期检查液压油，严重者更换液压油
	液压油老化变质	①油箱内液压油应保持干净。清除油箱焊渣，涂上防锈底漆。装液压油时，应使用带过滤器的抽油装置，装入液压油后，应盖好油箱盖，以防止异物进入油箱 ②液压油使用的时间超过期限并且油颜色变深 ③两种牌号的液压油混用发生反应 ④液压油使用温度过高，油内有杂质或有水分混入等，应进行更换
噪声过大	油量不足或油泵故障	①油箱内液压油不足，油泵吸入空气或滤油器污染阻塞造成油泵缺油，导致油液中的气泡排出撞击叶片产生噪声，应检查油量，防止吸入空气，清洗滤油器 ②液压油黏度高，增加了流动阻力，需要更换适当的液压油 ③检查油泵或电机的轴承、叶片是否有损坏
	液压元件损坏	①液压元件方向阀功能仍存在但反应失灵,如阀芯磨损、内漏，应清洗阀芯，更换磨损的阀芯，更换导致内漏的密封圈等元件 ②清洗阀体，消除堵塞的毛刺，使阀芯移动灵活 ③电磁阀因电流不足而失灵，检查电路的电流，必须稳定和充裕，否则维修电路板及控制单元 ④液压元件损坏或油路管道阻塞，在液压油高速流动时产生噪声，应更换损坏的元件，疏通油路，使管道畅通
	机械部分故障	①机械零件松动或模板不平行，导柱变形，产生噪声，要校正调试，消除噪声 ②轴承磨损严重、过热和扒死，产生噪声，应检查更换损坏的轴承 ③机械传动各动作的异常噪声，应对机铰、调模、熔胶、锁模、开模等动作的参数设置，压力和速度的调节，机械零件的配合进行检查和校核，并及时处理 ④检查联轴器的同轴度偏差是否过大，必须调整同轴度或更换磨损零件

续表

常见故障	产生原因	解决方法
成品生产不稳定	机器零件磨损造成	①检查过胶圈及过胶介子是否有磨损，磨损严重则进行更换处理 ②检查模板平行度是否偏差严重，如果偏差严重要进行调整校核 ③检查射胶油缸内密封圈是否损坏，如损坏则应更换 ④检查压力控制是否稳定正常，如不正常重新调整校核 ⑤检查供电电压是否稳定正常，若不稳定可对电子控制部分加装稳压电源
成品效率低	生产效率低	应减少停机时间，减少生产次品，维持正常运转速度
	机器精度低	及时更换老化或磨损的机器零件，提高机器的精确度
	机器零件寿命低	定期更换易损零件，适当调整及润滑零件，选择适当的环境条件（如温度和湿度适当、尘埃附着少等都可增加零件的使用寿命），日常的保养维护、预防工作及检查可延长机器寿命

复习思考题

1. 注塑机油压部分保养的内容有哪些？
2. 注塑机电气部分保养的内容有哪些？
3. 注塑机机械部分保养的内容有哪些？
4. 注塑机常见故障的判断及解决方法是什么？

第6章

注塑机操作与维修技能

6.1　注塑机操作工操作技能

　　注塑机操作工岗前培训应熟悉机器的功能特点，掌握正确的操作方法，学习安全操作规程。通过上机操作，进一步熟悉具体注塑成型产品规格；熟悉具体机型的各种控制按钮等功能及操作；熟悉和掌握产品的取出、放回操作，包装、检验操作等有关生产、质量管理技术。总之，注塑操作工通过技术培训后方可上岗操作机器，进行生产。

　　（1）开机操作步骤　首先必须熟悉操作机器控制面板上的各个按钮功能，并把动作选择开关打在无动作位置，再进行如下操作。

　　① 检查料斗有无充足的塑胶原料。

　　② 开启电源总开关。

　　③ 开启电加热电源开关及控制开关或按键。

　　④ 待料筒温度达到预定温度后，启动油泵电机。

⑤ 开冷却水阀门。

⑥ 拉开料斗的下料闸门。

⑦ 可进行手动操作，先进行射台前移，射嘴将进入固定模板胶孔附近，将过热的胶料打出。

⑧ 可进行手动锁模/开模操作数次，检查是否正常，即安全门限位，顶针后退位置，锁模终止位置以及动作是否顺畅，无冲击、撞击噪声等。

⑨ 进行手动锁模操作后，再进行射台前移动作，使射嘴与模具的入水杯紧密配合。

⑩ 将转换开关打在半自动状态，注塑机则按半自动方式进行注塑工件工作。

（2）开机操作注意事项

① 机器在运行时，要保证料斗安装妥当，原料充足。

② 操作过程中必须关闭好后安全门，始终要关控制箱和电源箱，以防灰尘和杂质进入箱内。

③ 不要随意移开熔胶筒的保护罩，以防被烧伤和漏电，检查时不要站在熔胶筒的保护罩上。

④ 严禁温度未达到设定的电热温度值就操作射胶或熔胶动作，否则将会造成螺杆或油管损坏；电热温度由温度控制器上的两个信号灯来指示，温度到红灯亮，加温停止，温度不到绿灯亮，继续加温。

⑤ 严禁在开模状况下及射台没有退出时，用手动射胶，否则定模板固定螺钉有损伤断掉或模具脱落的可能；也不允许用手动控制射台前进，否则也会有模具顶掉脱落的可能。

⑥ 严禁用手清理射嘴的胶料，螺杆温升达到后，不允许手和面部靠近射嘴，即使射胶没有开始，筒内的气压也可使得熔胶料从射嘴喷出伤人。

⑦ 使用高温分解或高黏度的原料之后，要经常清理机器，并用 PE 或 PP 胶料，选择低压低速操作，清理时以防胶料飞溅出伤人。

⑧ 对于停机时间较长的机器，必须退出射台，打出料筒内极热的熔胶，否则容易产生断胶或披锋，模具也容易受损。

（3）停机操作步骤　紧急停机时，按红色的急停按钮，将控制电源全部关掉，加热部分不受影响，加热开关直接控制加热。如果只停油泵，则按油泵停止按钮即可。正常的停机步骤如下。

① 关上料斗闸板，继续操作，直到料筒内胶料全部射出。

② 在自动或半自动操作时，因缺料机器便会停止循环，可打在手动操作模式，把胶料从料筒中尽量全部排出，以免留在料筒内。

③ 把安全门和工模打开。把顶针退回。除去模具中的胶丝或油锈渍，再喷上防锈油，把模具合到机铰尚未伸直即超过高压锁模位置时停下，以防止长时间的高压锁模产生拉杆变形或开模难。

④ 将所有开关放在关的位置。

⑤ 停止油泵电机。

⑥ 关掉总开关。

⑦ 停止冷却水循环，关掉进水阀门，排掉机内冷却水以免凝结损坏机器，检查是否有漏水等。

6.2 注塑员职责范围

注塑员在机器调校、机器安装、塑胶原料配制、工艺技术参数预置和调节、注塑成型产品的调整校核环节中起主导作用，除了这些还担负日常注塑机的维护保养和调整修理，其调整修理范围如下。

① 注塑机在生产过程中动作不正常时，应首先检查注塑机的各个机械部分，包括机铰、油缸、调模部分和油泵、联轴器、电动机等，若发现有异常情况，应及时处理或报修。

② 注塑员如果发现注塑机螺栓、螺母松动，应该及时紧固处理或报修。

③ 熔胶筒的加热圈日常检查，处理加热圈的接线松脱、螺钉松动等接触不良故障。

④ 检查注塑机各动作行程开关，应做到触点灵活，响声正常，调整行程及限位装置，处理接线松脱或触头失灵等故障。

⑤ 检查机器上各空气开关是否跳闸，发现机器运行中声音异常，可以停机清洗油筛或报修。

⑥ 检查注塑机的油温是否过高，可以停机疏通冷却器或报修。

⑦ 在检查机器的油箱或油池后，必须及时安装好油箱盖，以保持液压油清洁，避免污染。

⑧ 在更换或安装模具后，需要及时调整顶针的限位装置，以免顶针过长造成顶针油缸损坏，还需要及时调整机械安全装置，以确保注塑成型操作的安全。

注塑员在进行上述日常维护保养和调整修理的同时，还要注意以下几点。

① 不准调校注塑机的总压力。

② 不准调校电子板的微调电位器及其他部分。

③ 小准修理注塑机电箱内的电气故障，如保险丝烧断故障需要维修员查出原因，以免造成人为事故。

④ 不准在注塑机修理期间合闸送电。

⑤ 不准拆卸注塑机上的任何行程开关、限位装置及其他任何零件或装置，保证整机性能完整。

6.3　注塑机维修员技能要求

注塑机维修员技能要求包括工具的使用，螺栓、螺母的基本知识，机械加工基本知识，机器润滑知识和注塑机基础知识；维修技能包括了解和熟悉注塑机的组成和工作原理，熟悉注塑机各部分机械结构，熟悉注塑机机械部分的锁模部分、调模部分、射胶部分和液压传动部分的修理。

（1）注塑机维修员基本技能要求

① 了解各种注塑机的电源开关位置。

② 初步掌握各种型号注塑机的操作方法。

③ 初步了解注塑机的结构以及注塑机的组成部分。

④ 掌握注塑机的安全操作规程。

⑤ 了解注塑机安全装置及调整方法。

⑥ 掌握更换液压油管的方法。

⑦ 了解注塑机的保养知识、注塑机的正常油温、注塑机的润滑部位、液压油的使用期限。

⑧ 了解注塑机的动作循环过程。

⑨ 初步了解各行程开关的作用，初步掌握电脑各参数的调整。

⑩ 有正确拆卸、拧紧螺钉的基本知识。

⑪ 初步掌握常用工具的使用。

⑫ 了解液压阀、油泵、油缸的符号，初步了解液压原理图。

（2）初级注塑机维修员技能要求

① 熟悉各种注塑机的电源开关位置。

② 能独立操作各种型号的注塑机。

③ 基本掌握注塑机的结构和工作原理。

④ 熟悉注塑机的各安全装置，熟悉注塑机的安全操作规程。

⑤ 熟悉注塑机的润滑知识、注塑机使用的液压油型号、油温过高造成的后果、冷油器的保养。

⑥ 了解机铰的结构，初步掌握拆卸机铰的技能，会修理断机铰螺钉、断铰边故障。

⑦ 了解调模系统的结构，会拆卸安装链条，初步掌握调校模板的技能。

⑧ 了解射胶部分的结构，会拆卸安装射嘴、射嘴法兰，了解其安装注意事项。

⑨ 了解熔胶部分的结构。

⑩ 了解常见的注塑机噪声的产生原因。

⑪ 基本掌握常用工具的使用。

⑫ 掌握螺栓、螺母的基本知识，能正确区分左、右旋螺纹和公英制螺纹。

⑬ 了解液压系统的工作原理，了解液压系统的组成部分。

⑭ 了解压力阀、方向流量比例阀、方向阀的工作原理。

⑮ 会正确拆卸安装各种液压油管。

⑯ 会正确拆卸安装液压油缸油封。

⑰ 了解各系列油封的用途及各 O 形圈的用途。

（3）中级注塑机维修员技能要求

① 掌握以下工具的使用

a. 会正确使用游标卡尺，包括能用游标卡尺准确测量零件尺寸。

b. 会正确使用手电钻，掌握安全操作规程。

c. 会正确使用手砂轮机，掌握安全操作规程。

d. 会正确使用锉刀进行加工。

e. 会正确使用套筒扳手进行拆卸螺栓工作。

f. 会正确使用内、外卡环钳。

g. 会磨钻头。

② 螺栓螺母基础知识

a. 能正确区别左旋螺纹、右旋螺纹。

b. 能正确区别粗牙螺纹、细牙螺纹。

c. 会测量螺纹直径、螺距。

d. 使用拧紧螺栓、螺母的力矩扳手。

e. 会螺栓、螺母锈死的拆卸方法。

③ 机械加工基本知识

a. 了解注塑机易损件（如平衡杆、十字头铜套、过胶圈、介子、过胶头、机铰销、钢套、射嘴法兰、射嘴）的加工工艺。

b. 了解常用注塑机零件的加工精度，加工粗糙度。

c. 掌握常用的热处理方法。

④ 注塑机润滑基础知识

a. 掌握注塑机常用的润滑油、润滑脂的牌号。

b. 能正确识别液压油是否变质、失效。

c. 会排除液压油油温过高、液压油产生泡沫等故障。

d. 熟悉注塑机所有的润滑部位，各部位采用的润滑方式、润滑油的种类、润滑脂的种类。

⑤ 注塑机维修技能

a. 机械部分

● 会正确拆卸、安装链条，会正确调整链条的松紧程度。

● 会拆卸、安装注塑机模板，掌握安全操作规程。

- 能熟练拆卸、安装顶针油缸、油管、锁模油缸、射胶油缸、射台油缸，掌握安装油缸的注意事项。

- 能正确分析油缸各部位的漏油原因和排除方法。

- 熟悉活塞、活塞杆及端盖易损件的材质，掌握更换维修等操作。

- 能正确、熟练地拆卸安装各种型号注塑机的机铰钢套。

- 能正确拆卸、安装整套机铰，了解拆装时的注意事项。

- 能熟练拆卸、安装各种型号注塑机的电机、各种油泵与电机的联轴器，熟悉油泵的安装等。

- 能熟练拆卸、安装过胶头、过胶圈、介子、螺杆等零件。

- 熟练排除模板不平衡、调模卡死等故障。

- 会正确分析不熔胶的原因，熟悉不同型号注塑机熔胶轴承座的结构，能熟练拆卸、安装熔胶轴承座的部件。

- 电机端盖内孔磨损的修复方法。

b. 液压传动部分

- 基本熟悉各种注塑机的液压油路。

- 会正确调整压力阀、流量阀、背压阀等。

- 会修理各种液压阀和处理常见故障。

- 会分析各种油泵故障原因，会修理各种油泵故障。

⑥ 会排除常见故障

a. 会排除各种注塑机的异常响声。

b. 会修理机铰一边向外凸出，机铰与十字头、平衡杆憋死的故障。

c. 能比较熟练地排除机铰的各种异常响声。

d. 能比较熟练地排除调模部分引起的异常响声。

e. 能比较熟练地排除熔胶部分引起的异常响声。

f. 能比较熟练地排除电机与油泵部分引起的异常响声。

（4）高级注塑机维修员技能要求

① 掌握以下工具的使用

a. 会正确使用内径、外径千分尺。

b. 基本掌握内径量杆表的使用，会精确测量零件内孔尺寸。

c. 会正确使用百分表。

d. 会使用高度游标卡尺。

② 机械加工知识

a. 熟悉注塑机易损件的加工工艺，包括平衡杆、十字头铜套、过胶头、过胶圈、介子、机铰销、钢套、射嘴、射嘴法兰的加工工艺。

b. 熟悉机铰的加工工艺。

c. 熟悉注塑机易损件的加工精度和粗糙度。

③ 注塑机维修技能

a. 机械部分

- 能熟练排除各种不能调模的故障。
- 能选择合理方案修理排除机铰故障，熟悉机铰修理工艺。
- 熟悉机铰钢套与机铰的配合及一般配合等级。
- 熟悉机铰销与钢套的配合及一般配合等级。
- 熟悉十字头铜套外圆与十字头内孔的配合形式。
- 熟悉平衡杆与十字头铜套的配合及配合等级。

b. 液压传动部分

- 熟悉各种注塑机液压传动原理图。
- 熟悉各种注塑机的液压油路走向，熟悉各种液压阀的结构及其在液压系统中起的作用，并熟悉各种液压阀的故障。
- 能熟练排除因液压系统引起的无压力或压力不正常故障。
- 会排除液压系统的疑难故障。
- 熟悉油缸活塞与油缸缸筒的配合。
- 熟悉油缸活塞杆与前端盖铜套内孔的配合。
- 熟悉油封与油缸端盖或端盖铜套的配合。
- 熟悉油缸活塞与活塞杆的固定方法和防松方法。
- 了解油缸损坏的各种原因及维修处理。
- 了解油泵损坏的各种形式及其原因，能熟练排除油泵的各种故障。
- 会修理油掣阀芯即方向阀、流量阀等被卡死的故障。
- 会正确拆卸、安装各种型号的熔胶电机，会修理熔胶电机常见故障及活塞卡死故障。

c. 电气部分和辅助部分

● 能处理电机轴承外圆与电机端盖孔的配合问题、电机轴承内孔与电机转子轴的配合问题。

● 能处理链轮联轴器的链轮内孔与电机轴、油泵轴的配合问题。

● 能处理熔胶座轴承与传动轴的配合问题及轴承与轴承座孔的配合问题。

● 会使用刮刀刮削铜套内孔。

● 会正确分析引起注塑机各处机械磨损的原因和处理办法。

● 能正确判断引起注塑机异常响声和振动的原因及响声部位和零件，并能熟练排除故障。

6.4　注塑机维修员应知应会

（1）初级注塑机维修员应知应会

① 初级应知内容

a. 注塑机电源进线采用的形式，及进入电箱内接线排通过的器件。

b. 油泵电机、交流接触器、热继电器、保险器、时间掣的符号及规格。

c. 注塑机使用电源的交流电压种类。

d. 注塑机电气安全装置的种类及设置。

e. 注塑机机械安全装置、液压安全装置的种类及设置。

f. 没有检查各种安全机构装置或未调节、校正注塑机性能就进行注塑操作的危害。

g. 注塑机维修应做好的安全措施。

h. 加热主电路安装连接的注意事项。

i. 热电偶的安装、检验和注意事项。

j. 温度控制器的电路安装、连接及校验。

k. 掌握使用测量电流、测量电压的仪表。

l. 以震雄机（JM88-C MKⅢ）为例说明如下。

● 手动控制部分按键及操作输入信号按键的个数。

- 电热空气开关和控制电脑箱空气开关电流。

- 电脑箱内保险管额定电流及电子板 POU-C 保险管额定电流。

- 电控箱旁边上、下电流表代表的电流。

m. 画出调模电机的电路图，简述调校转向。

n. 油温温度正常范围及过滤器的作用。

o. 注塑机冷却系统及注意事项。

p. 电机运行声音及异常声音判别，以及电机过热判别及检查方法。

q. 过电流保护器件及动作后处理方法。

r. 油温超限动作和过流动作的相同点及处理方法。

② 初级应会内容

a. 了解注塑机电源进线方式及控制电气器件。

b. 熟悉加热部分电气情况，会更换元器件。

c. 了解注塑机的性能及操作方法。

d. 了解掌握注塑机安全装置的检查测试方法。

e. 了解液压油温度、颜色、油量的常规指标。

f. 了解油泵电机运行声音、温度等指标。

g. 会更换一些损坏件如保险、交流接触器等电气器件，并能估算或替代。

h. 会连接调模电机的接线及开关的控制。

i. 熟悉电控箱上急停按钮、信号报警指示、电脑箱加热部分开关使用。

j. 会恢复过流动作，启动电机或判断电机不启动的故障。

k. 会正确拆卸螺栓、螺母等连接件，正确使用各种钳工工具等。

l. 会使用测量仪表测量电流、诊断运行情况。

m. 会监视压力表、电流表，并能诊断一些常见故障。

n. 会装拆滤油器并进行清洗工作，会装拆油掣阀芯线圈及测量电气性能。

o. 熟悉电箱中主电路、加热电路、控制电路的控制器件及部位。

p. 了解拆装电机、轴承、预紧螺钉、加油注油的一般常规方法。

（2）中级注塑机维修员应知应会

① 中级应知内容

a. Y/Δ 启动器电路图及安装连接的注意事项及调试。

b. 加热系统的控制原理及安装注意事项及调整校核。

c. 会用测量仪表检测常用的电子元器件，如二极管、三极管、电阻、电容器等。

d. 注塑机的主电路、加热电路、控制电路的具体布置、连接、排列及常见故障处理。

e. 以震雄注塑机（JM55-C MKⅢ）为例说明如下。

● 说明电脑箱工作电压、箱内工作电压种类等级。

● I/O电子板工作电压种类及常用的接线号。

● 电子控制板上总电压保险、其他动作保险电压及压力控制电源保险额定电流。

● 了解光学解码器的作用，会按锁模、射胶的光学解码器接线号与颜色连接线路。

f. 掌握安全门限位开关的作用及连接线路。

g. 掌握电磁阀的功能及位置。

h. 会设置比例流量、压力参数，并会调校操作。

i. 会处理不能锁模故障，并知道有几种原因。

j. 掌握安装调校光学解码器应注意事项及要领。

k. 掌握预置注塑机工艺技术参数，初步掌握锁模、射胶、熔胶、开模等要点的调校。

l. 能正确判断电路中的开路、短路故障及其判断处理方法。

m. 能分析电路运行机理，判断元器件和低压电器件优劣，会进行更换或替代。

n. 熟悉电子板的接线号及连接走向，会利用工艺参数设置和调校方法来调整电子控制电路板，并会更换元器件及维修和调整校核。

② 中级应会内容

a. 熟悉油泵电机主电路的检查、安装、Y/Δ启动器电路。

b. 会连接加热圈、温控仪、热电偶组成的电路，并注意安装事项。

c. 熟悉交流接触器、时间继电器的作用及检验性能情况。

d. 会连接电脑箱、控制箱的控制线路，并且熟悉电脑箱与控制箱输出线的连接、编号及线路走向。

e. 熟悉注塑机安全门限、顶针前后、射台前后限位开关的位置及状态。

f. 会初步调校比例流量阀、比例压力阀的操作。

g. 会初步测试 I/O 电子板的输出、编号和接线。

h. 会安装调校光学解码器，会进行锁模原点、射胶原点的操作。

i. 熟悉电磁阀的作用、位置、连线，并能判断、处理故障。

j. 会对一些因机械、油路引起的电路故障进行判断和处理。

k. 熟悉注塑成型工艺技术条件，通过预置参数、调节校正来判断注塑机的运行状况。

l. 了解注塑机数控速度与压力的检验和调节方法。

m. 了解或熟悉调节和更换比例流量、压力电子板的步骤、方法。

n. 会诊断一些电子元件（如三极管、桥堆、电容器、电阻）和电气元件（如交流接触器线圈、触头）的损坏，以及液压阀芯的堵塞、线圈的损坏等，通过判别会进行更换或替代。

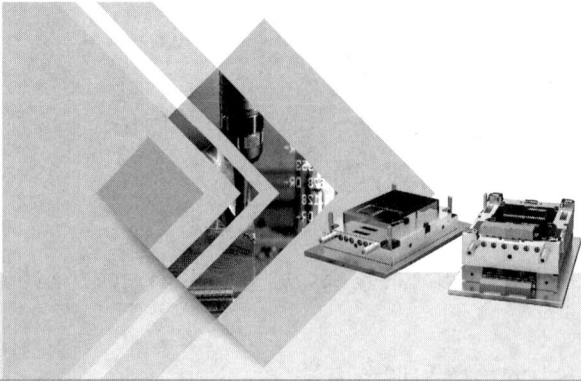

附 录

附录 1　注塑安全操作规程

1. 工作前，必须穿戴好工作服、工作帽、工作鞋、手套、口罩等劳动保护用品。

2. 检查原材料是否合格，设备各机构和安全门是否正常，有无漏电、漏油、漏水等现象。

3. 保持设备润滑良好，整理好周围工作环境。

4. 穿拖鞋、凉鞋或饮酒后均不得上岗。持证上岗，严禁无证作业。

5. 操作时必须使用安全门，没有防护罩或安全门失灵时，不准开机，严禁不使用安全门操作。

6. 不准边操作边讲话，思想开小差，谈笑嬉闹，吸烟，打瞌睡等。

7. 非当班操作者，未经允许任何人都不得按动各手柄、按钮。

8. 安放模具、嵌件时要稳准可靠，合模过程中发现异常应立即停车排除故障。

9. 检修机器或模具时，必须切断电源。清理模具中的残废料时要用铜质等软金属材料。

10. 身体进到模具开档内，一定要停机。维修人员修机时，操作者不准脱岗。

11. 对空注射时，操作者不得用手直接清理流出的熔融物，更不能将头部对正喷嘴口，以免发生意外。

12. 离开工作岗位，必须停机，停机需将所有选择开关回零位后，停油泵，切断电源，关闭冷却水，整理好周围环境。

附录2　注塑设备安全操作岗位培训复习题

一、填空题

1. 一台通用型注塑成型机主要包括_____装置、_____装置、_____控制系统三大类部件。

2. 注塑成型机按塑化方式分有_____注塑成型机和_____注塑成型机。

3. 注射装置主要技术参数包括_____、_____、注射速率、塑化能力等。

4. 合模部分主要技术参数包括_____、合模部分的基本尺寸。

5. 注射操作过程中，不能边操作边_____，或_____、打瞌睡等。

6. 注塑安全操作规程要求操作者必须_____上岗、严禁_____作业。

7. 注射喷嘴的基本形式可以分为_____喷嘴、_____喷嘴、_____喷嘴三类。

8. 合模装置主要由_____、调整机构、顶出装置和_____组成。

9. 合模装置若按实现合模力的方式分，有_____合模装置、_____合模装置和_____合模装置。

10. 注塑模的顶出装置有_____顶出、_____顶出和_____顶出三种形式。

11. 注塑成型机上常见自动上料系统形式有：_____上料装置；_____上料装置；_____上料装置。

12. 注塑安全生产要求操作者在工作前必须戴好_____。

13. 注塑模按塑性品种不同可分为_____和_____。

14. 完整的注塑工艺过程应包括:成型前的准备,_____,制品后处理等。

15. 注塑过程一般包括加料、_____、注射、_____、冷却和_____几个步骤。

16. 注塑机的操作方式有调整、_____、半自动和_____四种方式。

17. 注塑机操作时必须使用安全门,如安全门行程开关失灵时不准开机,严禁不使用_____操作。

18. 注塑机开机生产时,安放模具、嵌件要稳准可靠,合模过程中发现异常应_____。

19. 机器修理或较长时间清理模具时,必须_____,清理模具中残料或制品时要用铜质等_____。

20. 停机时必须将大小油泵及电机电源切断,节假日最后一班停机时要将_____,模具型腔要_____,关闭料斗闸板。

21. 每班操作之前或者接班后,应对注塑机各润滑点进行润滑,要求先将原_____擦净再注入_____。

22. 经常保持机器的清洁,定期进行检验,大、中修应列入计划,对已磨损的零件应视其损坏程度进行_____,保持设备的完好程度。

23. 应严格注意不得有_____等混入液压油中。同一机台不得注入_____。

24. 注塑机的加热形式有_____加热、_____加热、远红外线加热和铸铅加热器加热等。

25. 注塑安全操作规程要求:_____或过度疲劳均不得上岗,操作时必须_____,不能边操作边思想开小差。

26. 安全来自警惕,事故出于麻痹,已有熟练技术的注塑工,仍需时时重视_____,贪图一时方便和思想麻痹很容易产生_____。

27. 注塑机的安全门保护措施有_____、_____、_____三种形式。

28. 注塑用模具保护措施一般采用_____保护装置。

29. 对于全液压式合模装置，设有防止活塞杆_____；在动模板的行程部分、操作者的一侧和其对面侧，均设_____，防止操作者被夹在模具内。

30. 注塑机的合模部分的安全保护措施，安全门的保护可采用液压、电气双重保护或采用_____、_____、_____联锁保护装置。

二、判断题

1. 注塑成型机按合模机构特征分为机械式、液压式和电动机械式。（　　　）

2. 注射量是指机器在对空注射条件下，注射螺杆（或柱塞）作一次最大注射行程时，注射装置所能达到的最大注出量。（　　　）

3. 注射速度快，熔料充模时间长，制品易产生熔接缝而出现（强度低）密度不均，内应力大等弊病。（　　　）

4. 合模装置中，模板在启闭过程中，合适的变速过程是，闭模时，先快后慢，开模时先慢后快，以防止模具的撞击，实现制品的平稳顶出并提高生产能力。（　　　）

5. 气动顶出装置是利用压缩空气，通过模具上的微小气孔直接把制品从型腔内吹出。此法顶出方便，对制品不留痕迹。特别适合盆状、薄壁状或杯状制品的快速脱模。（　　　）

6. 完成几次注塑成型所需的时间称注塑周期或称总周期。（　　　）

7. 注塑成型中出现未注射满的原因是注射压力太高和流道浇道口太大所致。（　　　）

8. 注塑成型中出现溢料的原因之一是注射时间过短和机筒、喷嘴模具温度过低。（　　　）

9. 进入工作岗位必须把工作服、工作帽、工作鞋、手套等劳动用品穿戴整齐、完备。（　　　）

10. 开机前，机筒加热时，要同时开机筒冷却水。冬季寒冷时，车间温度低，应先点动开启油泵，未发现异常现象时再开空转 10～15min 后正常生产。（　　　）

11. 注塑机在生产过程中，非当班操作者，任何人都可以按动各手柄、按钮。（　　　）

12. 身体进到模具开档内，可以不停机。维修人员修机时，操作者可以离开。（　　　）

13. 对空注射一般不超过 5s，连续两次注不动时，对人没有危险。（　　　）

14. 注塑机停机时，将注射座与固定模板合并，模具处于合并位置。（　　　）

15. 安装注塑模时，要严防撞击设备。吊装时，指挥天车要有专人负责，相互配合，确保安全。（　　　）

16. 新设备、新模具试机试模时没有必要由专人负责。（　　　）

17. 注塑机油箱中应保持一定量的工作油，机器初用一个月后应将油箱及滤油器清洗一次，注入新的或经过过滤的干净油，以后每半年清洗一次。（　　　）

18. 更换注塑机的加热圈、保险丝或其他电气附件时，应先关上电源，并由操作工负责。（　　　）

19. 注射完成后还需进行保压，保压的作用一方面使塑料熔体紧贴模壁以获得准确的形状，另外可将熔料不断补入模腔，供制件冷却凝固时收缩的需要。（　　　）

20. 一般在合模部件的运动部分加有保护网或板，防止人或物进入合模机构造成人身事故或损坏机器。（　　　）

21. 安全门主要用于保证人身安全，因此在机器工作中要随时检查，不可在安全门失灵的情况下进行操作。（　　　）

22. 安全门出现故障后，只要操作者集中精神操作，注塑机就可以正常使用。（　　　）

23. 一些比较先进带数控电脑控制的注塑机，由于其设备比较先进且安全装置也比较齐全，所以操作者就可以不按操作规程操作。（　　　）

24. 自己干注塑工作时间长，技术熟练，完全没有必要按操作规程来工作。（　　　）

25. 为了工作方便，当注塑机安全门打不开时，可以从上边伸手去提取注塑件。（　　　）

三、选择题

1. 当注塑制品产生毛边、脱模困难、光洁程度差、产生较大的内应力甚至成为废品时，是由于选取的注射压力（　　）。

　　A. 过高　　B. 过低　　　C. 合适

　　2. 在注塑生产过程中，当有旁人过来乱动安全门或其他开关、按钮时，操作者应该（　　）。

　　A. 任其乱动　　　B. 马上禁止，同时严重警告

　　C. 看具体情况来定

　　3. 当注塑制品的原材料对人体有危害时，操作者应该（　　）。

　　A. 戴好防护用品，如手套、口罩等　　　B. 听从领导安排

　　C. 按实际情况处理

　　4. 注塑成型周期由注射、保压时间、冷却和加料时间以及开模、辅助作业和闭模时间组成。在整个成型周期中，最重要的，对制品性能和质量起决定性影响的是（　　）。

　　A. 冷却和注射时间　　B. 冷却和加料时间

　　C. 注射和保压时间

　　5. 热塑性塑料在注塑成型的过程中出现喷嘴"流涎"的现象，原因是（　　）。

　　A. 喷嘴孔太大，材料太干　　B. 用开式喷嘴且开模时间过短

　　C. 喷嘴孔太大或开模时间过长所致

　　6. 热塑性塑料在注塑成型的过程中，产品出现翘曲变形，原因是（　　）。

　　A. 模具冷却系统不良，机筒温度太高，冷却时间不够

　　B. 模具冷却系统不良，制件壁太厚或不均匀

　　C. 模具冷却系统不良，冷却时间太长

　　7. 热固性塑料在注塑成型的过程中，产品出现烧焦或变色，原因是（　　）。

　　A. 机筒模具温度太高，注射压力太大

　　B. 机筒模具温度太低，注射压力太小

　　C. 机筒模具温度太高，注射压力太小

　　8. 注塑机最好的操作方式是（　　）。

　　A. 人工半自动控制　　B. 机器的全部操作过程都由电脑控制

　　C. 手动操作

9. 注塑机的加料方式有（　　）。

A. 固定加料，前加料、后加料

B. 固定加料，后加料、侧加料

C. 固定加料，自动加料

10. 合上电源闸刀或按启动按钮，如果电动机不转动，说明有故障，应（　　）。

A. 立即拉闸或启动　　B. 立即拉闸或按下停止按钮

C. 立即拉闸或再开一次

11. 为了防止触电事故的发生，注塑机的电气设备的金属外壳必须采取什么措施？（　　）

A. 保护接地或保护接中线　　B. 保护接零

C. 装上保险丝或开关

12. 注塑机的液压系统控制合模机构的要求是：合模机构在开模变化过程一般是（　　）。

A. 先慢后快再慢　　B. 先慢后快再快　　C. 先快后慢再快

13. 当注塑机的液压系统调整试车时首先启动控制油路的液压泵，无专用的控制液压油液压泵时（　　）。

A. 可直接启动主泵　　B. 不可启动主泵　　C. 可启动副泵

14. 注塑成型机工作循环过程，正确的是（　　）。

A. 合模→注射→保压→冷却→开模→合模

B. 合模→注射→冷却→顶出→开模→合模

C. 合模→注射→保压→冷却→开模→顶出→合模

15. 一台通用型注塑成型机主要由（　　）三大部分组成。

A. 注射装置、合模装置、顶出装置

B. 注射装置、合模装置、液压传动及电气控制系统

C. 注射装置、合模装置、上料装置

16. 注塑部分的主要作用是塑化、计量和注射物料。为了防止塑化时螺杆超出计量范围继续旋转，造成事故，一般设有（　　）。

A. 单重电路保护　　B. 双重电气保护装置　　C. 闭合电气保护

17. 为了防止注射螺杆过载，采用（　　　）。

A. 双电路保护　B. 机械保护　C. 电气、机械保护

18. 注射过程中为了防止高温的机筒和喷嘴烫伤操作者，可采用（　　　）。

A. 加设防护罩或防护板　B. 加设电路　C. 加设机械装置

19. 注塑机合模部分设置安全门保护，其联锁保护措施有（　　　）。

A. 机械，电气　B. 电气，液压　C. 机械，液压，电气

20. 液压和电气部分主要是控制和供给注塑机。因此，它们工作时发生故障，就会使整机操作失灵，故应设有（　　　）。

A. 故障指示和报警装置　B. 故障指示　C. 报警装置

21. 注塑模具保护一般采用（　　　）。

A. 低压模具保护油路　B. 高压模具保护油路　C. 电气保护

22. 注塑制品产生收缩凹痕的原因是（　　　）。

A. 机筒喷嘴内孔偏大　B. 机筒内螺杆或柱塞磨损严重

C. 注射保压时熔料发生溢流

23. 注塑制品产生黑点及条纹的原因是（　　　）。

A. 料的碎屑卡入柱塞机筒外

B. 喷嘴与主浇道吻合不好，产生积料

C. 喷嘴与主浇道吻合不错

24. 注塑制品产生开裂的原因是（　　　）。

A. 顶出杆截面面积太大

B. 顶出装置不平衡，顶出杆截面面积太小

C. 顶出杆数量多或位置配合好

25. 当注塑机的安全门出现故障时，（　　　）继续使用。

A. 可以　B. 不可以　C. 只要能工作就可以

四、简答题

1. 人工加料时，操作者应注意哪些事项？

2. 注射操作开机前的安全要求是什么？

3. 注塑成型机的干燥系统有哪几种？

4. 柱塞式注射装置中安装分流梭的作用是什么？

5. 注塑机的操作方式有几种？简要说明各操作方式的作用。

6. 触电事故的主要原因是什么？

7. 注塑制品生产过程中造成人体中毒及环境污染等危害的主要原因是什么？

8. 注塑机安全装置的种类有哪些？

9. 塑料加工过程中，主要污染有哪几方面？

10. 工伤事故发生的根本原因是什么？操作者应如何处理工伤事故？

五、论述题

1. 注塑成型机安全操作规程有哪些主要内容？其重要性是什么？谈谈自己如何操作注塑设备。

2. 如何理解劳动保护措施？注塑生产过程中，怎样才能做到安全生产？

3. 结合实际，谈谈注塑安全培训的重要性。

参考答案

一、填空题

1. 注射、合模、液压传动和电气

2. 螺杆式、柱塞式

3. 注射量、注射压力

4. 合模力

5. 讲话、吸烟

6. 持证、无证

7. 开式、闭式、特殊

8. 合模机构、安全保护装置

9. 机械式、全液压式、液压机械式

10. 机械、液压、气动

11. 弹簧自动、鼓风、真空

12. 劳动保护用品

13. 热塑性、热固性

14. 注射过程

15. 塑化、保压、脱模

16. 手动、全自动

17. 安全门

18. 立即停车排除故障

19. 切断电源、软金属材料

20. 总电源切断、涂油防锈

21. 脏油、新油

22. 修复或更换

23. 水或杂物、不同牌号的工作油

24. 电阻、工频感应

25. 饮酒后、集中精神

26. 安全操作、工伤事故

27. 机械、液压、电气

28. 低压模具

29. 超行程装置、安全门

30. 机械、液压、电气

二、判断题

1. ×　　2. √　　3. ×　　4. √　　5. √

6. ×　　7. ×　　8. ×　　9. √　　10. √

11. ×　　12. ×　　13. ×　　14. ×　　15. √

16. ×　　17. √　　18. ×　　19. √　　20. √

21. √　　22. ×　　23. ×　　24. ×　　25. ×

三、选择题

1. A　　2. B　　3. A　　4. A　　5. C

6. A　　7. A　　8. B　　9. A　　10. B

11. A　　12. A　　13. A　　14. C　　15. B

16. B　　17. C　　18. A　　19. C　　20. A

21. A　　22. B　　23. B　　24. B　　25. B

四、简答题

1. 人工加料时，操作者应注意哪些事项？

答：人工加料时，操作者的衣服口袋不允许放有金属等杂物，以免落入料斗损坏料筒和螺杆。料斗遇到"挂料"现象时或要清理料斗时，应用木棒、塑料棒等来搅拌或清理，绝不允许用金属棒操作。

2. 注塑操作开机前的安全要求是什么？

答：① 工作前，必须穿戴好劳动保护用品，如工作服、工作鞋、工作帽及手套等。

② 加料前检查原料中有无杂质及异物。

③ 检查各开关、按钮、手柄及模具等是否正常。

④ 操作者必须检查安全保护装置是否完好，尤其是安全门及安全护罩。如有失灵或损坏，必须修复后方可开机。

⑤ 检查设备有无漏电、漏油、漏水等现象，保持润滑良好。

3. 注塑成型机的干燥系统有哪几种？

答：①热风干燥；②远红外线干燥；③真空干燥；④沸腾床干燥。

4. 柱塞式注射装置中安装分流梭的作用是什么？

答：分流梭是改进柱塞式注射装置塑化质量的重要部件。其作用是改善塑化质量，提高塑化能力。

5. 注塑机的操作方式有几种？简要说明各操作方式的作用。

答：注塑机的操作方式有4种，即调整、手动、半自动、全自动。

① 调整（也称点动）是为了装卸模具、螺杆或检修机器而设置。

② 手动是为试模或开始阶段生产而设置。

③ 半自动操作可减轻体力劳动，避免操作错误造成事故。

④ 全自动操作可大大提高生产效率。

6. 触电事故的原因是什么？

答：① 在已损坏的设备，如电机、导线、电气开关等上工作。

② 设备接地装置不良或没有接地装置。

③ 与带电的破旧导线接触。

④ 缺乏必要的防护用具。

7. 注塑制品生产过程中造成人体中毒及环境污染等危害的主要原因是什么？

答：① 直接接触有毒的物质。

② 生产过程中吸入材料粉尘，造成对呼吸系统的损伤。

③ 机器噪声对人体的危害。

④ 高温对人体的影响。

8. 注塑机安全装置的种类有哪些？

答：安全装置的种类有电气式安全装置、机械式安全装置、油压式安全装置。

9. 塑料加工过程中，主要污染有哪几方面？

答：① 会分解的原材料如聚氯乙烯等和各种辅助材料及各类增塑剂等，对人体均有危害。

② 噪声和高温对人体的影响。

10. 工伤事故发生的根本原因是什么？操作者应如何处理工伤事故？

答：操作者的错误操作和违章操作是工伤事故发生的根本原因。

外因有：注塑设备、操作规程和防护措施不全，环境温度、照明条件不当。

内因有：技术不熟练、安全意识淡薄、注意力不集中、工作态度马虎。

发生工伤事故时，操作者应该抢救伤者、保护现场、报告领导。

五、论述题

1. 注塑成型机安全操作规程有哪些主要内容？其重要性是什么？谈谈自己如何操作注塑设备。

答：操作规程的内容简述如下。

① 开机前，进入工作岗位必须穿戴好劳动保护用品，检查机器各部位是否正常。

② 操作时，必须使用安全门，若安全门行程开关失灵或液压保护装置失效时，不准开机，严禁不使用安全门操作。

③ 未经许可任何人都不得按动各手柄、按钮。安放模具、嵌件时要稳准可靠，合模过程中，发现异常应立即停车排除故障。

④ 检修机器和模具时必须切断电源，身体进到模具开档内，一定要停机。

⑤ 停机时必须切断电源、水源，停止加料，整理现场。

重要性：安全操作规程是前人经验的总结，有些甚至是用血的教训换来的，操作人员只有认真地按操作规程作业，才能最大限度地减少和避免工伤事故的发生。

2. 如何理解劳动保护措施？注塑生产过程中，怎样才能做到安全生产？

答：劳动保护措施的内容如下。

① 重视对公害的治理工作，使每个人都认识到公害对人体的危害以及防治的重要性。

② 定期对有毒车间进行测试，严格控制其在空气中的含量，要符合国家允许的卫生标准。

③ 要严格按国家卫生标准和工人劳动保护规定执行，保证定期对工人进行身体检查，发放营养补助和个人劳动防护用品，如防毒面罩、口罩、耳塞、眼镜、手套等。

④ 按国家或有关规定，定期对污染车间进行监测，对由于不重视而造成环境污染的车间，要进行批评教育。

在注塑生产过程中，要实现安全生产，操作者必须严格遵守操作规程，按操作规程作业，只有这样才能最大限度地减少和避免工伤事故的发生。

3. 结合实际，谈谈注塑安全培训的重要性。

答：安全培训的目的是通过安全培训，使每个注塑人员提高安全意识，在注塑生产过程中减少和避免工伤事故的发生。

培训的内容有思想政治教育和劳动保护方针教育，规章制度教育，劳动纪律教育，注塑安全技术知识教育，工伤事故教训等教育。

要树立"安全第一，预防为主"的思想，自觉遵守各项安全制度，掌握有关注塑设备、模具安全操作和防护方面的基本知识，从而提高操作人员的操作技能和安全知识。

举例说明注塑操作人员应如何按注塑安全操作规程去操作注塑设备。

附录3　注塑设备安全操作技能培训试题A

一、填空题（每空1分，共20分）

1. 注塑机合模部分的安全保护措施，安全门的保护可采用液压、电气双重保护或采用＿＿＿＿＿＿＿、＿＿＿＿＿＿＿、＿＿＿＿＿＿＿联锁保护装置。

2. 安全来自警惕，事故出于麻痹，已有熟练技术的注塑工，仍需时时重视＿＿＿＿＿＿，贪图一时方便和思想麻痹就很容易产生＿＿＿＿＿＿。

3. 注塑安全操作规程要求：＿＿＿＿＿＿或过度疲劳均不得上岗，操作时必须＿＿＿＿＿＿，不能边操作边思想开小差。

4. 注塑过程一般包括加料、＿＿＿＿＿＿、注射、＿＿＿＿＿＿、冷却和＿＿＿＿＿＿几个步骤。

5. 注塑操作过程中，不能边操作边＿＿＿＿＿＿，或＿＿＿＿＿＿、打瞌睡等。

6. 合模装置若按实现合模力的方式分，有＿＿＿＿＿＿＿＿合模装置、＿＿＿＿＿＿合模装置和＿＿＿＿＿＿合模装置。

7. 注塑机操作时必须使用安全门，安全门行程开关失灵时不准开机，严禁不使用＿＿＿＿＿＿＿＿操作。

8. 停机时必须将大小油泵及电机电源切断，节假日最后一班停机时要将＿＿＿＿＿＿，模具型腔要＿＿＿＿＿＿，关闭料斗闸板。

9. 注塑用模具保护措施一般采用＿＿＿＿＿＿＿＿＿＿保护装置。

10. 注塑安全生产要求操作者在工作前必须戴好＿＿＿＿＿＿。

二、判断题（每题 1 分，共 15 分，正确的打"√"，错误的打"×"）

1. 自己干注塑工作时间长，技术熟练，完全没有必要按操作规程来工作。（　　）

2. 更换注塑机的加热圈、保险丝或其他电气附件时，应先关上电源，并由操作工负责。（　　）

3. 注塑机在生产过程中，非当班操作者，任何人都可以按动各手柄、按钮。（　　）

4. 注射量是指机器在对空注射条件下，注射螺杆（或柱塞）作一次最大注射时，注射装置所能达到的最大注出量。（　　）

5. 进入工作岗位必须把工作服、工作帽、工作鞋及手套等劳动保护用品穿戴整齐、完备。（　　）

6. 气动顶出装置是利用压缩空气，通过模具上的微小气孔直接把制品从型腔内吹出。此法顶出方便，对制品不留痕迹，特别适合盆状、薄壁状或杯状制品的快速脱模。（   ）

7. 注塑成型中出现未注射满的原因是注射压力太高和流道口太大所致。（   ）

8. 新设备、新模具试机试模时没有必要由专人负责。（   ）

9. 完成几次注塑成型所需时间称注塑周期或称总周期。（   ）

10. 一般在合模部件的运动部分加有防护网或板，防止人或物进入合模机构内造成人身事故或损坏机器。（   ）

11. 身体进到模具开档内，可以不停机。维修人员修机时，操作者可以离开。（   ）

12. 注塑机停机时，将注射座与固定模板合并，模具处于合并位置。（   ）

13. 为了工作方便，当注塑机安全门打不开时，可以从上边伸手去提取注塑件。（   ）

14. 安全门主要用于保证人身安全，因此在机器工作中要随时检查，不可在安全门失灵的情况进行操作。（   ）

15. 一些带数控电脑控制的注塑机，由于其设备比较先进且安全装置也比较齐全，所以操作者可以不按操作规程操作。（   ）

三、选择题（每题2分，共20分，将正确答案的代号填在括号内）

1. 注塑成型生产过程中，当产品或设备出现异常时，操作人员应该（   ）。

A. 自己处理   B. 立即停机，报告有关人员

C. 不停机，继续操作

2. 为了防止触电事故的发生，注塑机的电气设备的金属外壳必须采取什么措施？（   ）

A. 保护接地或保护接中线   B. 保护接零

C. 装上保险丝或开关

3. 注塑机的加料方式有（   ）。

A. 固定加料，前加料、后加料

B. 固定加料，后加料、侧加料

C. 固定加料，自动加料

4. 当注塑制品的原材料对人体有危害时，操作者应该（　　　）。

A. 戴好防护用品，如手套、口罩等

B. 听从领导安排

C. 按实际情况处理

5. 溢流阀在液压系统中所起的作用是（　　　）。

A. 改变油路方向　　　　B. 溢流、安全和卸荷　　　　C. 滤油

6. 注塑机合模部分设置安全门保护，其联锁保护措施有（　　　）。

A. 机械，电气　　　B. 电气，液压　　　C. 机械，液压，电气

7. 料斗的干燥方式是（　　　）。

A. 热风干燥　　　B. 真空干燥　　　C. 喷雾干燥

8. 注塑生产过程中，当有旁人乱动安全门或开关、按钮时，操作者应该
（　　　）。

A. 任其乱动　　　B. 马上禁止，同时严重警告

C. 看具体情况来定

9. 注塑成型机工作循环过程正确的是（　　　）。

A. 合模→注射→保压→冷却　　　　B. 合模→注射→开模

C. 合模→注射→保压→冷却→开模→顶出→合模

10. 当注塑机的安全门出现故障时，（　　　）继续使用。

A. 可以　　　B. 不可以　　　C. 只要能工作就可以

四、简答题（每题8分，共32分）

1. 注塑成型机的干燥系统有哪几种？

2. 人工加料时，操作者应注意哪些事项？

3. 注塑机安全装置的种类有哪些？

4. 工伤事故发生的根本原因是什么？操作者应如何处理工伤事故？

五、论述题（13分）

结合实际，谈谈注塑安全培训的重要性。

六、实操题

1. 写出本人所操作的注塑设备名称、型号、规格。

2. 简述操作注塑机的步骤。

3. 操作过程中应注意哪些安全问题?

参考答案

一、填空题

1. 机械、液压、电气

2. 安全操作、工伤事故

3. 饮酒后、集中精神

4. 塑化、保压、脱模

5. 讲话、吸烟

6. 机械式、全液压式、液压机械式

7. 安全门

8. 总电源切断、涂油防锈

9. 低压模具

10. 劳动保护用品

二、判断题

1. ×　　2. ×　　3. ×　　4. √　　5. √

6. √　　7. ×　　8. ×　　9. ×　　10. √

11. ×　　12. ×　　13. ×　　14. √　　15. ×

三、选择题

1. B　　2. A　　3. A　　4. A　　5. B

6. C　　7. A　　8. B　　9. C　　10. B

四、简答题

1. 答:①热风干燥;②远红外线干燥;③真空干燥;④沸腾床干燥。

2. 答：人工加料时，操作者的衣服口袋不允许放有金属等杂物，以免落入料斗而损坏料筒和螺杆。如果料斗遇到"挂料"现象或要清理料斗时，应用竹棒、木棒或塑料棒来搅拌或清理，绝不允许用金属棒操作。

3. 答：安全装置的种类有：电气式安全装置、机械式安全装置和油压式安全装置。

4. 答：操作者的错误操作和违章操作是工伤事故发生的根本原因之一。外因：注塑设备，操作规程和防护措施不全，环境温度、照明条件不当。内因：技术不熟练，安全意识淡薄，注意力不集中，工作态度马虎。发生工伤事故时，操作者应该抢救伤者，保护现场，报告领导。

附录 4 注塑设备安全操作技能培训试题 B

一、填空题（每空 1 分，共 20 分）

1. 注塑安全生产要求操作者在工作前必须戴好_____。

2. 停机时必须将大小油泵及电机电源切断，节假日最后一班停机时要将_____，模具型腔要_____，关闭料斗闸板。

3. 注塑成型机上常见自动上料系统形式有：_____上料装置；_____上料装置；_____上料装置。

4. 注塑安全操作规程要求：_____或过度疲劳均不得上岗，操作时必须_____，不能边操作边思想开小差。

5. 每班操作之前或者接班后，应对注塑机各润滑点进行润滑，要求先将原_____擦净再注入_____。

6. 安全来自警惕，事故出于麻痹，已有熟练技术的注塑工，仍需时时重视_____，贪图一时方便和思想麻痹就很容易产生_____。

7. 注塑装置主要技术参数包括_____、_____、注射速率、塑化能力等。

8. 注塑机操作时必须使用安全门，安全门行程开关失灵时不准开机，严禁不使用_____操作。

9. 注塑操作过程中，不能边操作边_____，或_____、打瞌睡等。

10. 一台通用型注塑成型机主要包括_____装置、_____装置、_____控制系统三大类部件。

二、判断题（每题 1 分，共 15 分，正确的打"√"，错误的打"×"）

1. 身体进到模具开档内，可以不停机。维修人员修机时，操作者可以离开。（   ）

2. 一些带数控电脑控制的注塑机，由于其设备比较先进且安全装置也比较齐全，所以操作者就可以不按操作规程操作。（   ）

3. 注塑成型中出现未注射满的原因是注射压力太高和流道浇道口太大所致。（   ）

4. 注塑机停机时，将注射座与固定板合并，模具处于合并位置。（   ）

5. 注塑机在生产过程中，非当班操作者，任何人都可以按动各手柄、按钮。（   ）

6. 为了工作方便，当注塑机安全门打不开时，可以从上边伸手去提取注塑件。（   ）

7. 安全门主要用于保证人身安全，因此在机器工作中要随时检查，不可在安全门失灵的情况下进行操作。（   ）

8. 干注塑工作时间长了，技术熟练，就没有必要按操作规程来工作了。（   ）

9. 对空注射一般不超过 5s，连续两次注不动时，对人没有危险。（   ）

10. 清理有毒有害的材料时，可以不戴防护用品。（   ）

11. 注塑机油箱中应保持一定量的工作油，机器初用一个月后应将油箱及滤油器清洗一次，注入新的或经过过滤的干净油，以后每半年清洗一次。（   ）

12. 进入工作岗位必须把工作服、工作帽、工作鞋及手套等劳动用品穿戴整齐、完备。（   ）

13. 注塑机安全装置失灵时，只要操作人员精神集中，就可以继续使用。（   ）

14. 注塑成型机按合模机构特征分为机械式、液压式和电动机械式。（   ）

15. 一般在合模部件的运动部分加有防护网或板，防止人或物进入合模机构内造成人身事故或损坏机器。（　　）

三、选择题（每题 2 分，共 20 分，将正确答案的代号填在括号内）

1. 注塑模具保护一般采用（　　）。

A. 低压保护　　B. 高压保护　　C. 电气保护

2. 注塑过程中为了防止高温机筒和喷嘴烫伤操作者，可采用（　　）。

A. 加设防护罩或防护板　　B. 加设电路

C. 加设机械装置

3. 在注塑生产过程中，当有旁人过来乱动安全门或其他开关、按钮时，操作者应该（　　）。

A. 任其乱动　　B. 马上禁止，同时严重警告

C. 看具体情况来定

4. 溢流阀在液压系统中所起的作用是（　　）。

A. 改变油路方向　　B. 溢流、安全和卸荷　　C. 过滤

5. 当注塑制品产生毛边、脱模困难、光洁程度差、产生较大的内应力甚至成为废品时，是由于选取的注射压力（　　）。

A. 过高　　B. 过低　　C. 合适

6. 当注塑机的安全门出现故障时，（　　）继续使用。

A. 可以　　B. 不可以　　C. 只要能工作就可以

7. 注塑机合模部分设置安全门保护，其联锁保护措施有（　　）。

A. 机械，电气　　B. 电气，液压　　C. 机械，液压，电气

8. 当注塑制品的原材料对人体有危害时，操作者应该（　　）。

A. 戴好防护用品，如手套、口罩等　　B. 保护接零

C. 按实际情况处理

9. 为了防止触电事故的发生，注塑机的电气设备的金属外壳必须采取什么措施？（　　）

A. 保护接地或保护接中线　　B. 听从领导安排

C. 装上保险丝或开关

10. 一台通用型注塑成型机主要由（　　）三大部分组成。

A. 注射装置、合模装置、顶出装置

B. 注射装置、合模装置

C. 注射装置、合模装置、液压传动及电气控制系统

四、简答题（每题 8 分，共 32 分）

1. 注塑机安全装置的种类有哪些？

2. 注塑操作开机前的安全要求是什么？

3. 人工加料时，操作者应注意哪些事项？

4. 工伤事故发生的根本原因是什么？操作者应如何处理工伤事故？

五、论述题（13 分）

注塑成型机安全操作规程有哪些主要内容？其重要性是什么？

六、实操题

1. 写出本人所操作的注塑设备名称、型号和规格。

2. 简述操作注塑机的步骤。

3. 操作过程中应注意哪些安全问题？

参考答案

一、填空题

1. 劳动保护用品

2. 总电源切断、涂油防锈

3. 弹簧自动、鼓风、真空

4. 饮酒后、集中精神

5. 脏油、新油

6. 安全操作、工伤事故

7. 注射量、注射压力

8. 安全门

9. 说话、抽烟

10. 注射、锁模、液压传动和电气

二、判断题

1. × 　2. × 　3. × 　4. × 　5. × 　6. ×

7. √ 　8. × 　9. × 　10. × 　11. √ 　12. √

13. × 　14. × 　15. √

三、选择题

1. A 　2. A 　3. B 　4. B 　5. A 　6. B

7. C 　8. A 　9. A 　10. C

四、简答题

2. 答：① 工作前，必须穿戴好劳动保护用品，如工作服、工作鞋、工作帽、手套等；

② 加料前检查原料中有无杂质及异物；

③ 检查各开关、按钮、手柄及模具等是否正常；

④ 操作者必须检查安全保护装置是否完好，尤其是安全门及安全护罩。如有失灵或损坏，必须修复后方可开机；

⑤ 检查设备有无漏电、漏油、漏水等现象，保持润滑良好。

附录5　注塑设备安全操作技能培训试题 C

一、填空题（每空 1 分，共 20 分）

1. 应严格注意不得_____等混入液压油中，同一机台不得注入_____。

2. 注塑机的安全门保护措施有_____、_____、_____三种形式。

3. 注塑操作过程中，不能边操作边_____，或_____、打瞌睡等。

4. 停机时必须将大小油泵及电机电源切断，节假日最后一班停机时要将_____，模具型腔要_____，关闭料斗闸板。

5. 对于全液压式合模装置，设有防止活塞杆_____；在动模板的行程部分，操作者的一侧和其对面侧，均设_____，防止操作者被夹在模具内。

6. 注塑安全操作规程要求：_____或过度疲劳均不得上岗，操作时必须_____，不能边操作边思想开小差。

7. 注塑安全生产要求操作者在工作前必须戴好_____。

8. 安全来自警惕，事故出于麻痹，已有熟练技术的注塑工，仍需时时重视_____，贪图一时方便和思想麻痹就很容易产生_____。

9. 注塑机操作时必须使用安全门，安全门行程开关失灵时不准开机，严禁不使用_____操作。

10. 注塑模的顶出装置有_____顶出、_____顶出和_____顶出三种形式。

二、判断题（每题 1 分，共 15 分，正确的打"√"，错误的打"×"）

1. 安全门出现故障后，只要操作者集中精神操作，注塑机就可以正常使用。（　　）

2. 为了工作方便，当注塑机安全门打不开时，可以从上边伸手去提取注塑件。（　　）

3. 更换注塑机的加热圈、保险丝或其他电气附件时，应先关上电源，并由操作工负责。（　　）

4. 进入工作岗位必须把工作服、工作帽、工作鞋及手套等劳动保护用品穿戴整齐、完备。（　　）

5. 注塑成型机按合模机构特征分为机械式、液压式和电动机械式。（　　）

6. 安装注塑模时，要严防撞击设备。吊装时，指挥天车要有专人负责，相互配合，确保安全。（　　）

7. 自己干注塑工作时间长，技术熟练，完全没有必要按操作规程来工作。（　　）

8. 一般在合模部件的运动部分加有防护网或板，防止人或物进入合模机构内造成人身事故或损坏机器。（　　）

9. 身体进到模具开档内，可以不停机。维修人员修机时，操作者可以离开。（　　）

10. 注射量是指机器在对空注射条件下，注射螺杆（或柱塞）作一次最大注射行程时，注射装置所能达到的最大注出量。（　　）

11. 对空注射一般不超过 5s，连续两次注不动时，对人没有危险。（　　）

12. 开机前，机筒加热时，要同时开机筒冷却水。冬季寒冷时，车间温度低，应先点动开启油泵，未发现异常现象时再开空转 10～15min 后正常生产。（　　）

13. 安全门主要用于保证人身安全，因此在机器工作中要随时检查，不可在安全门失灵的情况下进行操作。（　　）

14. 注塑机在生产过程中，非当班操作者，任何人都可以按动各手柄、按钮。（　　）

15. 一些带数控电脑控制的注塑机，由于其设备比较先进且安全装置也比较齐全，所以操作者可以不按操作规程操作。（　　）

三、选择题（每题 2 分，共 20 分，将正确答案的代号填在括号内）

1. 为了防止触电事故的发生，注塑机的电气设备的金属外壳采取什么措施？（　　）
A. 保护接地或保护接中线　　　B. 保护接零
C. 装上保险丝或开关

2. 当注塑机的安全门出现故障时，（　　）继续使用。
A. 可以　　B. 不可以　　C. 只要能工作就可以

3. 注塑机合模部分设置安全门保护，其联锁保护措施有（　　）。
A. 机械，电气　　B. 电气，液压　　C. 机械，液压，电气

4. 当注塑机的液压系统调整试车时首先启动控制油路的液压泵，无专用的控制液压油液压泵时（　　）。
A. 可直接启动主泵　　B. 不可启动主泵　　C. 可启动副泵

5. 溢流阀在液压系统中所起的作用是（　　）。
A. 改变油路方向　　B. 溢流、安全和卸荷　　C. 过滤油

6. 在注塑生产过程中，当有旁人乱动安全门或开关、按钮时，操作者应该（　　）。

A. 任其乱动　　B. 马上禁止，同时严重警告

C. 看具体情况来定

7. 注塑模具保护一般采用（　　　）。

A. 低压保护油路　　B. 高压保护油路　　C. 电气保护

8. 注塑部分的主要作用是塑化、计量和注射物料。为了防止塑化时螺杆超出计量范围继续旋转，造成事故，一般设有（　　　）。

A. 单重电路保护　　B. 双重电气保护装置

C. 闭合电气保护

9. 合上电源闸刀或按下启动按钮，如果电动机不转动，说明有故障，应（　　　）。

A. 立即拉闸或启动　　B. 立即拉闸或按下停止按钮

C. 立即拉闸或再启动一次

10. 当注塑制品的原材料对人体有害时，操作者应该（　　　）。

A. 戴好防护用品，如手套、口罩等　　B. 听从领导安排

C. 按实际情况处理

四、简答题（每题 8 分，共 32 分）

1. 柱塞式注射装置中安装分流梭的作用是什么？

2. 注塑机安全装置的种类有哪些？

3. 工伤事故发生的根本原因是什么？操作者应如何处理工伤事故？

4. 人工加料时，操作者应注意哪些事项？

五、论述题（13 分）

如何理解劳动保护措施？注塑生产过程中，怎样才能做到安全生产？

六、实操题

1. 写出本人所操作的注塑设备名称、型号、规格。

2. 简述操作注塑机的步骤。

3. 操作过程中应注意哪些安全问题？

参考答案

一、填空题

1. 水或杂物、不同牌号的工作油

2. 机械、液压、电气

3. 说话、吸烟

4. 总电源切断、涂油防锈

5. 超行程装置、安全门

6. 饮酒后、集中精神

7. 劳动保护用品

8. 安全操作、工伤事故

9. 安全门

10. 机械、液压、气动

二、判断题

1. ×　　2. ×　　3. ×　　4. √　　5. ×

6. √　　7. ×　　8. √　　9. ×　　10. √

11. ×　　12. √　　13. √　　14. ×　　15. ×

三、选择题

1. A　　2. B　　3. C　　4. A　　5. B

6. B　　7. A　　8. B　　9. B　　10. A

四、简答题

1. 答：分流梭是改进柱塞式注射装置塑化质量的重要部件，其主要作用是改善塑化质量，提高塑化能力。

附录6   注塑设备安全操作技能培训试题 D

一、填空题（每空 1 分，共 20 分）

1. 停机时必须将大小油泵及电机电源切断，节假日最后一班停机时要将_____，模具型腔要_____，关闭料斗闸板。

2. 合模部分主要技术参数包括_____、合模部分的基本尺寸。

3. 注塑机操作时必须使用安全门，安全门行程开关失灵时不准开机，严禁不使用_____操作。

4. 注塑成型机按塑化方式分_____注塑成型机和_____注塑成型机。

5. 安全来自警惕，事故出于麻痹，已有熟练技术的注塑工，仍需时时重视_____，贪图一时方便和思想麻痹就很容易产生_____。

6. 机器修理或较长时间清理模具时，必须_____，清理模具中残料或废品时要用铜质等_____。

7. 注塑操作过程中，不能边操作边_____，或_____、打瞌睡等。

8. 注塑模按塑性品种不同可分为_____塑料注塑模和_____塑料注塑模。

9. 注塑安全操作规程要求：_____或过度疲劳均不得上岗，操作时必须_____，不能边操作边思想开小差。

10. 注塑安全生产要求操作者在工作前必须戴好_____。

11. 注射喷嘴的基本形式可以分为_____喷嘴、_____喷嘴、_____喷嘴三类。

二、判断题（每题 1 分，共 15 分，正确的打"√"，错误的打"×"）

1. 注塑机油箱中应保持一定量的工作油，机器初用一个月后应将油箱及滤油器清洗一次，注入新的或经过过滤的干净油，以后每半年清洗一次。（   ）

2. 为了工作方便，当注塑机安全门打不开时，可以从上边伸手去提取注塑件。（   ）

3. 注塑机在生产过程中，非当班操作者，任何人都可以按动各手柄、按钮。（　　）

4. 注塑成型中出现溢料的原因之一是注射时间过短和机筒、喷嘴模具温度过低。（　　）

5. 注射速度快，熔料充模时间长，制品易产生熔接缝而产生（强度低）密度不均，内应力大等弊病。（　　）

6. 完成几次注塑成型所需的时间称注塑周期或称总周期。（　　）

7. 气动顶出装置是利用压缩空气，通过模具上的微小气孔直接把制品从型腔内吹出。此法顶出方便，对制品不留痕迹，特别适合盆状、薄壁状或杯状制品的快速脱模。（　　）

8. 合模装置中，模板在启闭过程中，合适的变速过程是，闭模时，先快后慢，开模时先慢后快，以防止模具的撞击，实现制品的平稳顶出并提高生产能力。（　　）

9. 进入工作岗位必须把工作服、工作帽、工作鞋及手套等劳动保护用品穿戴整齐、完备。（　　）

10. 新设备、新模具试机、试模时没有必要由专人负责。（　　）

11. 一些带数控电脑控制的注塑机，由于其设备比较先进且安全装置也比较齐全，所以操作者可以不按操作规程操作。（　　）

12. 身体进到模具开档内，可以不停机。维修人员修机时，操作者可以离开。（　　）

13. 安全门主要用于保证人身安全，因此在机器工作中要随时检查，不可在安全门失灵的情况下进行操作。（　　）

14. 自己干注塑工作时间长，技术熟练，完全没有必要按操作规程来工作。（　　）

15. 注塑机在生产过程中，非当班操作者，任何人都可以按动各手柄、按钮。（　　）

三、选择题（每题 2 分，共 20 分，将正确答案的代号填在括号内）

1. 注塑机合模部分设置安全门保护，其联锁保护措施有（　　）。

A. 机械，电气　　　B. 电气，液压　　　C. 机械，液压，电气

2. 在注塑生产过程中，当有旁人乱动安全门或开关、按钮时，操作者应该（　　）。

A. 任其乱动　　　B. 马上禁止，同时严重警告

C. 看具体情况来定

3. 注塑机最好的操作方式是（　　）。

A. 人工半自动控制　　　B. 手动操作

C. 机器的全部操作过程都由电脑控制

4. 当注塑制品的原材料对人体有害时，操作者应该（　　）。

A. 戴好防护用品，如手套、口罩等　　　B. 听从领导安排

C. 按实际情况处理

5. 为了防止注射螺杆过载，采用（　　）。

A. 双电路保护　　　B. 机械保护　　　C. 电气、机械保护

6. 注塑成型生产过程中，当产品或设备出现异常时，操作人员应该（　　）。

A. 自己处理　　　B. 立即停机，报告有关人员

C. 不停机，继续操作

7. 为了防止触电事故的发生，注塑机的电气设备的金属外壳采取什么措施？（　　）。

A. 保护接地或保护接中线　　　B. 保护接零

C. 装上保险丝或开关

8. 液压和电气部分主要是控制和供给注塑机。因此，它们工作时发生故障，就会使整机操作失灵，故应设有（　　）。

A. 故障指示和报警装置　　　B. 故障指示　　　C. 报警装置

9. 注塑机的液压系统控制合模机构的要求是：合模机构在开模变化过程一般是（　　）。

A. 先慢后快再慢　　　B. 先慢后快再快　　　C. 先快后慢再快

10. 当注塑机的安全门出现故障时，（　　）继续使用。

A. 可以　　　B. 不可以　　　C. 只要能工作就可以

四、简答题（每题 8 分，共 32 分）

1. 工伤事故发生的根本原因是什么？操作者应如何处理工伤事故？

2. 注塑机安全装置的种类有哪些？

3. 注塑操作开机前的安全要求是什么？

4. 触电事故的主要原因是什么？

五、论述题（13 分）

结合实际，谈谈注塑安全培训的重要性。

六、实操题

1. 写出本人所操作的注塑设备名称、型号、规格。

2. 简述操作注塑机的步骤。

3. 操作过程中应注意哪些安全问题？

参考答案

一、填空题

1. 总电源切断、涂油防锈

2. 合模力

3. 安全门

4. 螺杆式、柱塞式

5. 安全操作、工伤事故

6. 切断电源、软金属材料

7. 说话、抽烟

8. 热塑性、热固性

9. 饮酒后、集中精神

10. 劳动保护用品

11. 开式、闭式、特殊

二、判断题

1. √　　2. ×　　3. ×　　4. ×　　5. √

6. ×　　7. √　　8. √　　9. √　　10. ×

11. ×   12. ×   13. √   14. ×   15. ×

三、选择题

1. C   2. B   3. C   4. A   5. C

6. B   7. A   8. A   9. A   10. B

附录 7　初、中级注塑机操作工技能鉴定复习题

一、填空题

1. 机械制图中的三视图可分为主视图、_____、_____。

2. 剖视图主要用来表达零件的_____。

3. 机械识图中，金属材料的剖面符号是_____，非金属材料剖面符号是_____。

4. 国际单位制中，1m=_____mm，1cm=_____μm，1in=_____mm。

5. 常用计量单位：1kgf=_____N；1MPa=_____Pa。

6. 普通热处理有退火、正火、_____和回火及表面热处理五种基本方法。

7. 孔的尺寸为 $\phi 30^{+0.021}_{0}$ 表示基本尺寸为_____，公差_____。

8. 轴的尺寸为 $\phi 35^{0}_{-0.020}$，表示最大极限尺寸为_____，下偏差_____，公差_____。

9. 常用游标尺 1/20mm，游标每小格为_____mm，精度为_____。

10. 千分尺是一种_____量具，测量精度要比游标卡尺_____，而且比较灵敏。

11. 形位公差中"—"表示_____度，" // "表示_____度，"⊥"表示_____度。

12. 零件加工表面具有较小间隔的峰和谷的微观几何形状特征，称为_____，它的 R_a 值越小，表面质量要求越_____。

13. 一台通用型注塑成型机主要包括_____装置、_____装置、

_____传动装置机和电气_____系统。

14. 液压传动装置主要由各种_____元件、_____及附属装置组成，为注塑机提供动力和_____等动力源。

15. 注塑机的成型能力主要由_____和_____能力所决定，可以分成_____型、中型、_____型。

16. 注塑机按合模机构特征可分为_____、_____和_____。

17. 注塑机根据注射和合模装置的排列方式可以分为_____、_____和角式注塑成型机，常以_____为主。

18. 注塑装置主要技术参数包括_____、_____、注射速度、塑化能力等。

19. 注塑装置的作用是对加到塑化装置中的塑料进行_____和计量，并将熔融物料_____到模腔中，实现对模腔中熔料进一步保持_____，进行补缩和增加制品致密度。

20. 喷嘴是连接注塑装置与模具的部件，预塑时是建立_____，驱除_____，防止熔料_____，提高塑化能力和计量精度。

21. 改变喷嘴结构可以使模具和塑化装置相匹配，组成新的_____注塑系统。

22. 按实现合模力的方式，合模装置可分为_____合模装置、_____合模装置和_____合模装置。

23. 注塑成型机普遍采用双曲肘式合模装置是具有提高_____，使机械所能承受的力_____，以便注塑较大的制品等作用。

24. 顶出装置是合模装置的重要组成部分，一般有_____、_____、_____三种形式。

25. 顶出装置应具有足够的_____和可控制的顶出次数及_____，还应具有足够的_____和_____的调节装置。

26. 工艺参数动作程序有锁模、_____、保压、熔胶、_____、开模、_____等动作。

27. 液压控制系统是由动力系统、_____、_____、辅助系统及传动介质油组成，液压系统工作质量直接影响注塑产品质量。

28. 液压控制系统的动力系统主要为系统提供动力，常由油泵_____、_____提供液压油。液压油可以进行能量转换、传递和_____。

29. 液压控制系统的执行系统主要将液压油产生的压力能量转换成_____推动执行机构动作，常用油缸有_____、_____、顶出油缸、注射油缸和传动油缸或调模液压马达等。

30. 液压控制系统主要控制油的压力、流量和流向，实现所需的运动规律和动力参数，常用的有_____、_____、方向控制阀、减压阀等。

31. 注塑机电气控制系统与液压系统有机地组织在一起，按照工艺过程中的_____完成注塑成型_____。电气控制系统质量优劣关系到成型制品的_____、_____、可靠性和使用寿命等。

32. 注塑机操作方式可分为点动、手动、_____和_____。

33. 为满足注塑成型不同制品的需要，注射速度可以分段进行控制，一般锁模可以分为_____、开模快变慢、_____等段；射胶可以分为_____、二级射胶、三级射胶、_____等段。

34. 液压控制系统的慢→快→慢动作，有利于充模过程中模腔内_____，保证制品的_____，可以减少制品的_____。

35. 液压控制系统的慢→快常用于注塑成型_____，可避免制品产生_____，保证制品外表面_____。

36. 液压控制系统的快→慢常用于迅速成型_____，可以减少制品的_____，提高制品的_____和_____。

37. 注塑成型工艺过程包括_____的准备，_____制品的_____等。

38. 注塑前的准备包括原料检验、_____、嵌件安放、_____、_____及试机。

39. 注塑过程一般包括加料、塑化、_____、保压、冷却和_____几个步骤。

40. 注塑制品经脱模后，常需要进行适当_____以_____制品性能和提高尺寸稳定性，制品后处理主要指_____和_____处理。

41. 注塑机设备的不安全部位有_____、合模装置、_____和电气系统。

42．注塑机危害性最大的工序是＿＿＿＿＿＿，当安全门的安全保护装置＿＿＿＿＿＿时，模具突然＿＿＿＿＿＿，就有可能造成人身伤害事故。

43．注塑机发生工伤事故的主观因素有技术不熟练、＿＿＿＿＿＿＿、＿＿＿＿＿＿＿和工作态度马虎。

44．模具安装与调整是一项技术要求较高的＿＿＿＿＿＿，安装与调整不当，轻则造成注塑产品＿＿＿＿＿＿，重则将威胁＿＿＿＿＿＿和＿＿＿＿＿＿安全。

45．注塑机操作人员必须严格遵守安全＿＿＿＿＿＿和＿＿＿＿＿＿，以杜绝工伤事故发生。

46．注塑机开机前准备工作有电气元器件、润滑及滑动、＿＿＿＿＿＿、＿＿＿＿＿＿等项检查。

47．预热及塑化开机前的检查包括打开电热开关、检查料斗加料＿＿＿＿＿＿及各段温度均匀一致。

48．注塑机开机先接通电源启动电机，油泵开始工作后，应＿＿＿＿＿＿油冷却器冷却水阀门，对＿＿＿＿＿＿进行冷却，防止油温升高。

49．开机后油泵进行短时间空车运转，正常后，关闭安全门，采用手动操作并打开＿＿＿＿＿＿观察压力升降情况。

50．空机时手动操作检查＿＿＿＿＿＿的作用，＿＿＿＿＿＿的亮熄，各控制阀的动作，＿＿＿＿＿＿的控制是否灵敏可靠。

51．调整转换开关，检查各动作的反应，＿＿＿＿＿＿时间继电器和＿＿＿＿＿＿位置，进行手动试机，校核是否正常、可靠。

52．在手动调校的基础上进行＿＿＿＿＿＿和＿＿＿＿＿＿的试机工作检查，注塑机＿＿＿＿＿＿是否正常、可靠，检查注塑产品计数装置及＿＿＿＿＿＿装置，并根据工作需要采用＿＿＿＿＿＿操作方式进行生产。

53．注塑机停机时，应＿＿＿＿＿＿温度控制器仪表停止加温，同时＿＿＿＿＿＿料斗料门停止加料。

54．注塑机停机时，应＿＿＿＿＿＿机筒内物料，＿＿＿＿＿＿完毕可降温停机，对一些热敏性材料可进行＿＿＿＿＿＿，防止下次生产时材料＿＿＿＿＿＿。

55．停机后应＿＿＿＿＿＿总电源，＿＿＿＿＿＿水源，模具应加油＿＿＿＿＿＿锈蚀，机铰处于＿＿＿＿＿＿状态，并将＿＿＿＿＿＿盖好，防止杂物落入。

56. 注塑机主要动作在手动操作时有_____、顶前与顶后、_____、射胶与熔胶、厚模与薄模 10 个手动按键或按钮，可进行手动操作。

57. 半自动工艺过程中的各个动作按照一定的_____自动进行，直到_____安全门取出制品为止，将安全门_____，又进行下一个_____过程，周而复始，反复循环。

58. 开机生产的安全要求是机筒温度达到工艺要求后要恒温_____，开机操作必须使用安全门，安全门行程开关失灵时_____，严禁不使用_____操作。

59. 当身体进到模具开档内，一定要_____，维修人员修机时操作者不准_____。

60. 调校打开模具时，避免射座_____定模以防模撞脱；对空注射时，一般每次不超过_____，连续_____注射不动时，注意通知邻近人员避开危险区，发现设备模具异常时，及时通知_____人员检修。

61. 操作人员严格执行交接班制度，每班操作之前，应对注塑机各润滑点进行_____，酌情加注润滑油，检查油箱的_____高度及查看系统油温应不超过_____，检查油缸冷却水流_____供给。

62. 预塑装置是用交流电机或液压马达等驱动螺杆_____，先将塑料加到机筒内，通过机筒外面的电加热器将塑料熔化、再由注射装置将_____注射入模具型腔中。

63. 模具的安装调试是将型腔安装在_____上，型芯安装在_____上，模具安装要保证注射_____中心线与模具进料_____中心线重合，还要固定好_____在模板上，最后调节_____的行程。

64. 注塑时为了使脱模工作_____，在锁模注射前，在模具型腔_____涂一层脱模剂，应用时要喷涂在脱模困难部位。

65. 聚苯乙烯为 PS 料，其制品壁厚在_____范围内，预塑化机筒温度在_____范围内;注射压力为_____MPa，模具各部位温度均匀，温差小，可通冷却水_____避免应力集中现象。

66. ABS 塑料其制品壁厚在_____范围内，预塑化机筒温度可控制在_____范围内，喷嘴温度在_____范围内，注射压力在_____MPa，制品收缩率不大,内应力高,必要时应进行_____以消除制品的内应力。

二、选择题

1. 金属材料抵抗更硬的物体压入其内的能力叫作_____。

A. 硬度　　B. 塑性　　　C. 强度

2. 优质碳素钢中，最常用的有_____。

A. 08F 15Mn　　B. 45 钢　　　C. 65 钢，10 钢

3. T8 表示碳素工具钢，含碳的质量分数为_____。

A. 8%　　B. 80%　　C. 0.8%

4. $\phi 30^{+0.021}_{0}$ 孔和 $\phi 30^{0}_{-0.001}$ 轴配合方式是_____。

A. 过渡配合　　B. 间隙配合　　C. 过盈配合

5. 形位公差中，符号"⊥"、"∥"表示_____。

A. 垂直度、平行度　　B. 平行度、圆度

C. 垂直度、直线度

6. 将淬火钢加热到 500～650℃，保温一段时间后在油或水中快速冷却，获得较细的球状渗碳体和铁素体的机械混合物，这种热处理方式称为_____。

A. 调质处理　　B. 低温回火　　C. 退火

7. 产品注射不满，可能是由于_____。

A. 压力过高　　B. 料斗加料不足　　　C. 模具不平衡

8. 产品出现飞边，可能是由于_____。

A. 压力过高　　B. 料斗加料连续　　C. 射嘴配合不良

9. 产品开裂，可能是由于_____。

A. 顶出压力不够　　B. 顶出装置配合不好

C. 顶出杆截面太小

10. 产品产生黑点及条纹，可能是由于_____。

A. 料的碎屑卡入机筒外

B. 喷嘴与主浇道吻合不好，产生积料

C. 背压太小

11. 模塑模具保护一般采用_____。

A. 低压模具保护油路　　B. 高压模具保护油路

C. 电气保护

12. 注塑机锁模部分的安全保护装置有_____。

A. 机械，电气　　B. 机械，液压　　C. 机械，电气，液压

13. 当注塑机安全门出现故障，能否继续使用？_____

A. 可以　　B. 不可以　　C. 只要能工作就可以

14. 注塑机电气、液压控制部分，如果发生故障就会整机失灵，故应加装_____。

A. 故障指示及报警装置　　B. 故障指示装置

C. 报警指示装置

15. 注塑过程中为防止高温的机筒和喷嘴烫伤操作人员，可采用_____。

A. 加设电路装置　　B. 加设机械装置

C. 加设防护罩或防护板

16. 通用型注塑机主要由_____三大部分组成。

A. 注射、锁模、顶出　　B. 注射、锁模、上料

C. 注射、锁模、液压及电气

17. 注塑成型工作循环过程是_____。

A. 锁模、注射、保压、冷却、开模、锁模

B. 锁模、注射、冷却、顶出、开模、锁模

C. 锁模、注射、冷却、保压、开模、锁模

18. 注塑机的液压系统调整试机时，首先启动控制油路的液压泵，无专用的控制液压油液压泵时_____。

A. 可以直接启动主泵　　B. 不可以启动主泵

C. 可启动副泵

19. 注塑机的液压系统控制锁模机构的要求是锁模机构在开模变化过程中一般是_____。

A. 先慢、后快、再慢　　B. 先慢、后快、再快

C. 先快、后慢、再快

20. 为了防止触电事故的发生，注塑机的电气设备的金属外壳必须采取_____。

A. 保护接地或保护接中线　　B. 保护接零

C. 装保险丝或开关

21. 当注塑制品的原材料对人体有危害时，操作人员应该_____。

A. 戴好防护用品，如手套、口罩等

B. 听从领导的安排

C. 多喝开水

22. 当注塑制品产生毛边、脱模困难、光洁程度差、产生较大的内应力甚至成为废品时，是由于选取的注射压力_____。

A. 过高　　B. 过低　　　C. 合适

23. 在注塑生产过程中，当有旁人过来乱动安全门或其他开关、按钮时，操作者应该_____。

A. 任其乱动　　B. 马上禁止，同时严重警告

C. 看具体情况来定

24. 注塑机合模装置不锁模，原因是_____。

A. 未关好安全门，方向阀不复位　　B. 顶出装置有故障

C. 安全门没有故障

25. 热塑性塑料在注塑成型的过程中出现喷嘴"流涎"的现象，原因是_____。

A. 喷嘴孔太大，材料太干

B. 用开式喷嘴且开模时间过短

C. 喷嘴孔太大或开模时间过长所致

26. 热塑性塑料在注塑成型的过程中，产品出现翘曲变形，原因是_____。

A. 模具冷却系统不良，机筒温度太高，冷却时间不够

B. 模具冷却系统不良，制件壁太厚或不均匀

C. 模具冷却系统不良，冷却时间太长

27. 热固性塑料在注塑成型的过程中，产品出现烧焦或变色，原因是_____。

A. 机筒模具温度太高，注射压力太大

B. 机筒模具温度太低，注射压力太小

C. 机筒模具温度太高，注射压力太小

28. 注塑机最好的操作方式是_____。

A. 人工半自动控制

B. 机器的全部操作过程都由电脑控制

C. 手动操作

29. 合上电源闸刀或按启动按钮，如果电动机不转动，说明有故障，应_____。

A. 立即拉闸或启动　　B. 立即拉闸或按下停止按钮

C. 不关机

30. 聚苯乙烯 PS，是属于无定形聚合物，熔化温度为 95℃，分解温度为 300℃，机筒塑化温度和注塑压力为_____。

A. 160～220℃，30～50MPa

B. 100～120℃，60～100MPa

C. 160～220℃，60～120MPa

31. 注射部分的主要作用是塑化、计量和注射物料。为了防止塑化时螺杆超出范围继续旋转，造成事故，一般设有_____。

A. 单重电路保护　　B. 双重电气保护装置

C. 闭合电气保护

32. 为了防止注射螺杆过载，采用_____。

A. 双电路保护　　B. 机械保护　　C. 电气、机械保护

33. 注塑过程中为了防止高温的机筒和喷嘴烫伤操作者，可采用_____。

A. 加设防护罩或防护板　　B. 加设电路

C. 加设机械装置

34. 注塑制品产生收缩凹痕的原因是_____。

A. 机筒喷嘴内孔偏大

B. 机筒内螺杆或柱塞磨损严重

C. 注射保压时熔料发生溢流

35. 聚乙烯（PE）原料燃烧时，火焰颜色为_____。

A. 上端红色　　B. 上端黄色，下端蓝色　　C. 下端绿色

36. 聚丙烯（PP）料_____浮在水上。

A. 能　　B. 不能　　C. 有些可以，有些不可以

37. 聚氯乙烯（PVC）燃烧时，会放出对人体有害的气体，这种气体是_____。

A. H_2SO_4 和 SO_2　　　B. HNO_3 和 CO_2　　　C. HCl

38. ABS 是丙烯腈、丁二烯、苯乙烯三种单体组成的热塑性塑料，标准 ABS 树脂注塑温度为_____。

A. 160～180℃　　　B. 210～240℃　　　C. 240～280℃

三、判断题

1. 零件断面的剖面图就是剖视图。（　　）

2. "Q235-B"表示普通碳素结构钢，$s=235MPa$，B 级沸腾钢。（　　）

3. R_a 表示用去除材料方法获得的表面，R_a 的最人允许值为3.2mm。（　　）

4. 为了工作方便，当注塑机安全门打不开时，可以从上边伸手去取注塑制品。（　　）

5. 自己干注塑工作时间长，技术熟练，完全没有必要按照操作规程来工作。（　　）

6. 对于先进的电脑控制的注塑机，由于其功能齐全，操作人员可以不按操作规程来工作。（　　）

7. 安全门出现故障后，只要操作者专心操作，注塑机还可以正常使用。（　　）

8. 新设备、新模具试机试模时，没有必要由专人负责。（　　）

9. 身体进到模具开档内，可以不停机，维修人员修机时，操作人员可以离开。（　　）

10. 注塑机在生产过程中，任何人都可以按动各手柄、按钮进行操作。（　　）

11. 对空注射一般不超过 5s，连续两次注不动时，对周围的人员无危险。（　　）

12. 更换注塑机料筒加热圈等电气元件，应关闭电源，并由操作人员负责更换。（　　）

13. 注塑机停机时，将射座与固定模板合并，模具处于合拢位置。（　　）

14. 安装注塑模时，要严防撞击设备，吊装时，指挥吊车要有专人负责，

相互配合，确保安全。（　　　）

15. 注射量是指机器在对空注射条件下，注射螺杆作一次最大注射行程时，注射装置所能达到的最大注出量。（　　　）

16. 进入工作岗位必须把工作服、工作帽、工作鞋及手套等劳动保护用品穿戴整齐、完备。（　　　）

17. 在锁模部分的运动部位要加有保护网或保护板，以防止人或物进入锁模机构内造成人身事故或损坏机器。（　　　）

18. 开机加热机筒时，要同时开冷却水，温度加到设定温度，方可进行预塑操作。（　　　）

19. 在锁模装置中，当模板在启闭过程中，其变速过程是先快后慢，开模时先慢后快，以防止模具的撞击，实现制品的平稳顶出并提高生产能力。（　　　）

20. 注射工序完成后还需进行保压，保压的作用一方面使物料熔体紧贴模壁以获得准确的形状，另一方面可将熔料不断补入模腔，供制品冷却凝固时收缩的需要。（　　　）

21. 气动顶出装置利用压缩空气，通过模具上的微小气孔直接把制品从型腔内吹出，此方法顶出方便，对制品不留痕迹，特别适合盆状、薄壁状或杯状制品的快速脱模。（　　　）

22. 注射部分主要作用是塑化、计量和注射物料，为了防止塑化时螺杆超出计量范围继续旋转，造成事故，一般设有双重电气保护装置。（　　　）

23. 为了保证模具安装过程的安全，必须切断电源才能进行操作。（　　　）

24. 完成几次注塑成型所需的时间称注塑周期或称总周期。（　　　）

25. 注塑成型中出现未注射满的原因是注射压力太高和流道浇道口太大所致。（　　　）

26. 注塑成型中出现溢料的原因之一是注射时间过短和机筒、喷嘴模具温度过低。（　　　）

27. 开机前，机筒加热前，要同时开机筒冷却水，冬季寒冷时，车间温度低，应先点动开启油泵，未发现异常现象时再开空转 10～15min 后正常生产。（　　　）

28. 注塑机油箱中应保持一定量的工作油，机器初用一个月后应将油箱及滤油器清洗一次，注入新的或经过过滤的干净油，以后每半年清洗一次。（　　　）

29. 聚酰胺俗称尼龙，一般注塑成型时喷嘴选用有止逆环的结构形式。（　　）

30. 注射完成后还需要进行保压，保压的作用一方面使塑料熔体紧贴模壁以获得准确的形状，另外可将熔料不断补入模腔，供制件冷却凝固时收缩的需要。（　　）

31. 一般在合模部件的运动部分加有保护网或板，防止人或物进入合模机构内造成人身事故或损坏机器。（　　）

32. 安全门主要用于保证人身安全，因此在机器工作中要随时检查，不可在安全门失灵的情况下进行操作。（　　）

33. 一些带数控电脑控制的注塑机，由于其设备比较先进且安全装置也比较齐全，所以操作者就可以不按操作规程操作。（　　）

34. 聚酰胺 PA 料，有毒，对人体有害。（　　）

35. ABS 料燃烧时呈白烟，无味，离开火源不能燃烧。（　　）

36. PVC 料不能燃烧，但会放出有毒气体。（　　）

37. PVC 料注塑时，机筒塑化温度为 165～190℃，注射压力为 90～120MPa。（　　）

四、简答题

1. 操作注塑机时，为什么会出现锁模不紧、产品出现飞边的现象？

2. 注塑机日常维护保养工作是什么？

3. 简述更换或安装模具的方法。

4. 塑料加工过程中，主要污染有哪些？

5. 注塑机人工加料，应注意的事项有哪些？

6. 简述调模时射嘴与模具配合调整过程。

7. 液压系统故障产生失压、爬行的原因是什么？

8. 注射座移动不平稳的排除方法有哪些？

9. 注塑机射胶动作失灵，应如何排除故障？

10. 调机时出现开模声音大和有碰击现象，原因是什么？

11. 简述温度控制装置的调校。

12. PE、PP、PVC、ABS、PA、PS 等常用原料机筒熔融温度是多少？

五、综合题

根据产品零件图，写出加工零件的全过程（包括加工工艺制定、设备选用、模具安装、机器的操作）。

附录 8　中级注塑机操作工技能鉴定试题 A

一、填空题（共 20 分，每空 1 分）

1. 剖视图主要用来表达零件的_____。

2. 常用计量单位：1kgf=_____N；1MPa=_____Pa。

3. 千分尺是一种_____量具，测量精度要比游标卡尺_____，而且比较灵敏。

4. 喷嘴是连接注射装置与模具的部件，预塑时是建立_____，驱除气体防止熔料_____，提高塑化能力和计量精度。

5. 液压控制系统是由动力系统、_____、_____、辅助系统及传动介质油组成，液压系统工作质量直接影响注塑产品质量。

6. 液压控制系统的执行系统主要将液压油产生的压力能量转换成_____，推动执行机构动作，常用油缸有_____、射移油缸、顶出油缸、注射油缸和传动油缸或调模液压马达等。

7. 注塑过程一般包括加料、塑化、_____、保压、冷却和_____几个步骤。

8. 注塑机开机先接通电源启动电机，油泵开始工作后，应_____油冷却器冷却水阀门，对_____进行冷却，防止油温升高。

9. 调整转换开关，检查各动作的反应，_____时间继电器和_____位置，进行手动试机，校核是否正常、可靠。

10. ABS 塑料其制品壁厚在 1.5～5mm 范围内，预塑化机筒温度可控制在_____范围内，喷嘴温度在_____范围内，注射压力为_____MPa，制品收缩率不大，内应力高，必要时应进行热处理以消除制品的内应力。

二、选择题（共 20 分，每题 2 分）

1. 金属材料抵抗更硬的物体压入其内的能力叫作_____。

A. 硬度　　B. 塑性　　C. 强度

2. 形位公差中，符号"⊥"、"∥"表示_____。

A. 垂直度，平行度　　B. 平行度，圆度

C. 垂直度，直线度

3. 产品出现飞边，可能是由于_____。

A. 压力过高　　B. 料斗加料连续　　C. 射嘴配合不良

4. 产品产生黑点及条纹，可能是由于_____。

A. 料的碎屑卡入机筒外

B. 喷嘴与主浇道吻合不好，产生积料　　C. 背压太小

5. 聚乙烯（PE）原料燃烧时，火焰颜色为_____。

A. 上端红色　　B. 上端黄色，下端蓝色　　C. 下端绿色

6. 聚氯乙烯（PVC）燃烧时，会放出对人体有害的气体，这种气体是
_____。

A. H_2SO_4 和 SO_2　　B. HNO_3 和 CO_2　　C. HCl

7. 热塑性塑料在注塑成型的过程中出现喷嘴"流涎"的现象，原因是
_____。

A. 喷嘴孔太大，材料太干　　B. 用开式喷嘴且开模时间过短

C. 喷嘴孔太大或开模时间过长所致

8. 热塑性塑料在注塑成型的过程中，产品出现翘曲变形，原因是
_____。

A. 模具冷却系统不良，机筒温度太高，冷却时间不够

B. 模具冷却系统不良，制件壁太厚或不均匀

C. 模具冷却系统不良，冷却时间太长

9. 合上电源闸刀或按启动按钮，如果电动机不转动，说明有故障，应
_____。

A. 立即拉闸或启动　　B. 立即拉闸或按下停止按钮

C. 不关机

10. 注射部分的主要作用是塑化、计量和注射物料。为了防止塑化时螺杆超出范围继续旋转，造成事故，一般设有_____。

A. 单重电路保护　　B. 双重电气保护装置

C. 闭合电气保护

三、判断题（共 10 分，每题 1 分）

1. 注塑机停机时，将射座与固定模板合并，模具处于合拢位置。（   ）

2. 在锁模部分的运动部位要加有保护网或保护板，以防止人或物进入锁模机构内造成人身事故或损坏机器。（   ）

3. 气动顶出装置利用压缩空气，通过模具上的微小气孔直接把制品从型腔内吹出，此方法顶出方便，对制品不留痕迹，特别适合盆状、薄壁状或杯状制品的快速脱模。（   ）

4. 注塑成型中出现未注射满的原因是注射压力太高和流道浇道口太大所致。（   ）

5. 注塑成型中出现溢料的原因之一是注射时间过短和机筒、喷嘴模具温度过低。（   ）

6. 开机前，机筒加热时，要同时开机筒冷却水。冬季寒冷时，车间温度低，应先点动开启油泵，未发现异常现象时再开空转 10～15min 后正常生产。（   ）

7. 注射完成后还需要进行保压，保压的作用一方面使塑料熔体紧贴模壁以获得准确的形状，另外可将熔料不断补入膜腔，供制件冷却凝固时收缩的需要。（   ）

8. 安全门主要用于保证人身安全，因此在机器工作中要随时检查，不可在安全门失灵的情况下进行操作。（   ）

9. ABS 料燃烧时呈白烟，无味，离开火源不能燃烧。（   ）

10. PVC 料不能燃烧，但会放出有毒气体。（   ）

四、简答题（共 15 分，每题 5 分）

1. 操作注塑机时，为什么会出现锁模不紧，产品出现飞边的现象？
2. 简述调模时射嘴与模具配合调整过程。
3. PP、PVC、ABS 常用原料机筒熔融温度是多少？

五、计算题（10 分）

如图 B 燕尾块的尺寸，$\alpha=45°$，宽度 $A=60mm$，用间接测量法计量 A 时，两根标准棒的直径 $d=8mm$，求计量时尺寸 Y。（$\cot22.5°=2.414$）

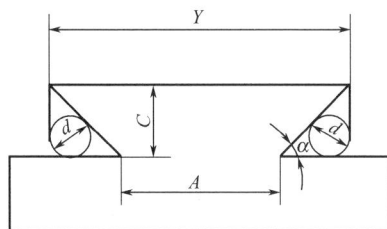

B 燕尾块

六、根据注塑机结构组成，回答问题（10 分）

1. 根据限位开关的设置，在下图中标注其对应动作代号（6 分）

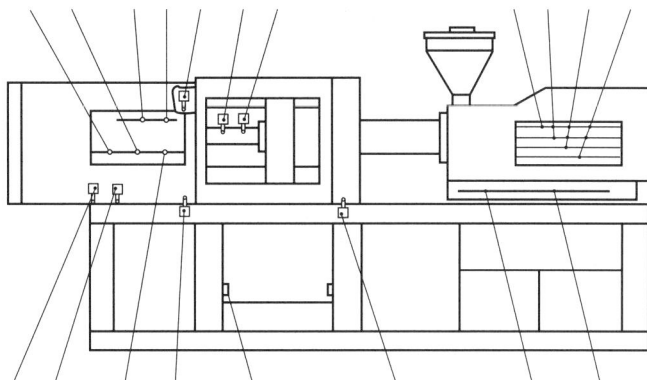

SZ-100 型注塑机限位开关位置

A. 开模动作限位开关设置　　B. 锁模限位开关设置

C. 顶针前后限位开关　　　　D. 调模限位开关

E. 安全门限位开关　　　　　F. 射台前后限位开关

G. 射胶一级、二级限位开关　H. 熔胶、抽胶限位开关

J. 电眼光电感应接收器

2. 根据机筒（熔胶筒）装配图，在对应位置填上名称（4 分）

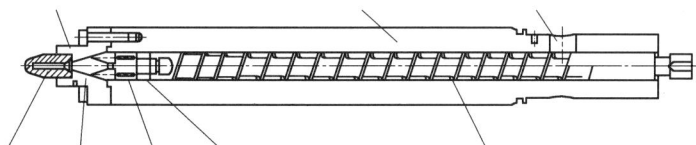

七、综合题（15 分）

根据产品零件图，写出加工零件的全过程（包括加工工艺制定、设备选用、模具安装、机器的操作）。产品原材料是 POM90-44。

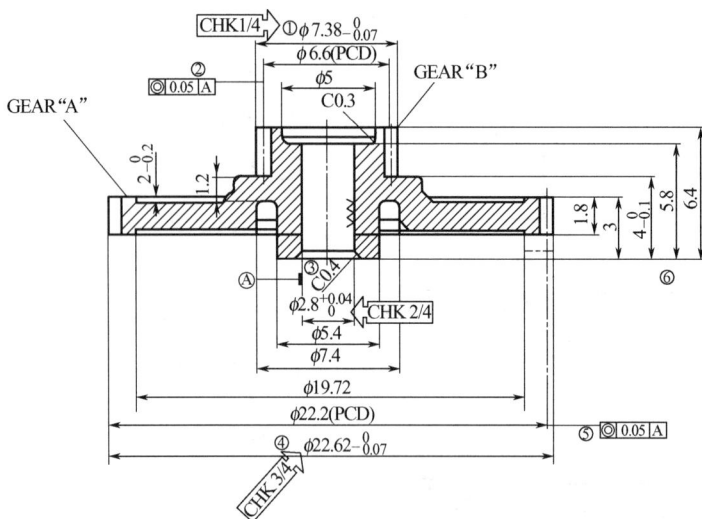

CHK1/4 ① φ7.38 -0.07 -0

φ6.6(PCD)

② ◎ 0.05 A

GEAR "B"

GEAR "A"

φ5

C0.3

2 0 -0.2

1.2

1.8

3

4 0 -0.1

5.8

6.4

Ⓐ

C0.4

φ2.8 +0.04 0

CHK 2/4

φ5.4

φ7.4

φ19.72

φ22.2(PCD)

⑥

⑤ ◎ 0.05 A

④ φ22.62 -0.07 -0

CHK 3/4

参考答案

一、填空题

1. 内部结构形状；2. 9.8、10^6；3. 精密、高；4. 背压、流涎；5. 执行系统、控制系统；6. 机械能、锁模油缸；7. 注射、脱模；8. 打开、回油；9. 调节、限位开关；10. 160～220℃、170～180℃、60～120

二、选择题

1. A 2. A 3. A 4. B 5. B

6. C 7. C 8. A 9. B 10. B

三、判断题

1. × 2. √ 3. √ 4. × 5. ×

6. √ 7. √ 8. √ 9. × 10. √

四、简答题

3. 答：PP 180～215℃   ABS 195～225℃   PVC 160～195℃

五、计算题

$Y=A+2(4+4\times\cot22.5°)$

　$=60+2\times(4+9.656)$

　$=60+27.312=87.312$（mm）

附录 9　中级注塑机操作工技能鉴定试题 B

一、填空题（共 20 分，每空 1 分）

1. 机械识图中，金属材料的剖面符号是_____，非金属材料剖面符号是_____。

2. 孔的尺寸为 $\phi30^{+0.021}_{0}$ 表示基本尺寸为_____，公差_____。

3. 形位公差中"—"表示_____度，"//"表示_____度，"⊥"表示_____度。

4. 工艺参数动作程序有锁模、注射、保压、熔胶、_____、开模、_____等动作。

5. 液压控制系统的慢→快常用于注塑成型_____，可避免制品产生_____，保证制品外表面_____。

6. 注塑机停机时，应_____温度控制器仪表停止加温，同时_____料斗料门停止加料。

7. 预塑装置是用交流电机或液压马达等驱动螺杆_____，先将塑料加到机筒内，通过机筒外面的电加热器将塑料熔化，再由注射装置将_____注射入模具型腔中。

8. 聚苯乙烯为 PS 料，其制品壁厚在_____范围内，预塑化机筒温度在_____范围内；注塑压力为_____MPa，模具各部位温度均匀，温差小，可通冷却水_____避免应力集中现象。

二、选择题（共 20 分，每题 2 分）

1. 优质碳素钢中，最常用的有_____。

A. 08F 15Mn　　B. 45 钢　　C. 65 钢，10 钢

2. 产品注射不满，可能是由于_____。

A. 压力过高　　　B. 料斗加料不足　　　C. 模具不平衡

3. 注塑机电气、液压控制部分，如果发生故障就会整机失灵，故应加装_____。

A. 故障指示及报警装置　　　B. 故障指示装置

C. 报警指示装置

4. 注塑机的液压系统控制锁模机构的要求是锁模机构在开模变化过程中一般是_____。

A. 先慢、后快、再慢　　　B. 先慢、后快、再快

C. 先快、后慢、再快

5. 当注塑制品产生毛边、脱模困难、光洁程度差、产生较大的内应力甚至成为废品时，是由于选取的注射压力_____。

A. 过高　　　B. 过低　　　C. 合适

6. 热塑性塑料在注塑成型的过程中出现喷嘴"流涎"的现象，原因是_____。

A. 喷嘴孔太大，材料太干　　　B. 用开式喷嘴且开模时间过短

C. 喷嘴孔太大或开模时间过长所致

7. 聚苯乙烯（PS）属于无定形聚合物，熔化温度为 95℃，分解温度为 300℃，机筒塑化温度和注塑压力为_____。

A. 160～220℃，30～50MPa

B. 100～120℃，36～100MPa

8. 注塑制品产生收缩凹痕的原因是_____。

A. 机筒喷嘴内孔偏大　　　B. 机筒内螺杆或柱塞磨损严重

C. 注射保压时熔料发生溢流

9. 聚氯乙烯（PVC）燃烧时，会放出对人体有害的气体，这种气体是_____。

A. H_2SO_4 和 SO_2　　　B. HNO_3 和 CO_2　　　C. HCl

10. ABS 是丙烯腈、丁二烯、苯乙烯三种单体组成的热塑性塑料，标准 ABS 树脂注塑温度为_____。

A. 160～180℃　　　B. 210～240℃　　　C. 240～280℃

三、判断题（共 10 分，每题 1 分）

1. 零件断面的剖面图就是剖视图。（　　）

2. 为了工作方便，当注塑机安全门打不开时，可以从上边伸手去取注塑制品。（　　）

3. 注射量是指机器在对空注射条件下，注塑螺杆作一次最大注射行程时，注射装置所能达到的最大注出量。（　　）

4. 气动顶出装置利用压缩空气，通过模具上的微小气孔直接把制品从型腔内吹出，此方法顶出方便，对制品不留痕迹，特别适合盆状、薄壁状或杯状制品的快速脱模。（　　）

5. 开机前，机筒加热时，要同时开机筒冷却水。冬季寒冷时，车间温度低，应先点动开启油泵，未发现异常现象时再开空转 10～15min 后正常生产。（　　）

6. 注塑机油箱中应保持一定量的工作油，机器初用一个月后应将油箱及滤油器清洗一次，注入新的或经过过滤的干净油，以后每半年清洗一次。（　　）

7. 注射完成后还需要进行保压，保压的作用一方面使塑料熔体紧贴模壁以获得准确的形状，另外可将熔料不断补入模腔，供制件冷却凝固时收缩的需要。（　　）

8. 聚酰胺 PA 料，有毒，对人体有害。（　　）

9. ABS 料燃烧时呈白烟，无味，离开火源不能燃烧。（　　）

10. PVC 料注塑时，机筒塑化温度为 165～190℃，注射压力为 90～120MPa。（　　）

四、简答题（共 15 分，每题 5 分）

1. 简述更换或安装模具的方法。

2. 注塑机射胶动作失灵，应如何排除故障？

3. PE、PVC、PA 等常用原料机筒熔融温度是多少？

五、计算题（10 分）

如图 B 燕尾块的尺寸，$\alpha=45°$，宽度 $A=60mm$，用间接测量法计量 A 时，两根标准棒的直径 $d=8mm$，求计量时尺寸 Y。（cot22.5°=2.414）

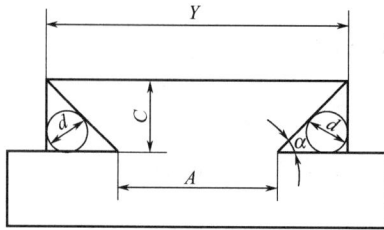

B 燕尾块

六、根据注塑机结构组成，回答问题（10 分）

1. 根据限位开关的设置，在下图中标注其对应动作代号（6 分）

A. 开模动作限位开关设置　　　B. 锁模限位开关设置

C. 顶针前后限位开关　　　　　D. 调模限位开关

E. 安全门限位开关　　　　　　F. 射台前后限位开关

G. 射胶一级、二级限位开关　　H. 熔胶、抽胶限位开关

J. 电眼光电感应接收器

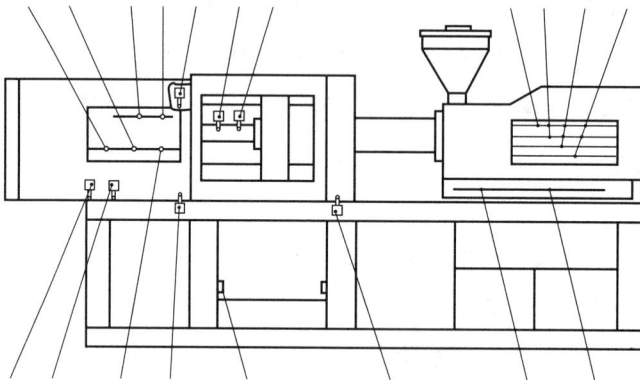

SZ-100 型注塑机限位开关位置

2. 根据机筒（熔胶筒）装配图，在对应位置填上名称（4 分）

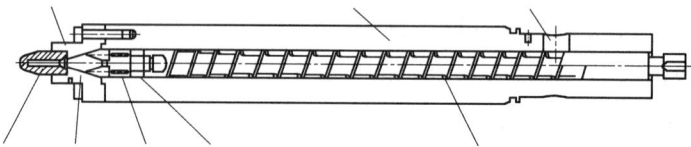

七、综合题（15 分）

根据产品零件图，写出加工零件的全过程（包括加工工艺制定、设备选用、模具安装、机器的操作）。产品原材料是 POM90-44。

参考答案

一、填空

1. ▨   ▨

2. $\phi 30$、0.021mm

3. 直线、平行、垂直

4. 冷却、顶针

5. 厚壁制品、气泡、平整

6. 关闭、关闭

7. 旋转、熔料

8. 1～4mm、160～220℃、60～120、降温

二、选择题

1. B   2. B   3. A   4. A   5. A

6. C   7. C   8. B   9. C   10. B

三、判断题

1. √   2. ×   3. √   4. √   5. √

6. √　　7. √　　8. ×　　9. ×　　10. √

四、简答题

3. 答：PE 175～210℃，PA 190～270℃，PVC 160～195℃。

附录 10　中级注塑机操作工技能鉴定实操试题 A

实操零件图

根据产品零件图，加工合格产品。（考核时间 4 小时）

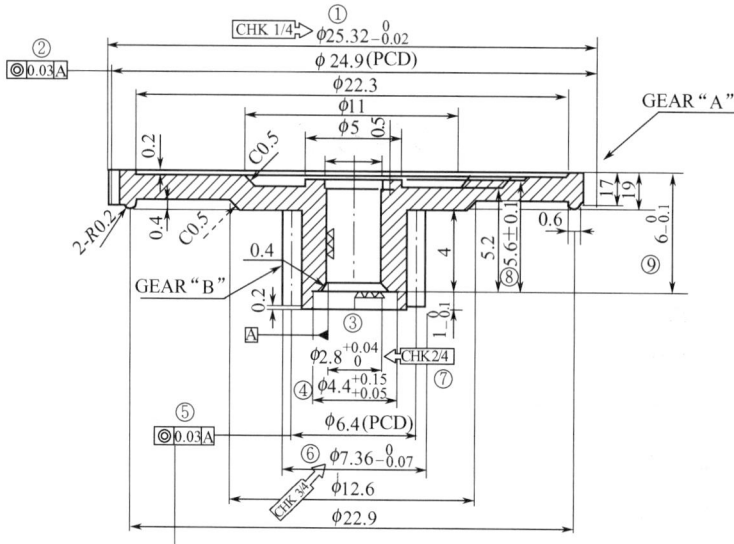

评分标准

序号	考核项目	考核内容及要求	配分
1	制定注塑工艺		5
2	选注塑机		3
3	选模具		3
4	空机试操作	操作正确规范	5
5	模具安装	正确规范地使用工具、合理维护模具，安装正确	10
6	开机操作	操作姿势动作规范、正确	10
7	检测成品	正确使用量具	5
8	拆卸模具	拆卸方法正确，不损坏模具、工具和量具	15

续表

序号	考核项目	考核内容及要求	配分
9	换模具	选另一种注塑设备	5
10	开机	操作不同类注塑机	10
11	注塑成品	保证尺寸精度，外形不变形，去毛刺	5
12	检测成品质量	按图纸要求，保证尺寸准确	15
13	设备、模具保养		4
14	安全操作		5

　　注塑产品不一致，基本步骤一致即可。评分标准中按步骤考核的，按步骤给分；按项目考核的，按项目给分。

附录 11　中级注塑机操作工技能鉴定实操试题 B

实操零件图

根据产品零件图，加工合格产品。（考核时间 4 小时）

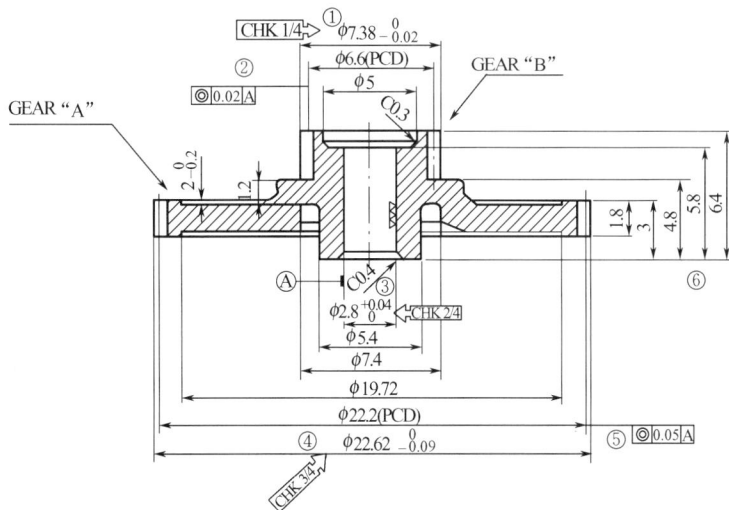

评分标准

序号	考核项目	考核内容及要求	配分
1	制定注塑工艺		5
2	选注塑机		3
3	选模具		3

续表

序号	考核项目	考核内容及要求	配分
4	空机试操作	操作正确规范	5
5	模具安装	正确规范地使用工具、合理维护模具，安装正确	10
6	开机操作	操作姿势动作规范、正确	10
7	检测成品	正确使用量具	5
8	拆卸模具	拆卸方法正确，不损坏模具、工具和量具	5
9	换模具	选另一种注塑设备	15
10	开机	操作不同类注塑机	10
11	注塑成品	保证尺寸精度，外形不变形，去毛刺	5
12	检测成品质量	按图纸要求，保证尺寸准确	15
13	设备、模具保养		4
14	安全操作		5

参考文献

[1] 梁明昌. 注塑成型工艺技术与生产管理. 2版. 北京: 化学工业出版社, 2024.

[2] 李宗启, 刘云志, 石威权, 等. 精密注塑工艺与产品缺陷解决方案100例. 2版. 北京: 化学工业出版社, 2023.

[3] 陈巨, 李忠文. 注塑机操作技术. 北京: 化学工业出版社, 2019.

[4] 梁明昌. 注塑成型工艺技术与生产管理. 北京: 化学工业出版社, 2014.

[5] 蔡恒志, 陈金伟, 曾庆彪. 注塑制品成型缺陷图集. 2版. 北京: 化学工业出版社, 2020.

[6] 蔡恒志, 曹阳. 塑料制品操作工. 北京: 化学工业出版社, 2013.